Rock Mechanics

Felsmechanik

Mécanique des Roches

Supplementum 10

Baugeologie, Felsbau, Erdbeben und rezente Tektonik — Mechanisierung im Tunnelvortrieb — Riskenverteilung im Felsbau

Vorträge des 28. Geomechanik-Kolloquiums
der Österreichischen Gesellschaft für Geomechanik

Engineering Geology, Rock Engineering, Earthquakes, and Actual Tectonics — Mechanization in Tunnel Driving — Sharing of Risks in Rock Engineering

Contributions to the 28th Geomechanical Colloquium
of the Austrian Society for Geomechanics

Salzburg, 18. und 19. Oktober 1979

Herausgegeben für / Edited for
Österreichische Gesellschaft für Geomechanik
von / by L. Müller, Salzburg

1980 Springer-Verlag Wien GmbH

Mit 118 Abbildungen

Ursprünglich erschienen bei Springer-Verlag Wien New York 1980

CIP-Kurztitelaufnahme der Deutschen Bibliothek

Baugeologie, Felsbau, Erdbeben und rezente Tektonik, Mechanisierung im Tunnelvortrieb, Riskenverteilung im Felsbau: Vorträge d. 28. Geomechanik-Kolloquiums d. Österr. Ges. für Geomechanik, Salzburg, 18. u. 19. Oktober 1979 = Engineering geology, rock engineering, earthquakes and actual tectonics, mechanization in tunnel driving, sharing of risks in rock engineering / hrsg. für Österr. Ges. für Geomechanik von L. Müller.

(Rock mechanics: Suppl.; 10)
ISBN 978-3-211-81601-1   ISBN 978-3-7091-4161-8 (eBook)
DOI 10.1007/978-3-7091-4161-8

NE: Müller, Leopold [Hrsg.]; Geomechanik-Kolloquium ⟨28, 1979, Salzburg⟩; Österreichische Gesellschaft für Geomechanik; PT

ISSN 0080-3375
ISBN 978-3-211-81601-1

Inhaltsverzeichnis — Index —Table des matières

Rock Mechanics, Suppl. 10, 1–8 (1980)

Rock Mechanics
Felsmechanik
Mécanique des Roches
© by Springer-Verlag 1980

Aktuelle Fragen auf dem Grenzgebiet zwischen Ingenieurgeologie und Felsmechanik

Von

Leopold Müller-Salzburg

Zusammenfassung – Summary

Aktuelle Fragen auf dem Grenzgebiet zwischen Ingenieurgeologie und Felsmechanik. Erfahrungen auf Baustellen und Kongressen geben Veranlassung, den Stand der Entwicklung der geomechanischen Forschung in ihrem Verhältnis zur Praxis des Felsbaus zu überdenken; verläuft doch diese Entwicklung erfahrungsgemäß weitgehend ungesteuert und nicht immer im Einklang mit den Erfordernissen der Praxis und des theoretischen Fortschrittes. Viele Ergebnisse der wissenschaftlichen Forschung bleiben der Praxis unbekannt oder werden von dieser nicht aufgegriffen, während umgekehrt Bedürfnisse der Praxis von der Forschung nicht befriedigt oder gar nicht erkannt werden.

Vor allem ist festzustellen, daß die für die Felsbaumechanik unentbehrliche Abstützung jeglicher theoretischer Behandlung geomechanischer Aufgaben auf ihre ingenieurgeologischen Grundlagen und Gegebenheiten sowohl in der theoretischen Forschung als auch in der praktischen Bauausführung mehr und mehr verlorengeht. Daraus entstehen technische und wirtschaftliche Mißerfolge, welche zu vermeiden eigentlicher Zweck und Aufgabe der Geomechanik ist, so wie diese im Salzburger Kreis aufgefaßt wurde.

Im Referat wird versucht, den Ursachen dieser Entwicklung, die, wenn sie in gleicher Tendenz weiterliefe, eine Fehlentwicklung zu nennen wäre, nachzugehen.

Problems in the Intermediate Field Between Engineering Geology and Rock Mechanics. Experiences gained at building sites and conferences have induced the author to reflect on the state of development of geomechanical research in its relations to the practice of rock engineering, since this development, as experience shows, occurs largely uncontrolled and not always in correspondence to the requirements of practice and of the theoretical progress. Many results of scientific research remain unknown to practice or are not taken up by practicians, while on the other hand the necessities of practice are not met or even not recognized by the researchers.

Above all it must be stated that the basing of every theoretical treatment of geomechanical operations on their engineering-geological fundamentals and realities – a basing indispensable for rock engineering – gets more and more lost as well in theoretical research as also in practical realization of construction. This provokes technical and economical fiascos, the avoidance of which is the essential purpose and function of geomechanics as it has been understood in the "Salzburger Kreis".

The author tries to look into the causes of this development, which could be called a mis-development if it would proceed in the same tendency.

0080-3375/80/Suppl. 10/0001/$ 01.80

Wer die Geomechanik-Literatur der letzten Jahre durcharbeitet oder viele Kongresse besucht, der kann auf den ersten Blick beeindruckt sein von dem vielen, das da geforscht und entwickelt wird, aber auch von den uneingeschränkten Erfolgen der Felsbaupraxis, von denen man da liest. Alles ist nach Wunsch gegangen, alles wie geplant verlaufen, keine Rede ist von Unfällen, Mißerfolgen oder Kostenüberschreitungen (die ja auch ein Mißerfolg, zumindest für den Planer, sind): eine einzige Dokumentation dessen, wie wir's so herrlich weit gebracht haben, wie gescheit und wie tüchtig wir sind.

Die Wirklichkeit freilich ist anders, wie jeder weiß. Aber nur wenige Spitzenfachleute von Weltruf wissen, daß sie es sich leisten können, auch von negativen Erfahrungen zu berichten, in denen die Dinge nicht wie am Schnürchen der Planung und Voraussicht gelaufen sind und wo die Schwierigkeiten oft nur noch durch eine flexible Anpassung an unvorhergesehene Situationen gemeistert wurden. Diese Mutigen sind die wahrhaften Lehrer der Generation und wir haben ihnen dankbar zu sein, da man am meisten und am gründlichsten aus Fehlern lernt, aus Mißerfolgen, welche ja keine Schande sind, angesichts der Tatsache, daß es keine Arbeit ohne Fehler gibt.

Ein ungeheures geistiges Kapital liegt brach, seit diese wertvollen Gelegenheiten des Lernens immer mehr verheimlicht werden und daher den Nachfolgenden die Möglichkeit genommen wird, ähnliche Mißerfolge zu vermeiden. Es ist freilich eine Frage des persönlichen Niveaus. Nur der wirklich gute Ingenieur kann seine Erfahrungen, auch die negativen, zu denen mitunter auch eigene Fehler gehören, vor aller Öffentlichkeit ausbreiten, ohne das Gesicht zu verlieren; sein Ruf wird im Gegenteil nur um so heller strahlen, wie man an rühmlichen Beispielen sieht, indes sich die kleinen Geister am rußenden Lämpchen mehr oder minder gut kaschierten Eigenlobs wärmen.

An Gelegenheiten, von Mißerfolgen, von späten Erkenntnissen, von der Anpassung der Projekte an dieselben oder auch von den Folgen versäumter Anpassung zu berichten, fehlt es nicht. Dieser ungehobene Erfahrungsschatz ist groß; so groß, daß er zu denken gibt. Zu denken gibt vor allem die Feststellung, daß trotz eines in den letzten Jahrzehnten enorm vermehrten wissenschaftlichen Aufwandes, trotz neu errichteter Lehrstühle und Forschungsstätten, vertiefter wissenschaftlicher Ausbildung und einer Flut gedruckter oder auf Tagungen mitgeteilter Informationen heute, was die Berücksichtigung des Verhaltens von Fels und Böden und der ingenieurgeologischen Situation betrifft, keineswegs besser, auch nicht wirtschaftlicher gebaut, vor allem nicht besser beplant wird als in der „vorwissenschaftlichen" Zeit der großen Bauschöpfungen, der Bahnen und Straßenbauten des vorigen Jahrhunderts und der großen Kraftwerksbauten in der ersten Hälfte dieses Jahrhunderts, zu einer Zeit also, in der es noch kaum eine Ingenieurgeologie, noch keine Bodenmechanik, keine Felsmechanik gab. Im Gegenteil: so viele und so eklatante, so grundsätzliche und oft fast banale Fehler, wie sie in den letzten Jahren zu Katastrophen von Großformat und zu nicht wenigen Mißerfolgen geführt haben, hat man in den Jahrzehnten, in denen diese neuen Wissenschaften noch ganz jung waren, in den „Goldenen Zwanzigern" der Ingenieurgeologie und der Bodenmechanik und in den „Goldenen Fünfzigern" der Geomechanik nicht gesehen.

Es leuchtet ein, daß es nicht angeht, Beispiele namentlich zu erwähnen – es sei denn, es handle sich um eigene Fehler –, aber wer in der Welt ein wenig herumkommt, der könnte über Kosten- und Terminüberschreitungen größten Stiles, über Reparatur- und Änderungskosten und notwendig gewordene Umplanungen von Millionen- bis Milliarden-Ausmaß berichten, von denen die eigentlichen Geldgeber, die Steuerzahler, meist wenig erfahren. Da muß man doch voll Bewunderung auf die Ingenieure dieser „vorwissenschaftlichen" Zeit, aber zugleich voll Verwunderung auf die Jetztzeit blicken und die Frage stellen, wie es denn kommt, daß die vielen echten Fortschritte in unserem Wissen nicht gleich viel Fortschritt in unserem Tun gebracht haben.

Mehrere Gründe hört man da von den (leider wenigen) Fachkollegen, die sich über die Hintergründe dieser merkwürdigen Entwicklung Gedanken machen -- einer Entwicklung, wie sie ähnlich ja auch in der Architektur und in den Künsten mehr und mehr zutage tritt. Da sind zunächst die einen, die sich gegen diesen Tatbestand blind stellen und mit Ben Akiba meinen: alles schon dagewesen; oder, wenn sie es mit Nietzsche eleganter sagen wollen, von der Wiederkehr des ewig Gleichen sprechen. Es sind die unverbesserlichen Positivisten, die Fortentwicklung ohne zu denken mit Aufwärtsentwicklung gleichsetzen und gar nicht in Betracht ziehen, daß sich der Fortschritt auch als eine nach abwärts führende Treppe (Hermann Hesse) erweisen kann.

Im Club of Rome, der vor kurzem in Salzburg tagte, wurde eine ähnliche Entwicklung weltweit auf fast allen Gebieten des Lebens diagnostiziert und als einer der Gründe hiefür die immer größere, oft auch gar nicht mehr sinnvolle Spezialisierung angeführt, die mit fortschreitender Erweiterung des Wissensumfanges eingerissen ist und die, worüber sehr gründliche Studien vorgelegt wurden, dahin führt, daß Kreativität abgebaut und die Befähigung zu einem innovativen und „antizipatorischen" Denken auf dem Wege der Spezialausbildung unvermeidlich beeinträchtigt wird.

Nicht widersprechen wird man denen können, welche sagen, alles höher gezüchtete Wissen auf dem Gebiete der Baugrundwissenschaften habe uns letzten Endes nicht weiterführen können, weil es wieder kompensiert wurde durch die von Generation zu Generation immer mehr verlorengehende Intuition; oder, um es anders zu sagen, weil dieses Wissen selbst nichts anderes ist als Kompensation für diesen Verlust ursprünglich angeborener Fähigkeiten. Wer das Glück gehabt hat, mit einem *Josef Stini*, mit einem *Hans Cloos*, oder, um auch ein charakteristisches Beispiel aus der Zunft der Ingenieure zu zitieren, mit einem *Carlo Semenza* das geologische Spurenlesen zu üben und Bauwerken eine solche Gestalt zu geben, daß sie sich mit ihrem Untergrund harmonisch vertragen, ja, wie die Japaner möchten, „mit ihm verheiratet" sind, der kann nicht anders als diesen Verlust ganzheitlicher Erkentnisfähigkeiten aufrichtig und ungeschminkt zuzugeben, aber auch zu bedauern.

Es sei gestattet, an dieser Stelle einige Worte zu wiederholen, welche *Semenza* auf dem IX. Kolloquium in Salzburg gesprochen hat:

„Was erwarten wir uns von der Geomechanik, jenem vielleicht jüngsten Zweig der Wissenschaften, dazu bestimmt, dem Bauingenieur behilflich zu sein? Wir, die wir von so zahlreichen verantwortungsvollen Problemen überhäuft sind, unterliegen ja einer starken Versuchung: jener nämlich, fest auf die Wissenschaft zu bauen oder, vielleicht besser gesagt, ihr eine möglichst große Verantwortung zuzuschieben . . . .

Ich glaube, es ist zu viel verlangt, alles von der Wissenschaft zu erwarten. Sie kann uns die Wege weisen, vieles klarstellen, manchmal auch Neues eröffnen, aber jedenfalls müssen wir unserer menschlichen Urteilskraft genügend Raum lassen.

Wenn unsere Berechnungen, unsere Modelle, unsere wirtschaftlichen Untersuchungen Automaten wären und es genügte, die Daten der gegebenen Probleme einzuwerfen, um eine sichere und erschöpfende Antwort zu erhalten, dann würde die Kunst des Entwurfsingenieurs und Baumeisters auf einen Betrieb einer Art Lagers für Lösungen zusammenschrumpfen.

Es ist jedoch nicht so: Die Berechnungen, die Modelle, die Versuche sind nichts als Mittel — hervorragend wie auch immer — aber nur Mittel.

Wir müssen uns vielmehr wünschen, daß die Kaste der Ingenieure, welche gewöhnt sind, mit ihrem eigenen Kopf und Erfahrung die Ergebnisse der Studien zu vervollständigen, mit der Zeit nicht ausstirbt, sondern im Gegenteil weiterhin die Leitung der Entwurfsverfassung und des Baues selbst fest in der Hand behält. . .

Ich glaube fest, daß in diesem unserem Zeitalter, in welchem alles zu einer immer gesteigerten Mechanisierung treibt, wir uns alle bemühen müssen, keinesfalls in der Arbeit die Bedeutung der Persönlichkeit zu schmälern: wir können dies nur dann erreichen, wenn unser Geist der Hauptantrieb aller unserer Handlungen sein darf. Die Wissenschaft muß unsere Urteilskraft schärfen und unsere natürlichen Gaben der Eingebung und Fähigkeiten unterstützen, ohne jedoch an ihre Stelle zu treten."

Was kann getan werden? Liegt es an der Praxis oder an der Theorie, wenn einerseits Forschungsergebnisse z.B. der Felsbaumechanik in der Praxis unbekannt bleiben, brach liegen, und wenn andererseits nicht auf jenen Gebieten und in jenen Richtungen geforscht wird, in welchen die Praxis auf Lösungen wartet. Beispiele für beides lassen sich unschwer nennen: Tunnelstatik wird betrieben, ohne daß der Problematik der Parameter-Findung die nötige Sorgfalt gewidmet würde. Von den Primärspannungen, welche der eigentlich maßgebende Parameter einer jeden Tunnelberechnung sein müßten, wird schamhaft geschwiegen. Tunnel werden vorgetrieben, ohne daß von den hilfreichen Kenntnissen dessen, was sich im Bereich der Ortsbrust an dreidimensionalem Geschehen abspielt, Gebrauch gemacht wird. Die Sicherheit von Naturböschungen zu analysieren oder auch nur ganz roh anzugeben, diese elementarste aller Felsmechanik-Aufgaben zu lösen ist noch heute, nach 30 Jahren Felsbaumechanik, auch der beste Rechner nicht in der Lage; er muß sich auf seinen Rest verkümmerter Intuition verlassen. Wie Spritzbeton und Gebirge, wie Spritzbeton und Bögen im Tunnelbau zusammenwirken, wissen wir eigentlich nicht — aber in Berechnungen wagt man, Sicherheitsgrade zu ermitteln. Man muß nur die Forschungskataloge der internationalen Gesellschaften und die Forschungsanträge wissenschaftlicher Institute kennen, um sich ein Bild zu machen von dem praxisfernen Schematismus, der da herrscht.

Felsmechanik ist nun einmal nicht eine Wissenschaft, die in sich selbst ihre Berechtigung hätte, wie etwa die Festkörperphysik oder die Astrophysik usw. Sie ist nichts anderes als eine Sammlung theoretischer Hilfen für den Felsbau. Hochgestochene Scheinwissenschaftlichkeit ist da nicht am Platze, so sehr sie zu imponieren und Beratungsaufträge zu vermitteln vermag.

In vielen Ländern trennt eine Kluft, es ist schon eine Großkluft, Theorie und Praxis. Viele, auch vernünftige Forschungsergebnisse gehen in die Praxis einfach nicht ein. Man hat den Eindruck, die Felsbaumechanik habe sich, da sie zu spät auf die Welt kam — 30 Jahre hinter der Bodenmechanik —, zu rasch, zu stürmisch entwickelt, so daß jene älteren Ingenieure, die die Schulen bereits verlassen haben, diese Entwicklung nicht mehr mitmachen. Die Lokomotive der Forschung ist vom Zuge der Praxis, den sie ziehen sollte, abgerissen. Andererseits hat die Generation, welche sich jetzt unseren Kolloquien zugesellt, die große Zeit der ersten Entdeckungen nicht mehr erlebt, in der alles so herrlich neu und alles so brennend interessant war, in der nach zunehmender Quantifizierung aller Aussagen erst gestrebt, diese aber noch nicht erreicht wurde; die unvergeßliche Zeit, in der die elementaren, grundlegenden Kenntnisse und Zusammenhänge — der Unterschied zwischen Gestein und Gebirge, der mechanische Einfluß der Diskontinuitäten, die Anisotropie infolge des Gefüges usw. usw. — als Erkenntnis-Erlebnisse vor uns standen, an denen der ganze, der innere Mensch beteiligt war. Diese elementaren Dinge aber sind nicht mehr so interessant, seit sie nicht mehr neu sind, seit sie selbstverständlich sind — zumindest glaubt man das — und seit ihr Aufleuchten in unserem Erkenntnisorgan durch die hellen Scheinwerfer verdunkelt wird, welche auf die weit fortgeschrittenen, faszinierenden, aber sophistizierten Berechnungsmethoden usw. fallen.

Dabei hätte Geomechanik noch so viele große und grundsätzliche Probleme zu überwinden, Schwierigkeiten, die wesentlicher, bedeutsamer und größer sind als die, welche in einer Steigerung der Berechnungsgenauigkeit liegen. Das Testen der Materialeigenschaften ist durch die ach so beliebte Standardisierung nur leichter, nicht treffsicherer, dafür aber gedankenloser geworden. Das immer noch große Problem der Repräsentativität der Testorte und -proben wird wenig beachtet. Wann Wahrscheinlichkeitswerte bei der Wahl von Berechnungsparametern verwendet werden sollen, darüber machen sich die wenigsten Gedanken. Und wer kennt schon genau die Homogenbereiche, innerhalb deren seine Parameter Gültigkeit haben?

Gewiß, die Problematik ist erkannt — in der Theorie. Aber praktische Konsequenzen werden daraus nicht gezogen. Sie müßten lauten, daß jede Verfeinerung einer Berechnung solange ein frommer Selbstbetrug ist, solange ein repräsentatives Testen immer noch intimster geologischer Einfühlung bedarf und Sache des Ermessens bleibt. Gerade diese Einfühlung betrachten aber Felsmechaniker nicht als ihre Sache. Wo nicht mehr exakt gerechnet und an die Berechnung wirklich geglaubt werden kann, endet das Interesse der theoretischen Felsmechaniker. Alles, was eine Sache der persönlichen Urteilskraft, der „geschulten Eingebung" (*Semenza*) ist, ist unbeliebt und wird belächelt, denn auf diesem Felde versagt die Anwendung alles dessen, was man in der Schule ausschließlich gelernt hat.

Die meisten und oft die gescheitesten Fachleute der Felsmechanik — auch der Bodenmechanik — haben leider immer noch ein gestörtes Verhältnis zur Geologie. Sie erwähnen zwar die geologischen Fakten routinegemäß und messen wohl auch Klüfte ein, aber wenn man weiterliest und in den Berechnungen und Aufsätzen weiterblättert, dann merkt man, daß das alles wenig Eingang fand in den Rechengang und man wird den Eindruck nicht los, daß es als schöner Aufputz diente. Felsbaumechanik aber ohne Ingenieurgeologie ist ein Nonsens, ist gefährlicher als

Bauen ohne Felsbaumechanik. Ganz besonders ist Tunnelplanung ohne tiefgründige
Kenntnisse in der Felsbaumechanik und ohne ehrliche Befassung mit der geologischen
Situation, ohne die Erarbeitung ihrer technischen Konsequenzen im Schweiße des
Angesichts, ein von vornherein programmierter Mißerfolg.

Geomechanik muß mehr sein als Verwertung fremdermittelter, von Zulieferern
bezogener geologischer Parameter. Sie muß immer ein Versuch sein, in die jeweilige
geologische Situation verstehend einzudringen und diese quantitativ zu beschreiben,
so daß das Verhalten der Felsmassen unter geänderten Gleichgewichtsbedingungen,
wenn nicht vorausgesagt so doch vorausgefühlt werden kann. Mathematische Analyse soll dieses Verhalten der Massen und die Vorgänge im Gebirge verstehen helfen.
Dazu muß auch Gefügekunde mehr sein als eine Pflichtübung und tote Statistik.
Welcher Felsmechaniker beherrscht sie wirklich? Während des Montreux-Kongresses
ist der Altmeister und Schöpfer der Gefügekunde – letzteres zusammen mit *Walter
Schmidt* –, *Bruno Sander*, gestorben. Für alle Geomechaniker ein Anlaß, dieses
wahrhaft großen Mannes, dem vor wenigen Jahren ein eigenes Kolloquium gewidmet wurde, in Dankbarkeit, Bewunderung und Verehrung zu gedenken. Diesem
großen Manne verdanken wir, aufmerksam geworden zu sein auf die gefügebedingte
Anisotropie der Felsmassen, auf die Abgrenzbarkeit von Homogenbereichen, auf
die Extrapolierbarkeit von Gefügedaten wie auf die Grenzen dieser Extrapolierbarkeit, vor allem aber auf die subtilen Zusammenhänge zwischen Deformation und
Gefüge. Ein Nachruf wird an anderer Stelle gegeben werden.

Wir haben von einem gestörten Verhältnis zur Geologie gesprochen. Ich muß
da eines ernsten Gespräches gedenken, das ich mit einem der besten Freunde
Sanders, mit *Karl von Terzaghi*, wenige Jahre vor dessen Tod zu führen Gelegenheit
hatte. *Terzaghi* empfand es als einen der größten Mißerfolge seines an Erfolgen so
reichen Lebens, daß es ihm nicht gelungen sei, seine Schüler und Nachfolger dazu
zu bewegen, neben der Bodenmechanik auch Geologie tiefgründig zu studieren. Er
beklagte dies mit bewegten Worten. Noch ehe die Geomechanik auf eine Entwicklung von 30 Jahren zurückblicken kann, müssen wir heute dieselbe Klage auf
unserem Gebiete erheben.

Auch *Josef Stini* möchte ich zu diesem Thema zitieren: Was das Zusammenwirken von Ingenieuren und Geologen auf der Baustelle und bei der Planung betrifft, war *Stini* felsenfest davon überzeugt, daß es nicht genüge, noch so gute
Ingenieurgeologen zu haben, wenn nicht zugleich ein jeder Bauingenieur in vielen
Semestern gründlichst auf dem Gebiet der Ingenieurgeologie ausgebildet würde.
Erst diese beiderseitige Ausbildung ermögliche ein echtes Gespräch zwischen den
beiden einander so fern liegenden Fachgebieten und schaffe Voraussetzungen dafür,
daß die geologischen Tatsachen nicht nur zur Kenntnis genommen und im besten
Falle vielleicht sogar noch „berücksichtigt" werden, sondern daß ein Bauwerk aus
dem Geist der Ingenieurgeologie heraus und aus den Bedingungen, die der Untergrund unabänderlich stellt, geplant und hergestellt wird.

Wenn wir uns darum bemühen, daß die Entwicklung unserer Wissenschaft und
Praxis nicht gedankenlos, nicht steuerlos sich in die Zukunft schiebt, sondern wenn
wir ins Bewußtsein heben, daß man nicht einseitig nach Lust und Interesse forschen,
sondern auch sich nach den Notwendigkeiten orientieren soll; wenn wir uns darauf
besinnen, daß man wenig ausrichtet, indem man das Vorhandene perfektioniert
und überzüchtet, aber viel Brauchbares tut, das im Elementarbereich noch nicht Er-

forschte verstehen zu lernen, dann tun wir der Wissenschaft und der Praxis gleichermaßen einen Dienst. Noch verstehen wir nicht das Verhalten komplexen Gebirges, haben kein Stoffgesetz für Fels; noch stehen wir ratlos vor einer Böschung, wenn wir ihren Sicherheitsgrad angeben sollen aus geologischen Messungen, während wir uns andererseits ästhetisch erbauen an methodisch hochwertigen Ansätzen und verbesserten Rechenmethoden.

Salzburg besitzt in dieser Hinsicht eine besondere Tradition, auf eine fruchtbare Weise Synthesen zu bilden zwischen Theorie und Praxis, zwischen Geologie und Ingenieurwissenschaft. Bedeutende Konzepte haben von hier ihren Ausgang genommen. Daraus ergeben sich Verpflichtungen, nicht im Sinne einer rückwärts gewandten Traditionspflege, was nur Dogmatisierung und Erstarrung bedeuten würde, sondern im Sinne einer gesunden Weiterentwicklung.

Da gibt es nun ein Gebiet, auf welchem noch wenig getan ist. Vor über 40 Jahren wollte ich eigentlich — in Übereinstimmung und Absprache mit *Hans Cloos* — Geomechanik so verstehen und erarbeiten, daß sie in erster Linie die mechanische Beschreibung und „Erklärung" (wenn wir dieses gefährliche Wort verwenden wollen) des Baues der Erdkruste, der tektonischen Vorgänge in ihr, liefern sollte. Erst dieser grundlegende Teil der Geomechanik sollte dann Fundament und Basis sein für jene andere Geomechanik — wir sprachen oft von einem Januskopf dieser Wissenschaft —, welche die Ingenieurbauwerke in richtiger Weise zu planen und auszuführen hilft und welche dem Bergbau Vorteile weist und ihn vor Nachteilen schützt. Diese Entwicklung wurde uns nicht ermöglicht, ja sogar von der Leitung wissenschaftlicher Führungsgremien verwehrt. So haben wir das Bauwerk der Geomechanik sozusagen im freien Vorbau in die Luft gebaut, ohne die Fundamente. So sind wir nicht in der Lage, einen Bauplan, wenn wir ihn an zwei Stellen der Erdkruste erkundet haben, zu interpolieren oder aufgrund des Bauplanes auch nur das geringste über den wahrscheinlich herrschenden Spannungszustand in einer Flexur, in einer Falte, an einem Grabenrand auszusagen — alles Dinge, die wir dringend wissen sollten, wenn wir in diesem Gebiet einen Tunnel treiben, eine Böschung anlegen oder ein Bauwerk gründen.

Diese empfindliche Lücke zu schließen und die, man darf wohl sagen: sträfliche Unterlassung wieder gut zu machen — diesen Zweck verfolgt unsere Gesellschaft, gemeinsam mit dem Geowissenschaftlichen Institut der Universität Salzburg, durch die Veranstaltung eines Kurses über Tektonomechanik, zu dessen erster Grundlegung sich Herr Dr. *Mandl* bereitgefunden hatte. Mit diesem Versuch sollte einem ausgesprochenen Nachholbedarf entsprochen und ein Keim gesetzt werden in einen Boden, welcher sich für die Weiterentwicklung solcher Keime schon mehrmals fruchtbar gezeigt hat.

Mit diesem Bestreben eng verknüpft ist eine Thematik, welche unser Mitglied Dr. *Broili* in unser Veranstaltungsprogramm aufzunehmen vorgeschlagen hat. Die Katastrophe von Friaul hat sich als eine Schule erwiesen, auch auf dem Gebiete zwischen Erdbebenforschung, Böschungsstabilitätsbetrachtungen, Felsstürzen, Bauschäden und Baugrundsätzen in Bebengebieten neue Synthesen zu schließen. Bei diesen Forschungen im Raume Friaul ist auf eindringliche und erschütternde Weise deutlich geworden, wie lebendig jung unsere Erde an vielen Stellen ist. Ein Drittel Jahrhundert hat es gedauert, bis der Gedanke einer „Unruhigen Erde", den *Gheyselinck* aussprach und *Cloos* aufgriff, wirklich und ganz ins Bewußtsein der

Fachleute genommen wurde. Und so soll Neotektonik, oder anders genannt: rezente Tektonik, gleichfalls als eine Synthese zwischen Geologie und Mechanik von nun an unser Programm bereichern. Beide neuen Gebiete hängen ja innig mit dem Bauen in und auf der Erdkruste zusammen und beide können nur auf der Grundlage geologischer Mechanik mit Erfolg gepflegt werden.

Tagungen sind geeignet, durch ihre Thematik und Diskussion Anstöße für die Wissenschaft und Praxis zu geben. Von diesem Forum sind schon etliche Anstöße in die Welt gegangen und es wäre unser Wunsch, daß auch diese Anregungen gute Aufnahme fänden und fruchtbar würden.

Anschrift des Verfassers: Prof. Baurat h.c. Dipl.-Ing. Dr. techn. Dr. mont. h.c. *L. Müller*, Paracelsusstraße 2, A-5020 Salzburg, Österreich.

Rock Mechanics, Suppl. 10, 9–22 (1980)

Rock Mechanics
Felsmechanik
Mécanique des Roches
© by Springer-Verlag 1980

Ingenieurgeologische Probleme bei der Gründung der Dicle (Tigris)-Kralkizi-Talsperre (SO-Türkei)

Von

K. Erguvanli, M. Vardar, E. Yüzer und **C. Zanbak**

Mit 8 Abbildungen

Zusammenfassung — Summary

Ingenieurgeologische Probleme bei der Gründung der Dicle (Tigris)-Kralkizi-Talsperre (SO–Türkei). Für die Bewässerung und Energieversorgung ist in der SO-Türkei über dem Dicle (Tigris)-Fluß, etwa 60 km nördlich von der historischen Stadt Diyarbakir, ein 112 m hoher, felsgeschütteter Damm geplant worden. Die ingenieurgeologischen Aufgaben dieses Projektes werden vom Lehrstuhl Ingenieurgeologie und Felsmechanik der Technischen Universität Istanbul untersucht und bearbeitet.

Der Staudamm wird in einem stark gefalteten, geklüfteten und verworfenen Bereich einer langgestreckten Überschiebungszone zwischen der „Arabischen" und „Anatolischen Platte" gebaut. Der Baugrund besteht aus überschobenen Felsmassen, die vermutlich noch seismisch aktiv sind. Somit ist diese Stelle eines der interessantesten Beispiele für unterschiedlichste Baugrundverhältnisse unter einem und demselben Stauwerk überhaupt.

Die Stabilität des Dammes, die Durchlässigkeit des Baugrundes sowie die tektonische Aktivität der Überschiebungszone bilden die Hauptprobleme dieses Projektes. Die Stratigraphie der Mesozoik- und Senozoik-alten Kalksteine, Konglomerate, Sand- und Schluffsteine sind durch die tektonischen Einflüsse weitgehend geändert und diese Gesteinsarten zu sehr beansprucht worden. Die N-S orientierten tektonischen Hauptspannungen bewegten die vulkanischen Ofiolite von Norden in diese Überschiebungszone.

Die Kalksteine sind sehr (25–100 Lugeons), die Konglomerate weniger (2–10 Lugeons) durchlässig und die Ofiolite sind praktisch undurchlässig (< 1 Lugeon). Mit Hilfe von Zementinjektionen und entsprechenden Baumaßnahmen werden die Scherfugen und die Verwerfungszonen, die über 100 m tief liegen können, gedichtet und verfestigt. Die Injizierbarkeit der Gesteinsarten wird durch Probeninjektionen untersucht.

Wegen der breiten Scher- und Überschiebungszonen werden beim Ausbau der Umleitungsstollen und der Hochwasserentlastungsanlage weitere Schwierigkeiten erwartet. Zur Feststellung des geomechanischen Verhaltens dieser stark beanspruchten Felsmassen und Großfugen wurden felsmechanische in-situ-Versuche vorgesehen und programmiert.

Engineering Geology Problems in the Dicle (Tigris)-Kralkizi Dam Foundation (SE Turkey). Construction of a 112 m high rock-fill dam is planned on Dicle (Tigris) River at a site approximately 60 km north of Diyarbakir, SE Turkey, for energy and irrigation purposes. Engineering-geological investigations were made by the authors in the feasibility stage of the

0080-3375/80/Suppl. 10/0009/$ 02.80

project. Detailed engineering-geological studies in the final project stage are presently continued by the authors.

The dam site is located on the folded, faulted, and overthrusted boundary zone of the Arabian Plate and Anatolian Marginal Folds Belt in Southeast Anatolia. The foundation rocks are mostly allochthonous and the area is seismically active. This dam site is believed to be a unique example of its kind due to its complex foundation, according to the previous investigation results.

At this dam site, the predicted problems are stability of the dam and leakage from the dam in addition to the seismicity. Due to the earlier tectonic activity, the sequence of limestone, conglomerate, sandstone and siltstone formations of Mesozoic and Senozoic ages had been disturbed by overthrusts and local overturnings that resulted in wide shear zones. Ophiolites of magmatic origin (serpentine, spilitic lava, etc.) had been emplaced in these shear zones during the overthrusting process.

The limestones are found very permeable (25–100 Lugeons), while conglomerates are moderately permeable (2–10 Lugeons). The ophiolites and siltstones are found impermeable (less than 1.0 Lugeon). The grout curtain designed to treat the shear zones and to reach the impermeable formations is determined to be more than 100 m in depth. At the dam site, water pumping tests are under way to determine the groutability of the formations.

Especially in the shear zones, some exceeding 30 m in the thickness, overbreak, popping and stability problems of the excavations are expected for the diversion tunnel, the spillway and the power plant. These problems will be solved according to the results of programmed in-situ rock mechanics tests.

1. Problemstellung

Die Probleme der Energie- und Rohstoffversorgung erreichen für die gesamte Welt Jahr für Jahr neue Dimensionen. Auch die Versorgung vieler Völker mit Nahrungsmitteln wird wegen der unkontrolliert hohen Bevölkerungszunahme immer schwieriger. Das noch vorhandene Wasserpotential bietet hierbei in manchen Ländern neue Möglichkeiten, da durch den Bau von Talsperren auf die umweltfreundlichste Art Energie gewonnen wird und neue Agrarflächen durch deren Bewässerung erschlossen und kostbarste Agrarböden teilweise gegen Erosion geschützt werden können. In diesem Sinne sind in der Türkei mehrere Projekte im Gange, um von dem bisher nur zu 10% ausgenutzten Wasserpotential Gebrauch zu machen.

Die folgende Arbeit bringt einige bemerkenswerte Ergebnisse des Forschungsprogrammes über die ingenieurgeologischen und felsmechanischen Untersuchungen der Dicle (Tigris)-Kralkizi Talsperre. Es handelt sich hierbei um ein Dammprojekt zum Zwecke der Bewässerung, Energiegewinnung und Wasserregulierung. Die Auftraggeber dieses Projektes sind DSI (Staatliche Wasserwerke), EIEI (Behörde für die Untersuchung der elektrischen Angelegenheiten) und eine türkische Projektfirma, die die Talsperre entwirft.

Der Lehrstuhl für Ingenieurgeologie und Felsmechanik der Technischen Universität Istanbul bekam dabei den Auftrag, die geologischen Gegebenheiten zu erhellen und den Projektanten die geomechanischen Kennwerte zu liefern.

Die Charakteristiken dieses Projektes sind folgende:

Projektfläche	: 5550 km²
Theoretische Bewässerungsfläche	: 2300 km²
Effektive Bewässerungsfläche	: 2180 km²
Typ	: Kerngedichteter Damm mit Felsschüttung
Höhe	: 112 m
Achsenlänge	: 994 m
Dammvolumen	: $13 \cdot 10^6$ m³
Drainagefläche	: 1300 km²
Aktive Drainagefläche	: $1710 \cdot 10^6$ m²
Gesamtreservoirvolumen	: $2 \cdot 10^9$ m³
Reservoirfläche	: $57 \cdot 10^6$ m²
Regulierte Wassermenge	: $633 \cdot 10^6$ m³
Maximaler Wasserfluß ·	: 5400 m³/sec
(Katastrophenfall)	
Durchschnittlicher Wasserfluß	: 1300 m³/sec
Umleitungsstollen	: 2 Stollen je 7 m ϕ, Länge: 797 m und 847 m
Energiezentrale	: 90 000 kW

Der Dicle (Tigris) durchfließt erst die Südflanke der Taurusberge, dann die Oasenlandschaft der Südostebene und verläßt schließlich die Türkei mit einer durchschnittlichen Wassermenge von ca. 450 m³/sec (Abb. 1). Der Höhenunter-

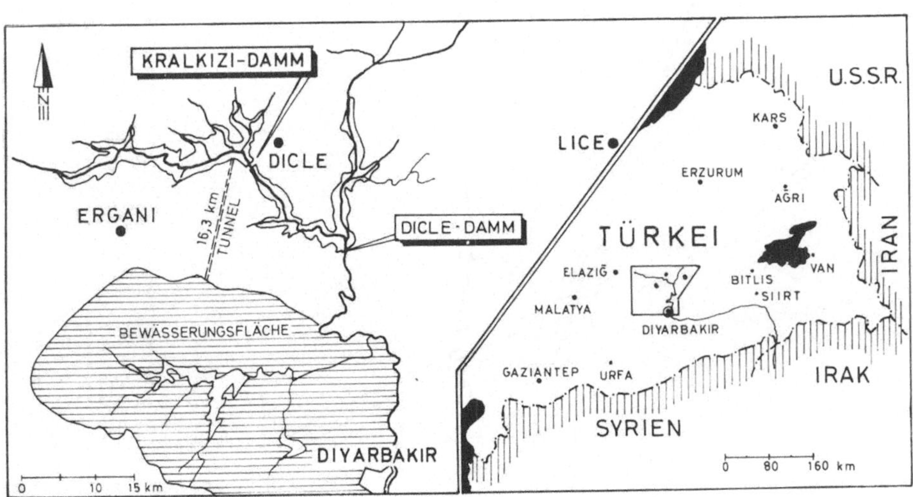

Abb. 1. Lageplan
Location map

schied zwischen dem praktisch energetischen Bereich des Flusses bis zu der türkisch-irakischen Grenze beträgt 440 m. Mit einer mittleren Durchflußmenge läßt sich ein theoretisches Wasserpotential von ca. 20 Milliarden kWh errechnen. Von dieser brauchbaren Energiequelle ist bis heute fast kein Gebrauch gemacht worden.

Die Gründe lagen einerseits darin, daß den Projektanten der Bau von Talsperren über Dicle im Vergleich zu den anderen Flüssen wie Firat (Euphrat) und

K. Erguvanli, M. Vardar, E. Yüzer und C. Zanbak:

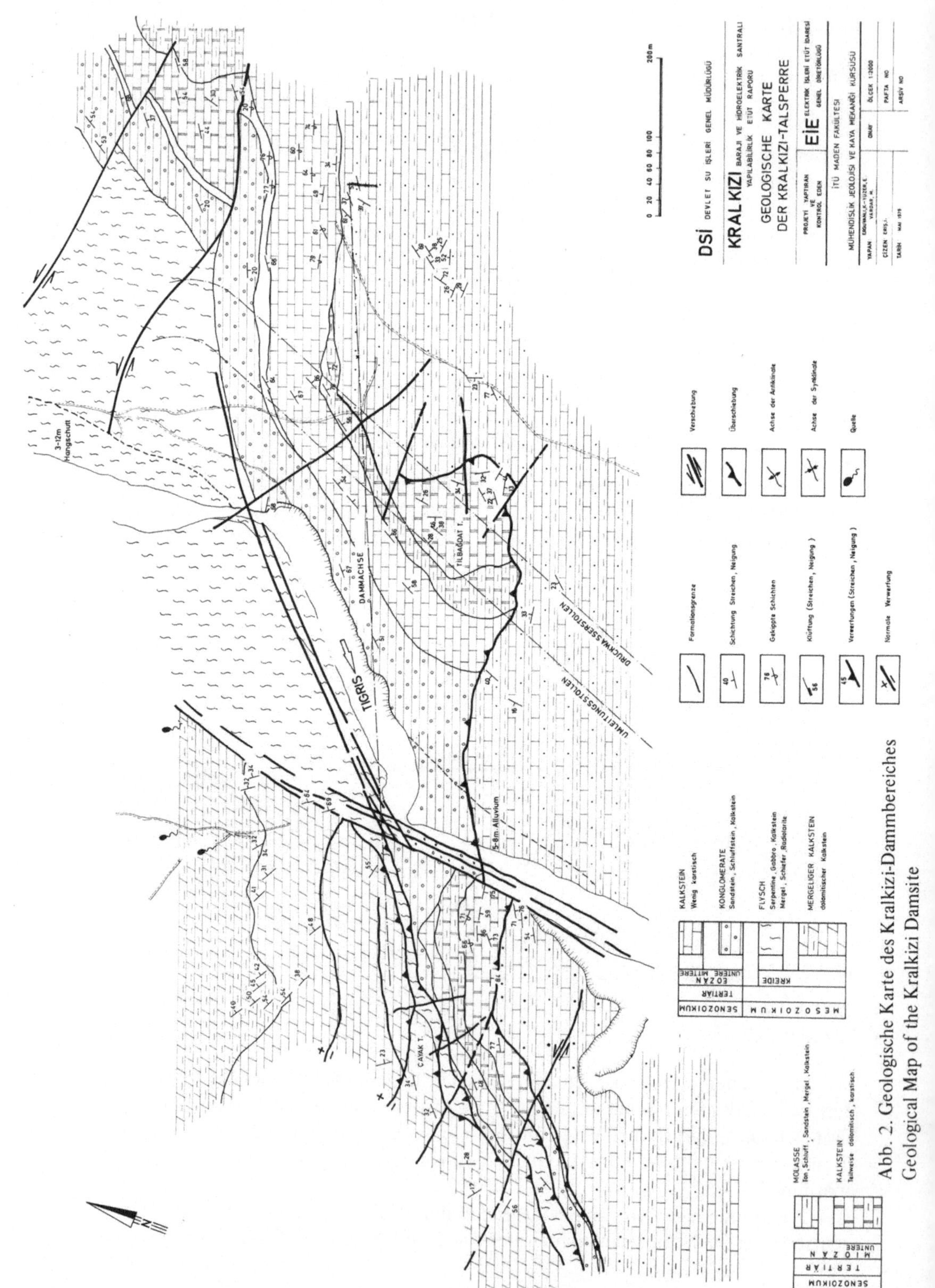

Abb. 2. Geologische Karte des Kralkizi-Dammbereiches
Geological Map of the Kralkizi Damsite

Kizilirmak lange Zeit kostspieliger und unwirtschaftlicher erschien und anderseits wegen der geologischen Gegebenheiten (wie die Bitlis-Überschiebung am Rande der arabischen und eurasischen Platte und die enormen Vorkommen von evaporitischen Gesteinsarten (Anhydrit und Gips)) gefürchtet wurde. Der niedrige Ölpreis der fünfziger und sechziger Jahre veranlaßte die Planer, die Energieversorgung des Landes durch thermische Zentralen, die auch sehr schnell eingesetzt werden können, zu decken, so daß eine zeitliche Zurückstellung der Errichtung von Hydrozentralen in kurzer Sicht nicht zu vermeiden war.

Die Dicle-Kralkizi Talsperre bildet in diesem Zusammenhang eines der wichtigsten Bauobjekte der Revierplanung und hat unter anderen in erster Linie die Aufgabe, die Diyarbakir-Ebene zu bewässern.

2. Geologie des oberen Dicle (Tigris)-Gebietes

Im oberen Dicle-Gebiet sind drei tektonische Einheiten voneinander zu unterscheiden (Abb. 2):

1. Tauride (Orogenzone)
2. Randfalten
3. Arabischer Block.

Die Tauride im Norden bestehen aus ophiolitischen und metamorphen Gesteinen. Der Arabische Block im Süden ist von einem Sedimentationsbecken aus Kreide bis Miozän bedeckt. Die Randfalten befinden sich zwischen diesen beiden tektonischen Einheiten.

Die tektonische Hauptspannung wirkt vom Norden und verschiebt die ophiolitischen Massen über die Molasse der gefalteten Randzonen. Die flachen U-Täler des Nordens verformen sich gerade in dieser Überschiebungszone zu den für den Dammbau günstigeren Talformen. Deshalb ist diese Zone fast die einzig mögliche Stelle, an der eine Talsperre wirtschaftlich gebaut werden kann. Für den Kralkizi-Damm blieb den Planern demnach nichts anderes übrig, als in diesem tektonisch stark beanspruchten Bereich einen Platz für das Sperrwerk auszusuchen und die Risiken einer solchen Auswahl zu bestimmen.

Die Probleme und Risiken sind:
- Die zu bewässernde Diyarbakir-Ebene liegt höher als der Stausee. Deshalb muß ein 16,3 km langer Stollen gebaut und das Wasser hochgepumpt werden.
- Der Baugrund ist wegen der tektonischen Einwirkung verwirrend, chaotisch. Zu viel wechselnde Lithologie, unsystematisches In- und Aufeinander dieser Gesteinsarten, Karstvorkommen, starke Klüftungen, Verwerfungen aller Sorten und mehrere Überschiebungszonen kennzeichnen das Gebirge. Ein heterogener, anisotroper Baugrund liegt vor.
- Die Seismizität in diesem Gebiet ist ziemlich aktiv. Vor etwa vier Jahren fand hier ein Erdbeben mit der Stärke 6,6 (Richter-Skala) statt, dessen Epizentrum in Lice lag. Diese Kleinstadt liegt nur 60 km östlich der geplanten Talsperre. Deshalb muß der Bestimmung der Erdbebensicherheit große Aufmerksamkeit gewidmet werden.

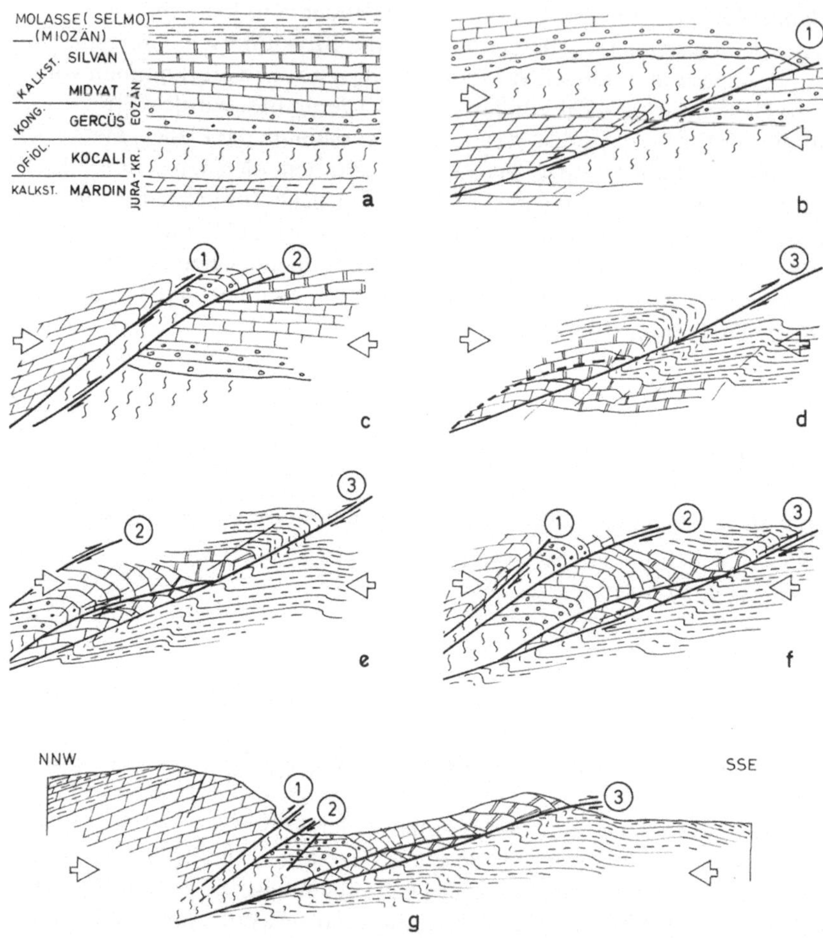

Abb. 3. Durch die drei verschieden alten Überschiebungen ist der Baugrund charakterisiert. a) Normale Lagerung der Formationen. b) Erste Überschiebung *1:* Jurakalke werden über die Ophiolite geschoben. c) Zweite Überschiebung *2:* Ophiolite werden über die Konglomerate und jüngeren Kalksteinformationen geschoben. d) Zwischen der Molasse und den schon überschobenen Formationen entwickelt sich die dritte Überschiebung *3.* e), f) Durch weitere Bewegungen der Felsmassen entstehen die Randfalten. g) Schematischer Schnitt nach der Erosion.

The geology of the foundation is characterized by three successive thrust-faulting stages. a) Original succession of the formations. b) First thrust-faulting stage, *1:* Jurassic limestones are overthrusted on the ophiolites. c) Second thrust-faulting stage, *2:* Conglomerates and younger limestone formations are overthrusted onto the ophiolites. d) Formation of the third thrust-faulting stage between molasse and previously thrusted units *3.* e), f) Formation of edge folding due to continuing movéments of the rock masses. g) Schematic cross-section after erosion.

3. Die Wirkung der ingenieurgeologischen und felsmechanischen Erkundungen auf das Bauprojekt Kralkizi-Talsperre

Um die Beschaffenheit des Baugrundes zu bestimmen und zu erläutern, wurden eine geologische Karte im Maßstab 1:1000 und 12 geologische Schnitte ausgearbeitet. Ferner wurden alle an der Geländeoberfläche meßbaren Schichten, Klüfte und Störungen gemessen und kartiert. Zur Veranschaulichung des geologischen Aufbaues wurde ein dreidimensionales Modell im Maßstab 1:1000 gefertigt.

Zur Festlegung der unterirdischen Lage von Gesteinsarten und zur Bestimmung ihrer Durchlässigkeit und ihrer physikomechanischen Eigenschaften durch die gewonnenen Bohrkerne wurden bisher 59 Bohrungen durchgeführt, darunter 12 Schrägbohrungen. Die gesamte Bohrlänge beträgt 5860 m. Außerdem wurden 8 Untersuchungsstollen mit einer Gesamtlänge von 707 m ausgebaut. Sie dienen z. Zt. den in-situ Messungen der Scherfestigkeit der zerrütteten Überschiebungszone.

Es wurde folgendes festgestellt:

- Der Dicle (Tigris)-Fluß fließt in einer N-S-orientierten Verwerfungszone, wodurch sich an der rechten und der linken Talflanke zwei stark voneinander unterschiedliche Baugrundstrukturen entwickelt haben.
- An der rechten Talflanke befinden sich drei verschieden alte Überschiebungen (Abb. 3). Zuerst wurden durch die von N 10–15 W wirksamen tektonischen Spannungen die fossilreichen Mergel und Kalksteine der Jura-Oberkreide über die jüngeren Ophiolite (Oberkreide) geschoben, die aus Spiliten, Radiolariten, Serpentinen und Mergeln bestehen. Danach glitten diese beiden Formationen gemeinsam über die Konglomerate (Paleozän) und Kalksteine (Mitteleozän) in Südrichtung. Während der nachträglichen Südostbewegung dieses gesamten Gesteinkomplexes auf der Molasse (Miozän) entsteht letztlich die dritte, hauptsächliche Überschiebungszone, welche durch die begleitenden Aufschiebungen und Verwerfungen charakterisiert ist (Abb. 4).
- An der linken Talflanke fehlt die erste Überschiebung, da vermutlich die bis zum Flußbett ausgeweitete Kalksteindecke der Juraformation durch den Dicle-Fluß nach und nach abgetragen wurde. Hier ist auch die zweite Überschiebung nicht sichtbar; unter dem Flußbett vor dem Tilbagdat-Hügel sind mit Hilfe der Schrägbohrungen Lage und Ausmaß dieser Verrüttungszone bestimmt worden. Sie scheint nachträglich wieder aktiviert worden zu sein, so daß sie z. Zt. in Form einer 11–16 m breiten Aufschiebungszone in Erscheinung tritt (Abb. 5). Die Brekzien und Mylonite dieser Scherzone lassen sich schwer von den Konglomeraten der Gercüs-Formation (Paleozän) unterscheiden, deren Festteile durch eine stark konsolidierte Tonmatrix zuzusammengehalten werden.
- An der linken Talflanke unter dem überschobenen Gebirge befinden sich mehrere löffelartige Gesteinspartien, welche während der kinematischen Phase abgeschert und mitgeschleppt worden sind.
- Nach der undeutlichen Regelung der nach vielen Richtungen orientierten Klüfte und nach der größeren Klüftigkeitsziffer ($k_{\text{stini}} = 3{-}22$) der Midyat- und Silvan-Kalksteine (Eozän und Miozän) an der rechten Talseite kann

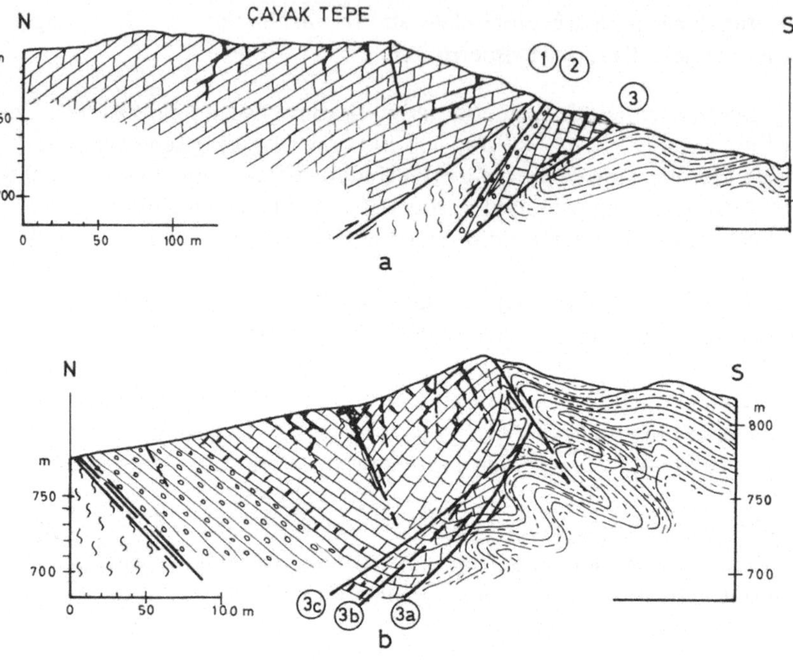

Abb. 4. Charakteristische Schnitte des geologischen Aufbaues a) an der rechten, b) an der linken Talflanke
Geological cross-section of the geological structure a) on the right slope of the valley, b) on the left slope of the valley

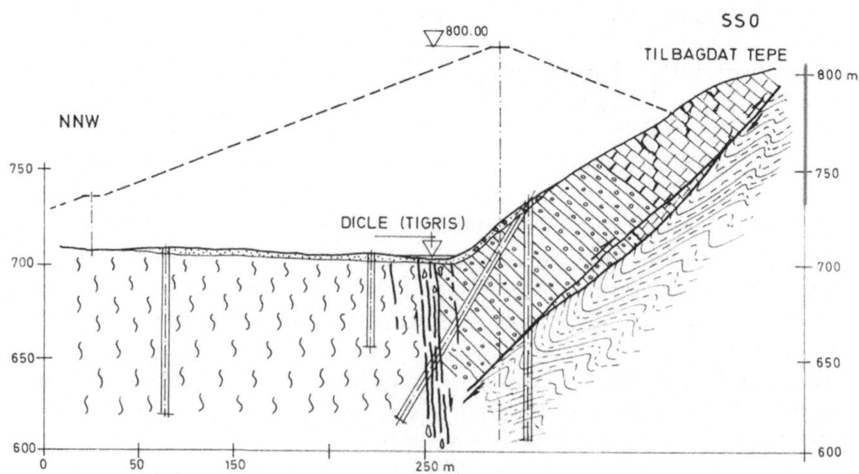

Abb. 5. Geologischer Aufbau unter dem Tilbagdat-Hügel
Geological structure under the Tilbagdat Peak

behauptet werden, daß die rechte Flanke in einem 80–100 m breiten Band tektonisch viel intensiver beansprucht worden ist als die entsprechenden Formationen in der linken Talflanke. Deshalb sollen hier entsprechende spezielle Maßnahmen zur Verbesserung der Gebirgseigenschaften getroffen werden.
- Den vorkommenden Felsarten wurden nach den bisherigen Labor- und Geländeuntersuchungen folgende Gebirgskennwerte beigemessen:

Felsart		Einachsige Druckfestigkeit (β_D) [100 kN/m²]		c [100 kN/m²]	ϕ [°]
Lith.	Form.	LS*	RS**		
Kalkstein	Silvan	60–80	40–50	6–11	43–47
	Midyat	50–70	30–40	5–10	40–44
	Mardin	–	70–90	12–20	45–50
Kongl. + Sandst.	Gercüs	40–50	10–15	4–7	35–38
	Kocali	30–40	10–15	4–6	35–37
Mergel + Kalkst.	Selmo	40–50	20–30	2–10	33–40

LS*   = Linke Talflanke
RS** = Rechte Talflanke

Die Topographie des Dammbereiches ließ auf den ersten Blick einen sehr gut geeigneten Platz für die Hochwasserentlastungsanlage an der linken Talflanke im Sattel des Tilbagdat-Hügels finden (s. Abb. 2). Die langen Spülwege in der Molasse, die aus Ton-, Schluff-, Sand-, Kalksteinen und Mergeln besteht, hätten in diesem Falle zur Folge, daß ein offener Entlassungskanal in sehr kurzer Zeit wegen der enormen Wassermengen (ca. 5400 m³/sec) weggeschwemmt und der Baugrund stark aufgeweicht und entfestigt würde. Eine Oberflächenverkleidung mit verdübelten Betonplatten über lange Strecken hätte die Baukosten zu sehr erhöht. Deshalb zwingen die geologischen Verhältnisse die planenden Bauingenieure, einen geeigneten Platz für die Hochwasserentlastungsanlage an der rechten Talflanke auf den Kalksteinen zu suchen.

Der geologische Aufbau dieses tektonisch sehr stark beeinflußten Baugrundes ließ erkennen, daß die Lage und Orientierung des Dammes eine sehr wichtige Rolle für die Stabilität des Baugrundes spielen wird. Es wurden deshalb vier verschiedene Achsenstellungen unter ingenieurgeologischen Aspekten untersucht und miteinander verglichen (Abb. 6).

Im ersten Fall wurde jene Linienführung untersucht, die das kleinste Damm-
volumen, also die niedrigsten Baukosten, erzielen sollte. Diese Dammachse ver-
bindet die beiden Talwände des Tilbagdat-Hügels und des Çayaktepe (Hügels) miteinander und knickt an der Ostseite in Richtung nach Nordosten. Diese Damm-
lage hatte den Nachteil, daß gerade der mittlere Bereich des Dammes auf den
mehr oder weniger verkarsteten Kalksteinen lag und deshalb die Dichtung des
Baugrundes problematisch würde. Ferner bildete dieser Tilbagdat-Hügel eine

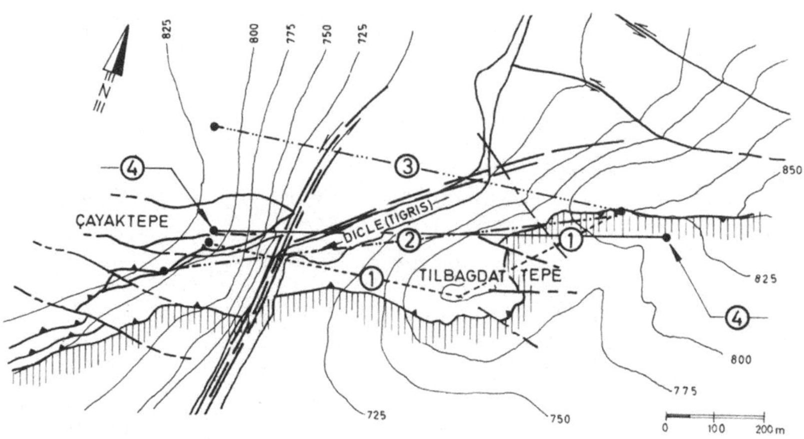

Abb. 6. Die Alternativen der Achsenlagen des Kralkizi-Dammes
Alternative dam axes for the Kralkizi Dam

Unstetigkeitsstelle im inneren Kernbereich des Dammes. Dadurch mangelte es
außerdem an haltenden Gegenkräften, da die dritte Überschiebungszone sehr
leicht durch die Wasserzufuhr aktiviert werden konnte (s. Abb. 5).
    Im zweiten Fall wurde eine geradlinige Achsenführung in N 65 W-Richtung
untersucht. Der verdichtete Dammkern lag diesmal vor dem Tilbagdat-Hügel
und saß auf den praktisch undurchlässigen Konglomeraten und Ophioliten. Trotz
dieser günstigen Raumstellung wurde diese Alternative verworfen, da es der
rechten Talflanke an einem geeigneten Platz für die Hochwasserentlastungsanlage
fehlte und da die Überschiebungszone von der Wasserlast dynamisch zu sehr beansprucht würde.
    Die dritte Alternative war eine nach Nord gerichtete Dammachse. Dadurch
wäre der Baugrund homogener aufgebaut und der Kern läge auf den undurchlässigen Ophioliten. Dann würden aber an der rechten Talseite Probleme entstehen,
da die Dichtungsschleier über 300 m tief eingesetzt werden müßten. Das Damm-
volumen verdoppelte sich zusätzlich.
    Diese Gedankengänge und ingenieurgeologische Auswertungen ließen erken-
nen, daß eine vierte Achsenstellung zwischen der zweiten und dritten Alternative
am günstigsten ist.

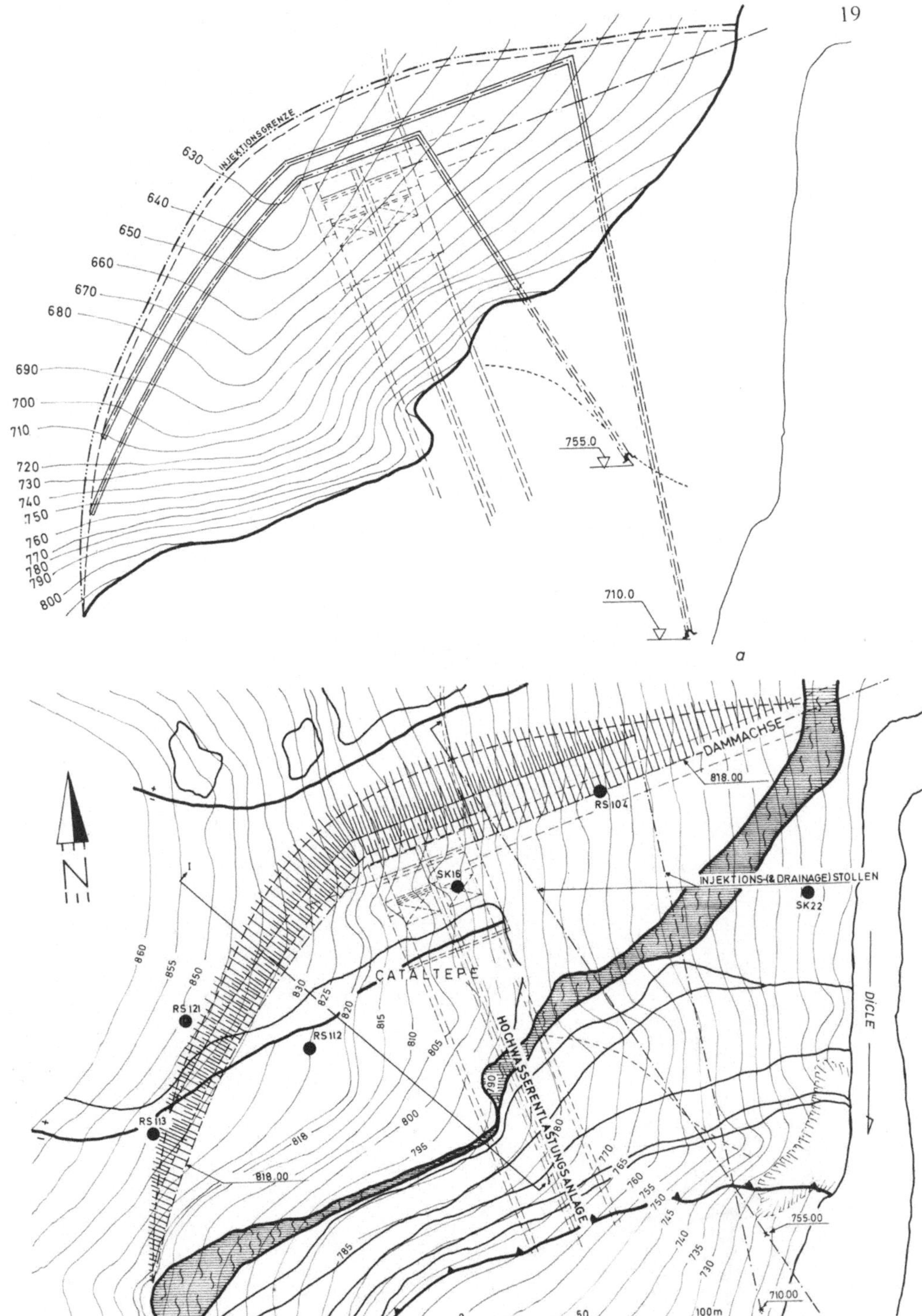

Abb. 7. Die Lage des Injektionsschleiers im Plan. a) Höhenlinien der wasserundurchlässigen
Formation. b) Dreistufiger Injektionsschleier im Plan
Plan view of the grout curtain. a) Contours of the impermeable rock unit. b) Three-stage
grout curtain

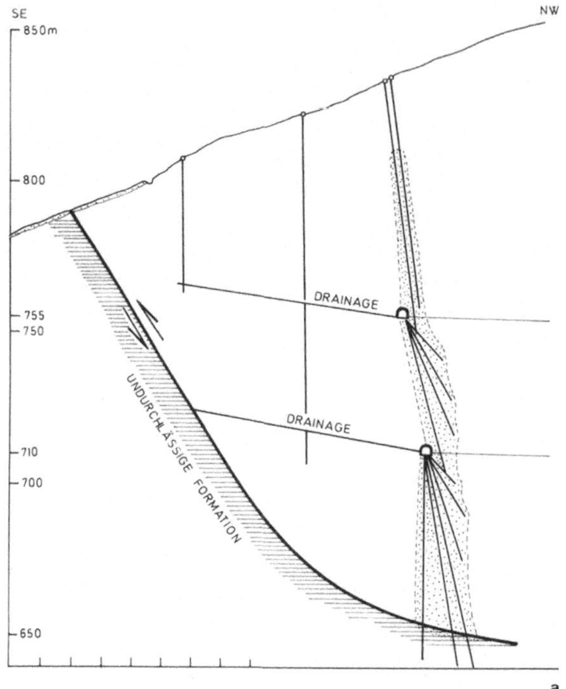

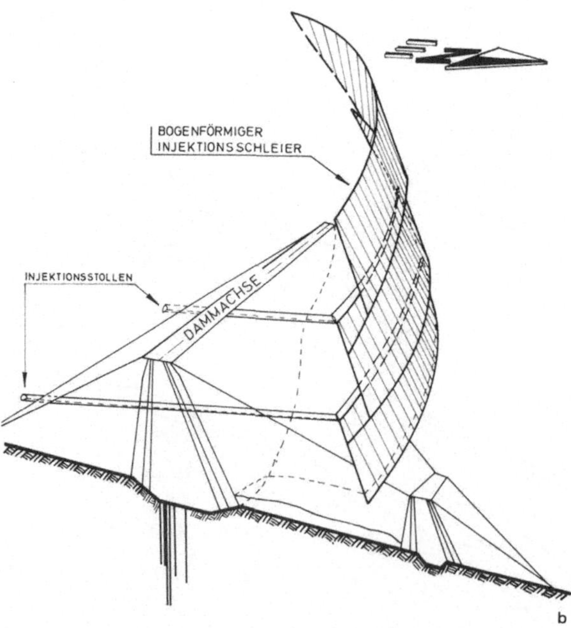

Abb. 8. Injektionsschleier a) im Schnitt. b) in perspektivischer Darstellung
Grout Curtain a) in cross-section. b) in perspective view

Die ingenieurgeologischen Erkundungen zeigten ferner, daß die von den Bau-
ingenieuren bestimmte Lage der Umleitungsstollen nicht günstig war. Sie befän-
de sich über 120 m in der Zerrüttungszone der Überschiebung. Deshalb wurden
die Stollenachsten dahingehend geändert, daß diese Zone möglichst kurz und
mit einem steileren Winkel angeschnitten wurde.

Durch die genaue Bestimmung der Lage von Überschiebungen, Verwerfungen
und undurchlässigen Formationsgrenzen konnte die Lage und Größe der Injektionsschleier genauer bestimmt werden (Abb. 7). An der rechten Talflanke
wurde sie in Form einer unterirdischen gewölbten Bogenmauer geplant, wodurch die Normalkraft an den tektonischen Scherzonen erhöht werden konnte
(Abb. 8).

Die Kernbohrungen und Aufschlüsse aller Art brachten Angaben über die
Änderung der Gebirgseigenschaften nach der Tiefe, wodurch die notwendige
Aushubtiefe bestimmt werden konnte.

Während der Planungsarbeiten hat sich herausgestellt, daß der Kralkizi-Damm
mit einem 16 300 m langen Bewässerungsstollen unwirtschaftlich (Rentabilität
unter 1) ist. Deshalb versuchte man, das für die Energiegewinnung durchgelassene
Wasser in einem tiefergelegenen Raum zu speichern. Damit erreichte man theoretisch eine bessere Lösung mit einem Wirtschaftlichkeitsgrad von 1,3 bis 1,4.
So entfiel der lange Tunnel und es kamen neue Agrarflächen hinzu. Dabei traf man
aber auf einige geologische Schwierigkeiten, welche die Dammbauer bisher immer
wieder entmutigt hatten. Die topographisch günstigen Stellen enthalten nämlich
evaporitische Gesteinsarten wie Anhydrit und Gips. Außerdem überdecken
verkarstete Kalksteine diese Vorkommen.

Diese Aussage hat bisher nur einen qualitativen Wert ohne irgendwelche
Zahlenangaben. Sie beruht mehr oder minder auf den Ergebnissen der Ölbohrun-
gen, die einen vollkommen anderen Zweck verfolgen. Zur ingenieurgeologischen
Auswertung der geologischen Angaben ist es deshalb eine der wichtigsten Aufgaben,
das Quell- und Löslichkeitsverhalten dieser Gesteinsarten durch Labor- und in-situ-
Versuche zu bestimmen. Im Rahmen dieses Forschungsprogrammes sind einige
spezielle Versuchs- und Meßgeräte entwickelt und seit dem Mai 1979 eingesetzt
worden.

4. Schlußbetrachtung

- Die Kralkizi-Talsperre befindet sich in einem sehr erdbebenaktiven Gebiet
  der Türkei.
- Der Baugrund ist sehr problematisch, da die Gebirgskennwerte sehr schwer
  zu bestimmen sind.
- Durch die inhomogene Beschaffenheit des Baugrundes ist sein Verformungs-
  verhalten nur begrenzt bestimmbar. Deshalb ist ein sehr umfangreiches
  Untersuchungsprogramm geplant und teilweise durchgeführt worden. Es
  handelt sich hierbei um felsmechanische in-situ-Messungen und -Versuche.
- Der Talsperrentyp ist ein kerngedichteter Damm mit Felsschüttung, da er
  größere Deformationen aufnehmen kann. Die vorgeschlagenen Böschungs-
  neigungen sind: für die Wasserseite 1:2,5 und für die Luftseite 1:2.

Literatur

Campbell, J. D: En-échelon folding. Econ. Geol. *53*, 448–472 (1958).
Coleman, R. G.: Ophiolites. Berlin-Heidelberg-New York: Springer, 1977.
Erguvanli, K., et al.: DSI Kralkizi Project, Dicle (Tigris) Dam Engineering Geology, Investi-
gation of Engineering Properties of Evaporites ITÜ. MJKM, P4/78, Istanbul, 1978.
Ketin, I.: Tectonic units of Anatolia. MTA Bülteni Nr. 66, 20–35 (1966).
Ketin, I.: Über die tektonischen Ergebnisse der Geländeaufnahme des Gebiets Ergani-Egil im
Südost-Anatolien. I.Ü.Fen.Fak.Mec.Seri B, Cilt *XV*, Nr. 2 (1950).
Özkaya, I.: Ergani-Maden Yöresi Stratigrafisi Türkiye. Jeol.Kur.Bült. 21. 2, 129–140 (1978).

Anschrift der Verfasser: Prof. Dr. *Kemal Erguvanli*, Prof. Dr. *Erdoğan Yüzer*, Dr.-Ing. *Mahir
Vardar*, Dr.-Ing. *Caner Zanbak*, I.T.Ü. Maden Fakültesi — Mühendislik Jeolojisi ve Kaya
Mekanigi Kürsüsü, Teşvikiye, Istanbul, Türkei.

Rock Mechanics, Suppl. 10, 23–33 (1980)

**Rock Mechanics
Felsmechanik
Mécanique des Roches**
© by Springer-Verlag 1980

Erscheinungsformen des tiefen Salinarkarstes an der Trasse der DB-Neubaustrecke Hannover-Würzburg in Osthessen

Von

H. Prinz

Mit 9 Abbildungen

Zusammenfassung — Summary

Erscheinungsformen des tiefen Salinarkarstes an der Trasse der DB-Neubaustrecke Hannover-Würzburg in Osthessen. Die geplante Neubaustrecke der Deutschen Bundesbahn führt in Osthessen durch Buntsandsteingebiete, in denen als Folgeerscheinungen des tiefen Salinarkarstes verstärkte Lagerungsstörungen am Salzhang, Subrosionssenken und besonders auch eng begrenzte fossile Einbruchsschlote auftreten.

Die Erscheinungsformen besonders der mit Versturzmassen verschiedenster Art erfüllten fossilen Einbruchsschlote werden beschrieben und ihre Auswirkungen für die zahlreichen Tunnelbauten aufgezeigt.

Manifestation of the Deep Saline Karst at the Route of the Developing Section Hannover-Würzburg. The proposed new railroad of the Deutsche Bundesbahn in eastern Hesse crosses an area consisting of Bunter sequences. Here, as effects of the deep salinar karst, frequent disturbances at the solution edge, solution depressions and particularly, too, narrow fossil collapse pipes occur.

The manifestations especially of the fossil collapse pipes filled with collapse masses of various kind are described and their effects with respect to the numerous tunnel structures are outlined.

1. Geologischer Überblick

Die geplante Neubaustrecke der Deutschen Bundesbahn von Hannover nach Würzburg führt in Osthessen durch mehr oder weniger flach gelagerte Schichten des Buntsandsteins, und zwar vorwiegend des Mittleren Buntsandsteins. Gesteine des oberen Buntsandsteins, des Muschelkalks und des Keupers sind nur dort erhalten, wo sie in tektonisch tiefer Lage, in der Hauptsache schmalen tektonischen Bruchzonen, den sog. Hessischen Gräben, vor Abtragung geschützt waren.

Der Mittlere Buntsandstein, der im Südabschnitt rd. 200 m, im Nordabschnitt 400–500 m mächtig ist, wird heute (*Richter-Bernburg* 1974) in vier Folgen gegliedert, die jeweils mit geringer mächtigen grobkörnigen Sandsteinen mit wenig Tonsteinzwischenlagen beginnen, über denen dann wesentlich mächtigere Wechselfolgen von überwiegend feinkörnigen Sandsteinen mit z.T. vorherrschenden Ton-

		SÜDABSCHNITT		NORDABSCHNITT	
Mittlerer Buntsandstein	Hardegsen-Solling-Folge	Solling - Sandstein	35 m	Oberer Teil der Solling - Folge	70 -
				Wilhelmshausener Schichten	100 m
		Hardegsener Wechselfolge	±35 m	Hardegsener Wechselfolge	100 m
		Hardegsener Sandstein	15 m	Hardegsener Sandstein	10 m
	Detfurth-Folge	Detfurther Wechselfolge	30 m	Detfurther Ton	20 m
				Detfurther Wechselfolge	30-50 m
		Detfurther Sandstein	±25 m	Detfurther Sandstein	30-35 m
	Volpriehausen-Folge	Volpriehausener Wechselfolge	45-60 m	Avicula – Hauptlager	40 m
				Volpriehausener Wechselfolge	100 m
		Volpriehausener Sandstein	25 m	Volpriehausener Sandstein	30 m

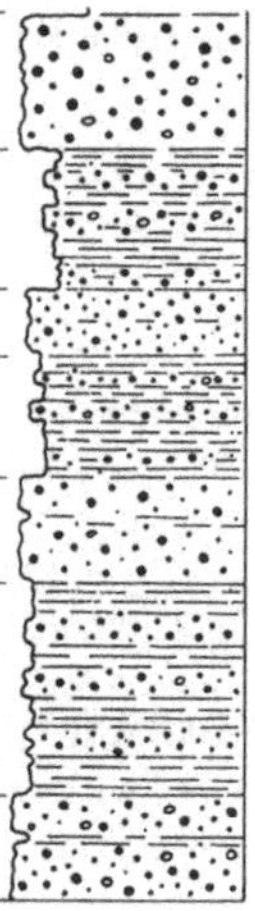

79 - 754

Abb. 1. Gliederung des Mittleren Buntsandsteins an der DB-Neubaustrecke in Ost- und Nordhessen
Stratigraphic classification of the middle Bunter in eastern and northern Hesse

steinlagen folgen. Der Tonsteinanteil nimmt dabei von den unteren Folgen mit teilweise typischer dünnbankige bis plattiger Wechselschichtung nach oben allgemein ab, doch treten auch in den höheren Wechselfolgen noch bis über 2 m dicke Tonsteinschichtpakete auf.

Die Schichten des Buntsandsteins werden in 400–700 m Tiefe von Gesteinen des Zechsteins unterlagert. Diese enthalten neben Ton- und Karbonatsteinen sowie wechselnd mächtigem Anhydrit im Bereich des Fulda-Werra-Beckens auch das 200–300 m mächtige Werra-Steinsalz mit den beiden Kalilagern Flöz Hessen und Flöz Thüringen. Das Fulda-Werra-Becken wird randlich begrenzt von Schwellenbereichen mit mächtiger Sulfatfazies, in der Hauptsache Anhydrit. In einem oft sehr verzweigten Übergangsbereich von der eigentlichen Beckenfazies zur mehr oder weniger reinen Sulfatfazies ist es nach heutigem Kenntnisstand (*Trusheim* 1964, *Käding* 1978, *Lämmlen, Prinz & Roth* 1979, *Prinz* 1979) wahrscheinlich zu einer intensiven Verzahnung von Steinsalz- und Sulfatfazies gekommen.

2. Entstehung des tiefen Salinarkarstes

Die löslichen Salinargesteine des Zechsteins haben durch tektonische Bruch-
bildung Verbindung mit dem Grundwasser erhalten und unterliegen seitdem auch
bei mehrere 100 m mächtigem Deckgebirge einer gewissen Auslaugung. Dieser
Prozeß, auf den hier nicht im einzelnen eingegangen werden kann, findet seit
geologischen Zeiträumen bis heute statt und hat dazu geführt, daß die Salzlager-
stätten des Zechsteins heute nicht mehr überall ihre ursprüngliche Ausdehnung
und Mächtigkeit haben, sondern mehr oder weniger stark reduziert sind. Der
Randbereich der flächigen oder regulären Auslaugung (*Weber* 1930, 1952) wird
als Salzhang bezeichnet.

Die irreguläre Salzauslaugung erfaßt dagegen die Salzlagerstätte bevorzugt in
tektonischen Hochlagen oder an Kreuzungsstellen tektonischer Strukturen, an
denen lokal Grundwasser in die Salzlagerstätte eindringen kann und sich mehr
oder weniger tiefreichende isolierte Auslaugungsherde bilden können. Über diesen
entstehen im Laufe geologischer Zeiträume Subrosionskessel oder -senken mit
umlaufenden, meist recht steilen lokalen Salzhängen.

Außer diesen altbekannten Erscheinungsformen der Salzauslaugung sind
durch die Arbeiten von *Herrmann* (1968, 1969 u. 1972) aus Südniedersachsen
und *Prinz* (1970, 1973) aus Nord- und Osthessen zahlreiche eng begrenzte, fossile
Einbruchsschlote bekannt geworden, die nach *Prinz* 1973, *Lämmlen, Prinz & Roth*
1979 und *Prinz* 1979 vorwiegend im Übergangsbereich zwischen Steinsalzbecken
und Anhydritwall auftreten.

3. Folgeerscheinungen an der Erdoberfläche

Je nach paläogeographischer Position treten somit an der Erdoberfläche unterschiedliche Folgeerscheinungen des tiefen Salinarkarstes auf:

als Subrosionssenken und -kessel der irregulären Auslaugung mit ihren
lokalen Salzhängen in den Steinsalz-Becken.

als Salzhang im Übergangsbereich der mehr oder weniger geschlossenen
Steinsalzlagerstätte zum heute salzfreien Gebiet.

als fossile Einbruchsschlote über Schwellenbereichen mit mächtiger Sulfatfazies und teilweiser Verzahnung von Steinsalz- und Sulfatfazies.

3.1 Subrosionssenken und -kessel

Die im Mittelabschnitt der Neubaustrecke bekannten größeren Subrosionssenken sind z.T. auf irreguläre Auslaugung, z.T. auf Auslaugung am Salzhang
bzw. von kleineren vorgelagerten Steinsalzbecken zurückzuführen (*Prinz* 1979).

Typisch für die besonders durch irreguläre Auslaugung entstandenen, mehr
oder weniger kesselartigen Subrosionssenken sind die starke Gesteinszerrüttung
im Zentrum, wo häufig echte Versturzbreccien ähnlich den Schlotfüllungen
vorliegen, und der meist mehr oder weniger breite Kranz zum Zentrum hin ein-
gekippter Schichten. Diese Schichtverkippungen sind eine Folge der umlaufenden

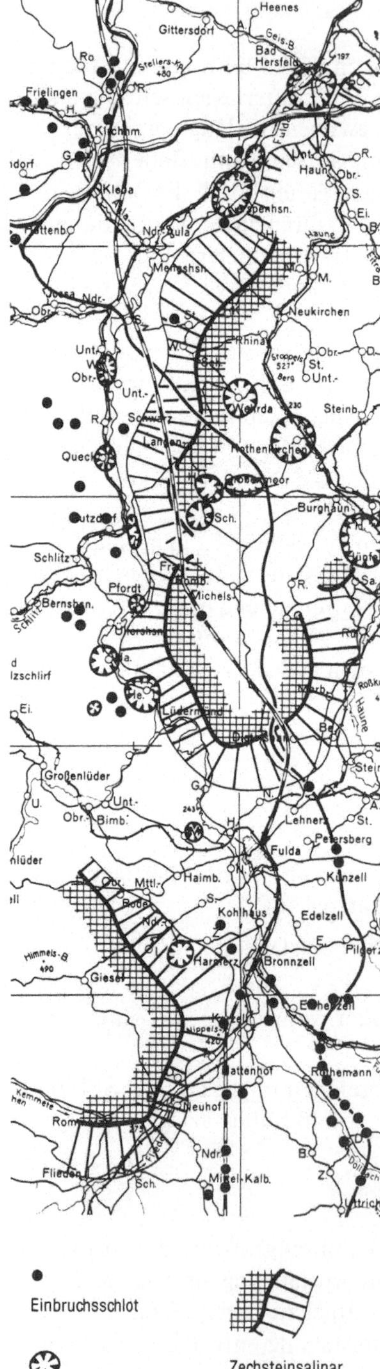

Abb. 2. Mittelabschnitt der geplanten Neubaustrecke mit heutiger Salzverbreitung, Salzhang und den größeren Subrosionssenken sowie Einbruchsschloten

Middle section of the proposed new railroad with present occurrence of salt, solution edge, larger solution depressions and collapse pipes

lokalen Salzhänge, an denen gewaltige Zugspannungen im Gebirge auftreten, mit
intensiver Hangzerreißung bis zu Spaltenbildung oder grabenartigen Einsenkungen bzw. mit einzelnen oder auch Serien von Erdfällen. Im Senkentiefsten
treten häufig mächtige junge Sedimentbildungen mit Torfeinlagerungen auf.
Angaben über einzelne Senken und Literaturhinweise sind bei *Prinz* 1979 zusammengestellt.

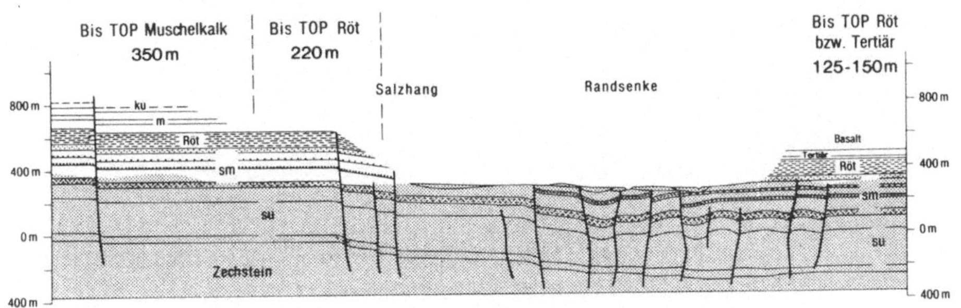

Abb. 3. Geologischer Längsschnitt über den Salzhang bei Neuhof (nach *Lämmlen* 1970), ergänzt um die Mächtigkeiten der heute abgetragenen Hangendschichten (nicht punktiert). Links von einem verhältnismäßig tiefen heutigen Abtragsniveau, der untersten Folge des sm; rechts von einem höheren Abtragsniveau, der obersten Folge des sm
Geological section over the solution edge near Neuhof (cf. *Lämmlen* 1970) supplemented by the eroded overlying sequences (not dotted). On the left from a comparable low present denudation level, the lowermost sequence of the middle Bunter (sm); on the right from a higher level, the uppermost part of the middle Bunter (sm)

3.2 Fossile Einbruchsschlote

Die seit zwei Jahrzehnten bekannten fossilen Einbruchsschlote sind die
Durchbruchsröhren von Großerdfällen, die während der jüngeren Tertiärzeit
und dem Pleistozän eingebrochen sind und die das mehrere hundert Meter mächtige Deckgebirge des Buntsandsteins steil durchschlagen haben. Die Füllung
der Schlotröhren besteht aus Versturzmassen der sie zur Zeit ihrer Entstehung
überlagernden Schichten, die heute in der unmittelbaren Umgebung fehlen,
da sie längst der flächenhaften Abtragung zum Opfer gefallen sind. Die Schlotfüllungen werden heute in einem verhältnismäßig tiefen Niveau, nämlich
100—350 m unter der Landoberfläche zur Zeit ihrer Entstehung angetroffen.
Die *Durchmesser* der Schlotröhren betragen meist 20—50 m, z.T. bis über
100 m. Einzelne Schlote, die in einem Niveau angeschnitten werden, wo die
flächenhafte Abtragung seit ihrer Entstehung nur noch einige Zehnermeter
betragen hat, weisen auch aufgeweitete Durchmesser bis zu 200 m und mehr
auf. Die *Grundrißformen* sind unregelmäßig rund bis elliptisch, z.T. auch langgestreckt, da die Schlote vielfach an tektonischen Verwerfungen oder Kreuzungen von Verwerfungsbahnen hochgebrochen sind. Die *Schlotumgrenzung* steht

Abb. 4. Zum Schlotrand hin verkippte Schichten des Mittleren Buntsandsteins; links Schlotfüllung aus verstürzten Tertiärtonen mit Braunkohlen
Layers of the middle Bunter titled to the collapse pipe; to the left dumped masses of tertiary
clays and lignites as pipe fill

Abb. 5. Bis an den Schlotrand (B 458 bei Dietges) heran söhlig liegende Sandsteinbänke der
Sollingfolge und Schlotfüllung aus verstürzten Röttonsteinen bei geringer Fallhöhe (< 100 m).
Die Tonsteinschollen liegen in vollkommen regelloser Lagerung in Kubikmeter- bis Kubik-
dezimetergröße vor
Sandstone strata belonging to the Solling sequence horizontally layered directly to the edge of
the collapse pipe and pipe fill consisting of Röt-mudstones fallen less then 100 m. The m^3 to
dm^3 sized claystone boulders are orientated statistically

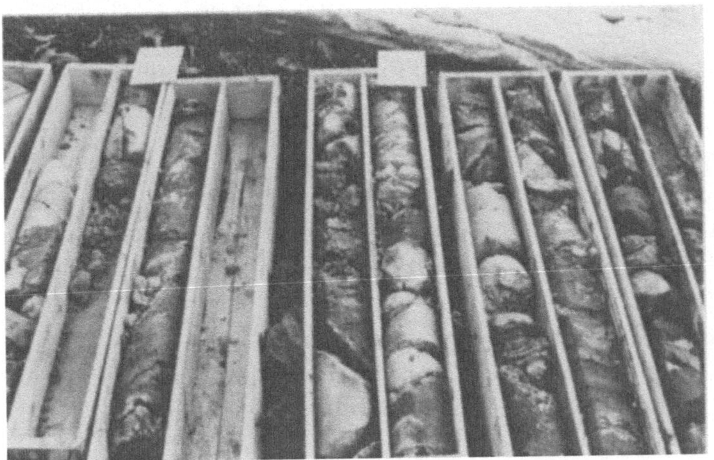

Abb. 6. Bohrkerne aus Versturzmassen der Sandstein-Folgen und Sandstein/Tonstein-
wechselfolgen des Mittleren Buntsandsteins. Die hellen Sandsteinbrocken entstammen dem
Solling-Bausandstein
Drilling cores from collapse material originating from sandstone and sandstone/mudstone
sequences of the middle Bunter. The lighter sandstone boulders come from the solling
building sandstone

Abb. 7. Bohrkerne aus Versturzmassen von Kalk- und Mergelsteinen des Unteren Muschel-
kalks bei großer Fallhöhe (vgl. Abb. 8)
Drilling cores from collapse material consisting of marlstones and limestones from the lower
Muschelkalk fallen very deep (compare fig. 8)

in der Regel sehr steil in Anpassung an die Kleinklüftung oder sie folgt Großklüften bzw. vorhandenen Verwerfungsbahnen. Das umgebende Gebirge ist im
allgemeinen wenig gestört, doch sind häufig auf wenige Meter Entfernung Zerrungserscheinungen und ein Abkippen der Schichten zum Schlot hin anzutreffen
(Abb. 4). Eine Einzelbeschrcibung der bisher im Gebiet Fulda/Neuhof angetroffenen fossilen Einbruchsschlote bringen *Lämmlen, Prinz & Roth* (1979).

Die Versturzmassen der *Schlotfüllungen* bestehen je nach dem heutigen An-
schnittsniveau und den zur Zeit der Erdfallbildung überlagernden Schichten aus

- sandig-steinig-tonigen Schuttmassen der Sandstein-Folgen und Sandstein/
  Tonstein-Wechselfolgen des Mittleren Bundsandsteins (Abb. 6),

- schluffig-tonigen Schuttmassen des Röts mit unterschiedlich großen Tonsteinbrocken und -bröckchen (Abb. 5) und wechselndem Sandsteinanteil,
- steinig (kiesig)-schluffig-tonigem Muschelkalkschutt, z.T. mit Kalkstein-
  blöcken (Abb. 7 und 8),

- schluffig-tonigem Schuttmassen des Keupers mit Tonstein- und Feinsand-
  steinbröckchen

- verstürzte Tone, Feinsande und Braunkohlen ehemaliger Tertiärüberdeckung.

Entsprechend dem hohen Alter sind sandig-steinige Schuttmassen bisher immer in dichter Lagerung angetroffen worden. Über der Grundwasseroberfläche ist
die Zustandsform bindiger Schlotfüllungen meist halbfest; die Tonsteinbrocken
und -bröckchen selbst sind meist fest. Die tertiären Tone haben größtenteils steife
bis sehr steife Konsistenz. Die bodenmechanischen Eigenschaften, besonders
die Scherfestigkeit, sind aber stark abgemindert. Letztere ist nicht höher einzu-

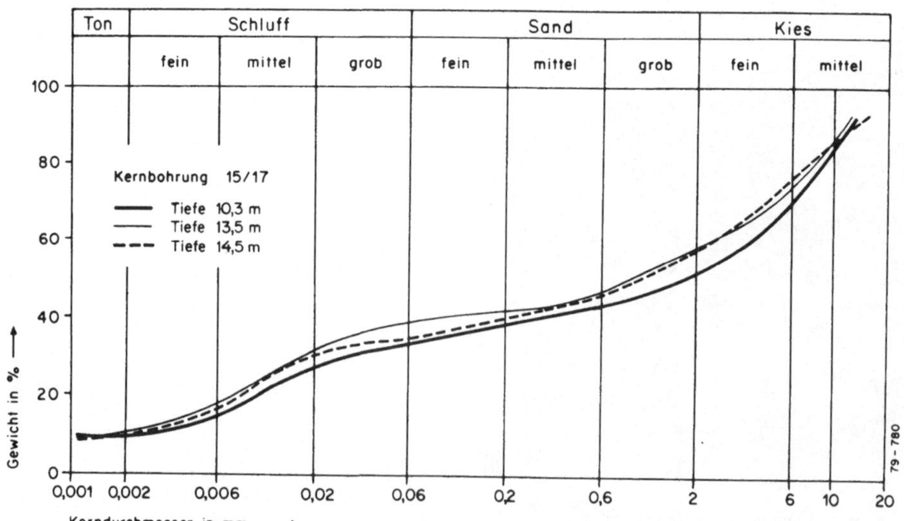

Abb. 8. Kornverteilungskurven von mergelig-kieseligen Versturzmassen des Unteren Muschelkalks (vgl. Abb. 7)
Gradation curves of marly and siliceous collapse masses originating from the lower Muschelkalk (compare fig. 7)

schätzen als die Restscherfestigkeit. Der Zerbrechungsgrad der Schlotfüllungen ist unterschiedlich und hängt offensichtlich von der Versturzhöhe insgesamt ab, aber auch davon, ob die Schlotfüllungen über größere Höhe verstürzt oder immer nur wenige Meter abgesackt sind.

Welche Schlotfüllung im heutigen Aufschlußniveau gerade angetroffen wird, hängt von den einstigen Hangendschichten und der Versturzhöhe ab. Es ist davon auszugehen, daß gleichartige Schlotfüllungen auch noch viele Zehnermeter tiefer vorliegen. Bohrungen von 20–40 m Tiefe haben z.T. auch verschiedenartige Füllungen übereinanderlagernd angetroffen (*Prinz* 1970:39, *Lämmlen, Prinz & Roth* 1979:230 f).

Bei einigen Schloten ist um eine innere Schlotfüllung aus Tertiärtonen mit Braunkohlen ein äußerer Kranz von Sandsteinschutt, z.T. mit großen Sandsteinblöcken des Solling-Bausandsteins, aufgeschlossen gewesen (*Prinz* 1979, Abb. 12 und 19). Dieser randliche Rest einer älteren Schlotfüllung läßt erkennen, daß der Einbruchsvorgang oft in mehreren Phasen abgelaufen ist. Das Schlotinnere ist hier nachträglich noch um wahrscheinlich mehrere Zehnermeter abgesackt – eine Erscheinung, wie sie häufig auch bei Silofüllungen zu beobachten ist (*McCormick* 1968).

In einem Einschnitt der Umgehungsstraße Kalbach (Landkreis Fulda) ist eine Einbruchsstruktur von 150 m Durchmesser angeschnitten gewesen, die einen Einblick in die Variationsbreite derartiger Einbruchsformen gab und die zunächst nicht recht in das bisher bekannte Bild der fossilen Einbruchsschlote paßte (*Lämmlen, Prinz & Roth* 1979:236 ff. und *Prinz* 1979: Abb. 6 und 7).

Abb. 9. Gesamtansicht der Einbruchstruktur bei Kalbach (K69), Blick von NE nach SW. Im SW-Teil Einmuldung von tonig-kohligen Lagen und Mächtigkeitszunahme der Deckschichten. Links randlicher Einbruchsschlot von 20 m
Overlook over the collapse structure at Kalbach from NE; in the SW-part a depression with clayey and lignitic strata and increasing thickness of the upper layers; to the left a lateral collapse pipe with a diameter of 20 m

Wahrscheinlich handelt es sich hierbei um die oberflächennahe Aufweitung eines Großerdfalles durch Randabbrüche, wodurch möglicherweise zwei unmittelbar benachbarte Schlote zu einer Einbruchsstruktur zusammengewachsen sind. Für diese Annahme spricht außer dem großen Durchmesser und anderen Beobachtungen (s. *Lämmlen, Prinz & Roth* 1979:236 ff.) die nur wenig gestörte partielle Einmuldung jungtertiärer oder pleistozäner Sedimente an der SO-Seite, was auf bruchlose Absenkung in einer Spätphase der Bewegung zurückgeführt wird und ein nahe am NE-Rand gelegener kleiner Einbruchsschlot von 20 m Durchmesser mit tonig-kiesiger Schlotfüllung, die sonst in der Gesamtstruktur nicht auftritt (*Lämmlen, Prinz & Roth* 1979:238 f.). Auffallend ist bei dieser Struktur auch die auf Abb. 9 deutlich erkennbare Mächtigkeitszunahme der Schuttdecke über der SO-Schichteinmuldung. Sie dokumentiert hier ein Anhalten der Absenkungstendenz bis in das jüngste Pleistozän, während sonst die meisten Einbruchsschlote seit dem Pleistozän keine Bewegung mehr zeigen. Die jung- und nacheiszeitlichen Deckschichten gehen fast immer ohne jede Mächtigkeitszunahme über die Schlotfüllung weg.

Die Häufigkeit der fossilen Einbruchsschlote ist sehr unterschiedlich. Über weite Strecken treten sie nur vereinzelt auf, doch muß gebietsweise mit häufigerem Auftreten, z.T. sogar mit regelrechten Feldern von Einbruchsschloten gerechnet werden. *Prinz* (1979) befaßt sich ausführlich mit der Häufigkeit des Auftretens, der Möglichkeit der Vorerkundung der verdeckten Einbruchsschlote (s.a. *Plaumann & Lepper* 1979) sowie der Frage jungeiszeitlicher oder rezenter Ein- oder Nachbrüche.

4. Auswirkungen auf den Bau der Neubaustrecke

Die Auswirkungen der verschiedenen Erscheinungsformen des tiefen Salinarkarstes auf den Bau der geplanten Neubaustrecke mit einem Anteil an Kunstbauwerken von rd. 70%, davon allein zwischen Kassel und Fulda 23 Tunnelbauwerke mit zusammen 43 km Länge (*Weber, Engels & Mark* 1979:731), sind unterschiedlich. Die Gebiete mit den ausgeprägten Subrosionssenken bei Wehrda, Rothenkirchen und Schlotzau (Gemeinde Haunetal Lkr. Hersfeld-Rotenburg bzw. Burghaun, Lkr. Fulda), in denen als Zeugen nacheiszeitlicher Bewegungen z.T. mehrere Meter mächtige Torfbildungen auftreten, konnten im Rahmen der Vorplanung gemieden werden. Die Trasse kam damit allerdings zwischen Fulda und Solms auf lange Strecke in den randlichen Salzhangbereich (Abb. 2). Rezente Bewegungen sind zwar von hier nicht bekannt, doch haben die Bohrungen hier häufiger als sonst tektonische Störungszonen angetroffen, so daß in diesem Gebiet insgesamt mit stärker zerbrochenem Gebirge und stärkeren Zerrungserscheinungen gerechnet werden muß, was besonders für den Tunnelbau eine erhöhte Wasserwegsamkeit, eine Verschlechterung der Standfestigkeit und erhöhte Nachbruchgefahr (Sargdeckelbildung) bedeutet.

Die Einbruchsschlote stellen für die Neubaustrekce und insbesondere für die Tunnelabschnitte eine besondere Erschwernis dar, hauptsächlich da, wo sie gehäuft auftreten oder wo mit einem überraschenden Anfahren gerechnet werden muß. Die Standfestigkeit des Gebirges und seine Reibungsfestigkeit sind gegenüber dem bankigen Buntsandsteingebirge sehr stark herabgesetzt. Wo in den Versturzmassen gestautes Grundwasser auftritt oder die Tunnel insgesamt unter der Grundwasseroberfläche aufgefahren werden, wird die Durchörterung der Schlotfüllungen besonders schwierig und wird in den meisten Fällen Sondermaßnahmen erfordern, auf die einzugehen es heute zu früh ist.

Zunächst galt es, die Probleme des tiefen Salinarkarstes in ihrer möglichen Variationsbreite und die Schlotfüllungen richtig zu erkennen und Methoden der Vorerkundung zu erarbeiten, damit die Häufigkeit und das örtliche Auftreten vorab mit einiger Sicherheit bekannt sind.

Literatur

Herrmann, R.: Auslaugung durch aufsteigende Mineralwässer als Ursache von Erdfällen bei Bad Pyrmont. Geol. Jb. *85*, 265–284, 8 Abb., 1 Taf.; Hannover, 1968.

Herrmann, R.: Die Auslaugung der Zechsteinsalze im niedersächsisch -westfälischen Grenzgebiet bei Bad Pyrmont. Geol. Jb. *87*, 277–294, 6 Abb., 2 Tab., 1 Taf.; Hannover, 1969.

Herrmann, R.: Über Erdfälle äußerst tiefen Ursprungs (die „Wolkenbrüche" bei Trendelburg und die „Meere" bei Bad Pyrmont). Notizbl. hess. L.-Amt Bodenforsch. *100*, 177–193, 5 Abb., 1 Taf.; Wiesbaden, 1972.

Käding, K.-C.: Stratigraphische Gliederung des Zechsteins im Werra-Fulda-Becken. Geol. Jb. Hessen *106*, 123--130, 1 Tab.; Wiesbaden, 1978.

Lämmlen, M.: Geol. Kt. Hessen 1:25 000, Bl. 5523 Neuhof; Wiesbaden, 1970.

Lämmlen, M., Prinz, H., Roth, H.: Folgeerscheinungen des tiefen Salinarkarstes zwischen Fulda und der Spessart-Rhön-Schwelle. Geol. Jb. Hessen *107*, 207–250, 29 Abb.; Wiesbaden, 1979.

McCormick, R. J.: How wide does a drawpoint draw? Engng. Min. J. *169*, 6, 106–116; New York, 1968.

Plaumann, S., Lepper, J.: Gravimetrische Untersuchungen von Erdfällen im Reinhardswald und Solling. Geol. Jb. Hessen *107*, 251--259, 6 Abb.; Wiesbaden, 1979.

Prinz, H.: Fossile Einbruchsschlote im Mittleren Buntsandstein der Vorderrhön, entstanden durch Auslaugung von Salzgesteinen im tiefen Zechsteinuntergrund. Rock Mechanics, Suppl. *1*, 35–42, 6 Abb.; Wien, 1970.

Prinz, H.: Zur Entstehung von Einbruchsschloten und Korrosionskesseln über tiefem Salinarkarst. Proc. Symp. Erdfälle u. Bodensenkungen, S. T2-D 1--6, 4 Abb.; Hannover, 1973.

Prinz, H.: Ingenieurgeologische Probleme an der DB-Neubaustrecke Hannover-Würzburg in Osthessen. Ber. 2. Nat. Tag. Ing. Geol., 93–101, 13 Abb.; Fellbach, 1979.

Anschrift des Verfassers: Prof. Dr. *H. Prinz*, Hessisches Landesamt für Bodenforschung, Leberberg 9, D-6200 Wiesbaden, Bundesrepublik Deutschland.

Rock Mechanics, Suppl. 10, 35–45 (1980)

**Rock Mechanics
Felsmechanik
Mécanique des Roches**
© by Springer-Verlag 1980

Neotectonics and Its Implications on Engineering Geology

By

G. B. Carulli

With 8 Figures

Summary – Zusammenfassung

Neotectonics and Its Implications on Engineering Geology. The report starts by setting
out the meaning and the purposes of a comparably recent branch of study belonging to the
Earth Sciences, i.e. Neotectonics. Neotectonics focuses on the most recent activity of tectonic
structures in line with the most advanced geodynamic theories. Some patent examples of uplifting areal structures and of active linear structures (faults), which are deformations under
way, are illustrated.

A number of countries have realized the importance of these studies and have therefore
drawn up neotectonic maps, or are currently doing so. Today, these maps are mainly meant to
detect "seismogenetic zones" so as to assess the "seismic risk". The results of these studies
highlight a social and economic interest in both land-use planning and in the designing of big
engineering projects (viaducts, tunnels, hydroelectric and nuclear power plants, ...).

The implications of neotectonics, as well as the way some phenomena (such as slides, subsiding of the ground, major fracture belts, . . .) can be explained, are therefore considered in the
light of a new interpretation.

Neotektonik und ihre Bedeutung für die Ingenieurgeologie. Der Bericht beginnt mit einer
Schilderung der Bedeutung und der Ziele einer unter den Erdwissenschaften verhältnismäßig
neuen Disziplin, der Neotektonik. Im Einklang mit den modernsten geodynamischen Theorien
untersucht sie die Tätigkeit der tektonischen Strukturen in neueren geologischen Zeiten.

Es werden einige besonders auffallende Beispiele von sich erhebenden Arealstrukturen und
sich bewegenden Linearstrukturen (Verwerfungen), d.h. von gegenwärtig vorkommenden Verformungen, geschildert.

Die Bedeutung dieser Forschungen wurde schon in mehreren Ländern erkannt, wo neo-
tektonische Karten schon ausgearbeitet wurden oder sich derzeit in Ausarbeitung befinden.
Diese zielen nun vor allem auf die Ermittlung der „seismogenetischen Räume", d.h. auf die
Einschätzung des Erdbebenrisikos.

Die Ergebnisse dieser Forschungen haben daher eine sozialwirtschaftliche Bedeutung sowohl
für die Flächenwidmungspläne als auch für die Planung großer Bauwerke (Talbrücken, Tunnel,
Wasser- und Kernkraftwerke usw.).

Daher wird die Bedeutung solcher neotektonischer Erscheinungen im Hinblick auf die
technische Geologie analysiert und es wird gezeigt, wie gewisse Probleme (Erdrutsch, Unter-
bodensenkungen, Bruchstreifen usw.) anhand dieser neuen Auslegung eine Erklärung finden
können.

0080-3375/80/Suppl. 10/0035/$ 02.20

Foreword

First of all I want to make clear that what I am going to set forth does absolutely not pretend to be a strictly technical treatment of the topic. It is neither an accurate analysis of the relationships of neotectonics with technical geology, nor with rock or soil mechanics. I simply intend to introduce a problem whose importance, even in the applied field, cannot be neglected for two main reasons. First, when adequately known, it allows the interpretation and explanation of processes less than clear; second, it may help to prevent some types of damages and land misuse.

Introduction

Since a few years the press of popular science, even when not specialized, has published several eye-catching pictures of roads whose course has been brusquely interrupted, of displaced tree rows, of truncated water courses, of collapsed coast stretches, and so on, especially on the occasion of major seismic events (California, Alaska, Japan, Crnagora, Friuli, . . .).

The latter are among the most visible signs of the occurrence, or of the consequence, of active movements at the earth's surface. Such movements are related to faults which either are still nowadays or actually are originating today.

These most striking demonstrations are the result of activities which in most cases are instantaneous, and testify to the liveliness of tectonic structures, the latter often evolving stepwise. It is needless to underline that processes of such kind create in the first place severe problems to engineering. However, problems of the same type are raised by slower movements of rock masses and of soils, which also are surficial but have smaller immediate evidence because of their slower velocity of evolution.

Methodology

There is a range of information deriving from geological considerations of a traditional type, but there are as well other considerations, which can be obtained by a critical examination of other disciplines. All these sources allow the specialist to define linear and areal structures undergoing a recent, if not present, tectonic evolution.

Among information of the first type, of the utmost importance is the study of Quaternary rock formations, which all too often are neglected by classical geology. It is well known that they are mainly alluvial, morainic, aeolian deposits and talus, mostly consisting of loose or weakly cemented sediments. When they are analyzed in the same way as the older deposits, namely as geological units distinguishable as for genesis and evolution, a range of interpretations, which may be varied if not new, is opened. At least, one can realize that surprising processes are at hand.

For example, reference can be made to the fundamental, well known tenet on which geology is based regarding the relative age of events, and especially the tectonic ones. The age, or — to put in better words — the activity of a fault or of a fold is always younger than the most recent of the rock formations affected by the deformation. The latter may be rigid (if due to a fault) or plastic (if due to a folding process), respectively.

The specialized study of Quaternary rock formations allows in geodynamically active areas the identification — much more commonly than is usually thought — of morainic, alluvial, colluvial deposits affected by rigid and plastic deformations. Clearly, such deformations are subsequent to the afore-mentioned deposits and can, therefore, be often dated as present-day or at least recent deformations (fig. 1, 2, 3, 4).

Fig. 1. Two extensional faults (f), which have affected Quaternary sediments in Eastern Sicily, are very evident (by courtesy of L. Carobene)

Fig. 2. The occurrence in Abruzzo (Central Italy) of a sequence of Quaternary gravels with lighters colours provides an easy distinction of two faults (f) of Quaternary age (by courtesy of F. Carraro)

Fig. 3. Conspicuous processes of foldings (f) in weakly cemented Quaternary gravels and sands can be observed in Western Friuli (by courtesy of F. Carraro [1])

Fig. 4. The excavation of foundations of a big building near Cividale del Friuli has brought to light this fracture. It cuts Quaternary conglomerates and therefore it gives evidence of neotectonic activity

However, as mentioned before, other data derived from other disciplines may also allow the identification, especially in territories with no or limited quaternary sedimentation, of uplifting or subsiding areas, or of areas in relative translation, and so on, as well as the identification of active linear structures which delimit the same areas. To sum it up, all evidences of a geodynamically active behaviour can be brought to light.

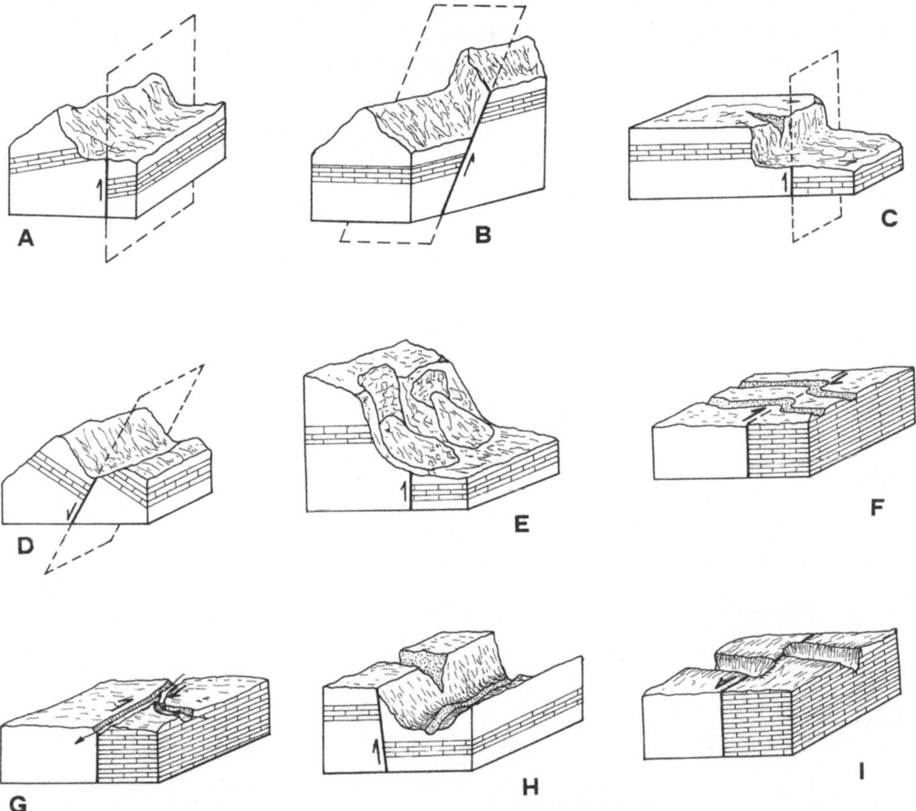

Fig. 5. Examples of geomorphological anomalies which can be interpreted as consequence of an active tectonics (reproduced from [2]): A) straight-running ridge; B) altimetric discontinuity in a straight-running ridge; C) escarpment; D) reverse slope; E) recurrent and aligned landslides or erosional features; F) parallel bands which interrupt the straight continuity of parallel water courses; G) confluence in a upstream direction; H) hanging valley; I) valleys truncated at their upper course

Useful information is, for example, provided by geophysical data: leaving aside the seismological data which can be more directly related to a presently active tectonics, information provided by gravity anomalies, by magnetotellurics, and so on, may be extremely important.

Geomorphological analysis of areas in which pre-Quaternary outcrops are abundant, may often revial marked anomalies in relief and in its evolution. Anomalous relief contours may be adequately explained, especially if the processes are congruent and convergent, in the light of the interpretation involving an active tectonics (fig. 5). Therefore, next to the concept of "morphotectonics" [3] which is concerned with the relationships between relief contours and tectonic structures, the concept of "morphoneotectonics" [4] can be introduced.

The high-precision control of geodetic data, repeated at time intervals, may also directly confirm active, meaning present-day, movements. One example can be quoted. The check of datum points of high-precision level lines carried out by the Italian Geographic Military Institute in Friuli shortly after the 1976 seismic activity [5] has revealed an impressive picture, involving exceptional variations of altitude of the ground, especially in the epicentral belt. Measurements of the ground close to Venzone (a town completely destroyed by the quakes, located immediately to the east of Monte S. Simeone, which was the epicentral area) have shown that a rise of up to 18 cm has taken place when compared to measurements carried out in 1952 (fig. 6).

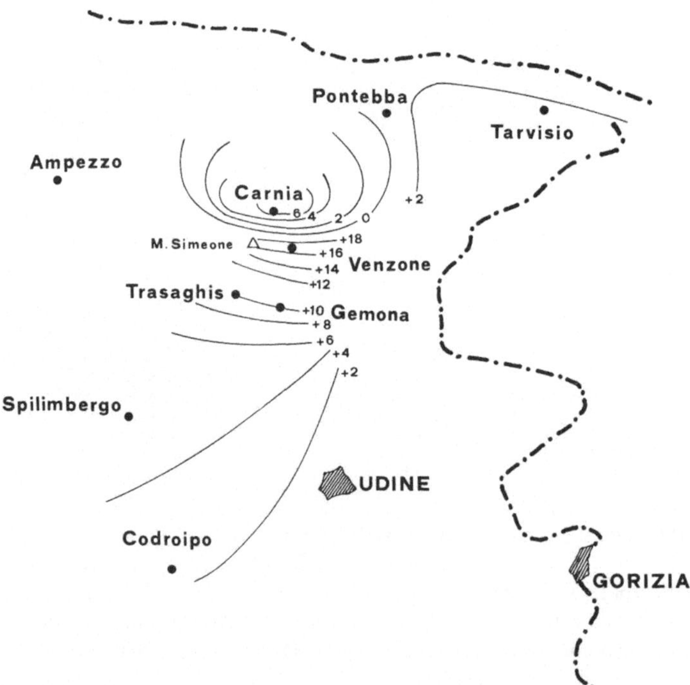

Fig. 6. (reproduced from [5], simplified)

Finally, even hydrogeological data as well as pedological, paleontological and historical data may have alternative explanations when critically interpretated in the light of this new viewpoint. In our case, they may add weight to the validity of an hypothesis based on the tectonic evolution of the place in recent times.

A new discipline

The highly interesting results obtained by such an array of studies has given rise to a comparatively new discipline among the earth sciences, namely neo-tectonics. Its field of inquiry is the present-day and recent tectonic activity of the earth.

The considered time interval taken into account varies according to the different schools which since the fifties are engaged in such problems [6]. The Russians, for example, take into account all processes occurring since the Upper Miocene (about 6 m. y. ago) up to the present day, whereas Americans and Europeans, tend to restrict their inquiries to the Quaternary deformations (about 2 m. y. ago).

Neotectonics, therefore, fits perfectly the spirit of modern geological concepts, which assume an essentially continuous geodynamic activity. This in contrast with some fixist, or at least schematistic, theories on the evolution of crustal struc-tures (for example the formation of mountain chains). According to these theories, until a few tens of years ago, "orogenetic cycles" characterized by periods or phases of "orogenetic crises" alternated with periods or phases of "tectonic calm". For example, it is well known that such traditional schematism maintained that the Alpine chain had reached the highest point of its evolution at the end of the Miocene as a consequence of the emergence of the Tethys. "The false belief due to this interpretation, which is based on a "statistic" framework of the Alpine system since the Miocene, is readily refuted by comparing the altitude of the afore-mentioned mountains with the average rate of erosion. Using the latter and starting from the end of the Miocene up to today, it turns out very clearly that, had the Monte Bianco behaved statically throughout the same time interval, it should have been least throughly levelled. The very fact that it reaches its present high elevation is an indirect indication that the area of the Alpine chain including the Monte Bianco has substantially risen even after the Upper Miocene" [6].

As has been said earlier, various countries have noticed the importance of research on neotectonics, especially for social and economic aims: for example, Russian scientists have compiled already in 1960 a neotectonic map of the Soviet Union. Japanese geologists did so in 1967, and the Balkan countries in 1974. The USA, New Zealand, France and other countries are also actively engaged in these problems.

I will now dwell briefly, in order to provide a better understanding, on the Italian researches which pertain to the sub-project "Neotectonics" of the "Geo-dynamics" Finalized Project. In Italy [7, 8] the studies aim at the identification of the activity of tectonic structures in each of the four most significant time intervals in which the wider Pliocene-Quaternary interval has been subdivided. The time intervals are related to specific geological events of general importance. As a matter of fact, a geological structure may evolve, or progressively decrease in subsequent intervals, or alternate its behaviour. Therefore, the disclosing of the tendency of the tectonic activity toward a continuous or contrasting behaviour may give good indications on the probable stability or on the type of present and future evolution of a certain area.

Data collected for each interval, and represented on 1:100.000 maps, proceed towards a final report, the "Carta Neotettonica d'Italia", at the 1:500.000 scale, which should be published within two years.

                                    G. B. Carulli:

The aim of research in Neotectonics

The first aim of this map, beyond the scientific aspects is to serve as a basic for the production of other reports, which will have a conspicuous social importance. They are the "Map of the seismogenetic Zones" and the "Evaluation of the seismic risk". On the other hand, results of research on crustal structures, on seismology and on seismic engineering will also be conveyed to the same maps (fig. 7).

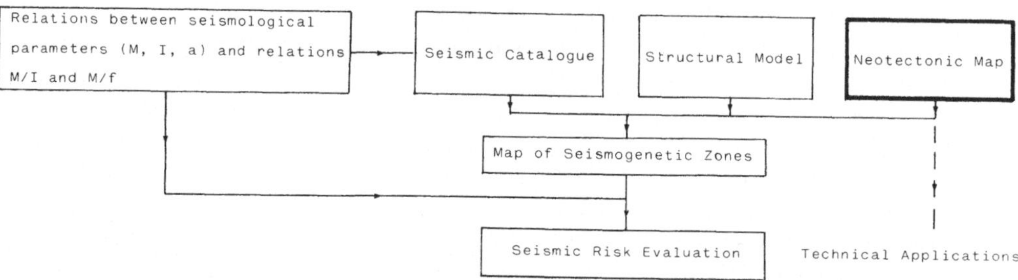

Fig. 7. Position of Italian neotectonic researches in the finalized project "Geodynamics" (reproduced from [7], [8], modified)

This is based on the assumption that ". . . . present-day deformations, to which evidently the seismic risk is directly related, can basically be deduced from the most recent tectonics, because the present-day tectonics may be interpreted, in a probabilistic sense, as an evolutionary tendency of the most recent tectonics" [6].

The advantage of knowing, in the most precise way, the age of a fault, and particularly the age of its activity is therefore apparent. As a matter of fact, and other conditions being equal, a fault active up to most recent intervals will be more carefully regarded, from the viewpoint of potential seismic activity, as well as of the related technical implications, than a fault showing activity only in more distant times.

It must be underlined, at this point, that not all neotectonic manifestations need necessarily be accompanied by seismic activity. For example, a field of tectonic activity may evolve without reaching critical tensional states (threshold of elasticity limit). In this way, it may not originate earthquakes and rather gives rise to deformation processes of a plicative type.

In most cases, on the other hand, the contrary holds: the seismic activity of a locality may induce "direct consequences of morphological type" [9] hence produce neotectonic evidences (surface faults) especially during strong quakes (magnitude larger than 6) (fig. 8). In Friuli, for example, where in May 1976 a 6.4 magnitude has been reached [10], relief modifications, although to a minor extent, have been identified [11] in the epicentral belt.

Summing up, the importance of studies of Neotectonics concerning seismological research and the capabilities of man to adapt his life to earthquake risk, is apparent. Consequently, knowledge of the Neotectonics of a locality affects seismic engineering as well as civil engineering, and contributes heavily in the social and economic aspect of territorial planning.

However, from what has been said it may seem that the usefulness of neotectonic research is restricted to problems of a general character such as the projects aiming at a correct land use. Seismicity represents indeed one of the most important problems, but useful applications of this type of research may be fould in the problems of geomorphological evolution with due attention, for example,

Fig. 8. Active fault in Abruzzo (Central Italy) near Avezzano. This town has been destroyed in 1915 by an earthquake (M = 6,8) which caused 30.000 victims

to landslide hazards, to coast stability, and so on. If the scale of research at a regional level is kept in mind one may think, therefore, that the importance of neotectonics does not extend to small areas, with larger-scale problems, such as problems of engineering or of applied geology.

But the necessity of such studies also for local construction has been felt in many countries, where the problem of neotectonic activity is a controlling element on highly refined and sensitive engineering projects, because it involves also rock and soil mechanics, hydraulic engineering, and so on. Among the foremost cases, the nuclear plants must be quoted. For their localization the USA, for example, have enforced criteria which take into strict account the living tectonics, with special attention to the identification of "active" or "capable" faults. The latter faults, for instance, are considered — according to the requirements of the Atomic Energy Commission [12] as potentially capable of future activity whenever along their trace several movements have taken place in the last 500.000 years — or at least one movement in the last 35.000 years, or whenever hypocenters of historic quakes can be located along them.

The capabilities of these structures may also be brought to light quantitatively, by means of time-deformations diagrams which are built either indirectly on a statistical-probabilistic basis, or directly making use of sophisticated and sensitive controlling equipment.

It is evident that under the menace of radioactive pollution and in the face of such a delicate and controversial problem, nuclear plant planning must take into account all factors which may impair their perfect functioning. But other big projects of engineering such as dams [13], electric plants, aqueducts, viaducts, tunnels, and so on are affected by questions pertaining to Neotectonics.

In the USA, for example, a big aqueduct close to the gigantic deformations of the S. Andreas fault hat to be relocated because of several ruptures. In other countries, more than one site allocated to artificial infilling had to be abandoned because of indications of recent tectonic activity especially close to the dam foundations.

But also the landslide problem, especially when the slides or falls are recurrent in time and are aligned along one direction, may find explanation in the neotectonic activity. Suffice it to remember that the critical moment of detachment can be caused or favoured by a living deformation.

Summing up, this short review of some fundamental aspects of a new discipline, the Neotectonics, is basically an invitation to critically consider some problematic field aspects for which often there is no easy solution, in the light of new and different interpretations.

References

[1] *Carraro, F., Polino, R.:* Vistose deformazioni in depositi fluviolacustri quaternari a Ponte Racli (Valle del T. Meduna — Prov. di Pordenone). Gruppo di studio del Quaternario Padano; Quaderno n° 3, 78–88, Torino (1976).

[2] *Panizza, M., Carton, A., Castaldini, D., Mantovani, F., Spina, S.:* Esempi di morfo-neotettonica nelle Dolomiti occidentali e nell' Appennino modenese. Geogr. Fis. Dinam. Quat. *1* (1), 28–54, Torino (1978).

[3] *Gerasimov, I. P.:* Experience with Geomorphological Interpretation of the General Scheme of Geological Structure of URSS. Probl. Fizich. Geogr. *12*, 89–115 (1946).

[4] *Panizza, M., Piacente, S.:* Convergenza geomorfologica di morfosculture eterogenetiche. Messa a punto per ricerche di Neotettonica. Gruppo di studio del Quaternario Padano. Quaderno n° 3, 39–44, Torino (1976).

[5] *Talamo, R., Pampaloni, M., Grassi, S.:* Risultati delle misure di livellazione di alta precisione eseguite dall' Istituto Geografico Militare nelle zone del Friuli interessate dalle recenti attivita sismiche. Boll. Geod. Sc. Aff., *37*, 61–75 (1978).

[6] *Carraro, F.:* Appunti sulla tettonica quaternaria. Gruppo di studio del Quaternario Padano. Quaderno n° 3, 1–19, Torino (1976).

[7] *Ambrosetti, P., Bonadonna, F. P., Bosi, C., Carraro, F., Cita, B. M., Giglia, G., Manetti, P., Martinis, B., Merlo, C., Panizza, M., Papani, G., Rampoldi, R.:* Proposta di un progetto operativo per l' elaborazione della Carta Neotettonica d' Italia. C. N. R., Progetto Finalizzato Geodinamica, Sub-progetto Neotettonica, Roma (1976).

[8] *Bosi, C.:* Relazione introduttiva al tema "Neotettonica". 69° Congr. Soc. Geol. It. Perugia (1978).

[9] *Panizza, M., Piacente, S.:* Rapporti fra geomorfologia e neotettonica. Messa a punto concettuale. Geogr. Fis. Dinam. Quat. *1* (2), 138–140, Torino (1978).

[10] *Amato, A., Barnaba, P. F., Finetti, I., Groppi, G., Martinis, B., Muzzin, A.:* Geodynamic
      Outline and Seismicity of Friuli-Venezia Giulia Region. Boll. geof. teor. appl. *72* (2),
      Trieste (1976).
[11] *Bosi, C., Camponeschi, B., Giglio, G.:* Indizi di possibili movimenti lungo faglie in
      occasione del terremoto del Friuli del 6 maggio 1976. Boll. Soc. Geol. It. *95*, Roma (1976).
[12] Atomic Energy Commission. Seismic and Geological Sitting Criteria for Nuclear Power
      Plants. U. S. Federal Register, *38*, 31279–31285 (1973).
[13] *Sherard, J. L., Cluff, L. S., Allen, C. R.:* Potentially Active Faults in Dam Foundation.
      Geotechnique, *24*, 367–428 (1974).

Address of the author: Prof. *Giovanni Battista Carulli*, Istituto di Mineralogia e Petrografia.
Università di Trieste, p. Europa, 1, Trieste, Italy.

Rock Mechanics, Suppl. 10, 47–61 (1980)

**Rock Mechanics
Felsmechanik
Mécanique des Roches**
© by Springer-Verlag 1980

Betrachtungen über die Standsicherheit von Felsböschungen bei Erdbeben

Von

Luciano Broili

Mit 16 Abbildungen

Zusammenfassung – Summary

Betrachtungen über die Standsicherheit von Felsböschungen bei Erdbeben. In Berggebieten mit wiederkehrender intensiver Seismizität gewinnt die mit Erdbeben verbundene Erscheinung der Absturzbereitschaft von Felsmassen eine bisher nicht vermutete Bedeutung wegen ihrer Verbreitung, Gefährlichkeit und ihres Schadensumfanges. In vielen Fällen ist die Intensität dieser Erscheinungen so groß, daß sich ein wesentlicher Zusammenhang zwischen der Entwicklung der morphologischen Formen dieser Gebiete mit dem Verlauf der regionalen Seismizität glaubhaft vermuten läßt.

Das systematische Studium der Erscheinungen während der starken Erdbeben in Friaul im Jahre 1976 hat zu Betrachtungen über das Problem der Stabilität von Felsböschungen unter Erdbebeneinwirkung angeregt.

Der Bericht analysiert nach einer Beschreibung der Phänomene in ihren typischsten Äußerungen die Probleme und Schwierigkeiten, welche mit der Erkundung und der Verwendung seismologischer, geostruktureller und geomechanischer Parameter verbunden sind, sowohl im geostatischen Nachvollziehen des jeweils einzelnen Bruch- und Kollapsverlaufes einer Felsmasse als auch in der Analyse ihres Sturz- und Fallverlaufes des Schuttes zum Tal.

Angesichts dieser Problematik stellt sich der Bericht vor allem die Aufgabe, zu Überlegungen über die geltenden Normen, über die Formulierung der Untersuchungsmethoden, über das Problem der Quantifikation der „Input-Parameter" anzuregen und schließlich eine realistischere Definition der zu berechnenden Sicherheitsfaktoren zu versuchen, insoferne diese auf Probleme anzuwenden sind, welche unter seismischen Gesichtspunkten gesehen werden müssen.

Considerations on Rock Slope Stability during Earthquakes. In mountainous regions characterized by recurrent, high-level seismicity, the landslip phenomenon assumes unexpected incidence in its diffusion, dangerousness and damage. In many cases the intensity of the phenomenon is such that it can be held that the evolution of the morphological forms of these sites is fundamentally connected with the cycles of regional seismicity.

A systematic study of the 1976 phenomena which occurred during the violent earthquakes in Friuli suggested several reflections on the problem of rock slope stability during earthquakes.

The report, in particular, after having described the most typical phenomenology, analyzes the problems and difficulties connected with the specification and utilization of seismological,

0080-3375/80/Suppl. 10/0047 $ 03'00

48   L. Broili:

geostructural and geomechanical parameters both in the geostatic verification of the processes
of rupture and collapse of the rock masses and in the analysis of the processes of fall and
descent of the detritus downhill.

The intent of the work, through the problems illustrated, is, above all, to stimulate reflections on the laws in force, on the formulation of verification procedures and on the problem of the quantification of the input parameters in order to attempt a more realistic definition of the coefficients of safety calculated in problems of practical application in the
prospect of earthquakes.

Die Phänomene der Felsstürze, die sich als Begleiterscheinung von Erdbeben
großer Stärke und langer Dauer einstellen, gewinnen in gebirgigen Epizentrumsgebieten solche Dimensionen, daß sie in diesen Zusammenhängen zu den bedeutendsten Problemen hinsichtlich der Gefahr und der Schäden für Ortschaften und
Tiefbauten wie Straßen, Eisenbahnen, Elektrizitätswerke, Kanäle usw. zählen.

Die Geschehnisse während des Erdbebens in Friaul im Jahre 1976 regen unter
anderem wesentlich zu Betrachtungen über Probleme der Standsicherheit und
Stabilität von Felshängen unter der Einwirkung eines Erdbebens an, Betrachtungen, die sich vor allem zum Ziele setzen, nach einleitenden Erörterungen über die
Art und Eigenschaften der Erscheinungen, Schwierigkeiten und Zweifel zu behandeln, die sich beim Studium der geostatischen und geodynamischen Zusammenhänge ergeben.

Das Wesentliche an diesem Problemkreis ist, daß die Schätzung der Stabilitätszustände eines Felshanges zu einer unberechtigten Überbewertung der tatsächlichen Gleichgewichts- und Sicherheitsfaktoren führen kann, wenn die wahren
Werte der strukturellen und mechanischen Restfestigkeit der Felsmasse nicht oder
nicht realistisch festgestellt werden können und wenn die Höhe der statischen,
hydraulischen und dynamischen Belastungen nach dem Erscheinungsbild an Ort
und Stelle nicht richtig eingeschätzt werden kann. Die seismischen Ereignisse
zeigen im besonderen, daß sich große Teile ganzer Felshänge, die man, auch
aufgrund geostatischer Berechnungen, in einem ausreichenden Stabilitätszustand
befindlich vermuten konnte, sich in Wahrheit örtlich bereits in Zuständen nahe
dem Kollaps befanden, unabhängig von der hinzukommenden seismischen Beanspruchung.

In den Absturzfelsrutschen und Sturzfallströmen, wie sie sich während eines
Erdbebens entwickeln, können wir zwei verschiedene Phasen erkennen:

1. den Bruch- und Kollapsvorgang der Felsmasse;
2. den Absturz der Felsmasse und das Zu-Tal-Rollen ihres Schuttes.

Unter diesen Gesichtspunkten prüfen wir zunächst das Bild der am öftesten
wiederkehrenden Erscheinungen in den beiden genannten Phasen.

Bruch- und Kollapsvorgänge

Zunächst sei bemerkt, daß die meisten und bedeutendsten Erscheinungen die
Bergrutsche und Felsstürze des Erdbebens von 1976, was die Lage, die Geometrie,
den Umfang und die dynamischen Eigenschaften betrifft, in einer Wiederholung
den Ablauf von vorhergehenden Kollapsen widerspiegeln, die sich in historischen
und prähistorischen Zeiten während solcher Erdbeben ereignet haben. Das scheint

zu zeigen, daß sich — zumindest in Friaul, wahrscheinlich aber darf diese Annahme auch auf viele andere Gebiete ausgedehnt werden — die auffälligsten Änderungen in der Entwicklung der morphologischen Formen in zyklischen Abläufen ereignen, die mit den stärksten seismischen Phasen zusammentreffen. Somit sind also die Erdbeben die auslösende Ursache für Kollapse einer Felsmasse, deren mechanische Festigkeitszustände langandauernde und fortlaufende Dekremente im Laufe der mehr oder weniger langen intraseismischen Perioden erfahren haben.

Abb. 1. Friaul — Erdbeben vom Mai 1976, Trasaghis-Rutschung
Friuli Earthquake, May 1976, Trasaghis landslide

Während des Erdbebens von 1976 haben sich nicht nur kleine Wandablösungen ereignet, die von den mechanischen Rindenabtragungsvorgängen verursacht wurden, sondern es haben sich auch außerordentliche Bruch- und Kollapsvorgänge entwickelt, welche Felsmassen von hunderttausenden von Kubikmetern erfaßt haben. Im Falle der Abb. 1 sind lithologisch schwach verwitterte, gut geschichtete, mittelmäßig oder stark zerbrochene Kalkfelsmassen hievon betroffen worden. Oder aber es wurden, wie in Abb. 2, konglomeratische Felsmassen betroffen, die in mittel-verkitteten Bänken anstanden, örtlich verwittert und oft entlang von typischen Strukturen verminderter Druckfestigkeit entkräftet waren.

Besonders im Gebiet des Epizentrums war die Häufigkeit solcher Zerrüttungen erschüttert und unerwartet. Hunderte Abstürze und Ablösungen jeder Dimension haben sich auf allen Hängen ereignet und Kollapse jeder Größenordnung verursacht (Abb. 3).

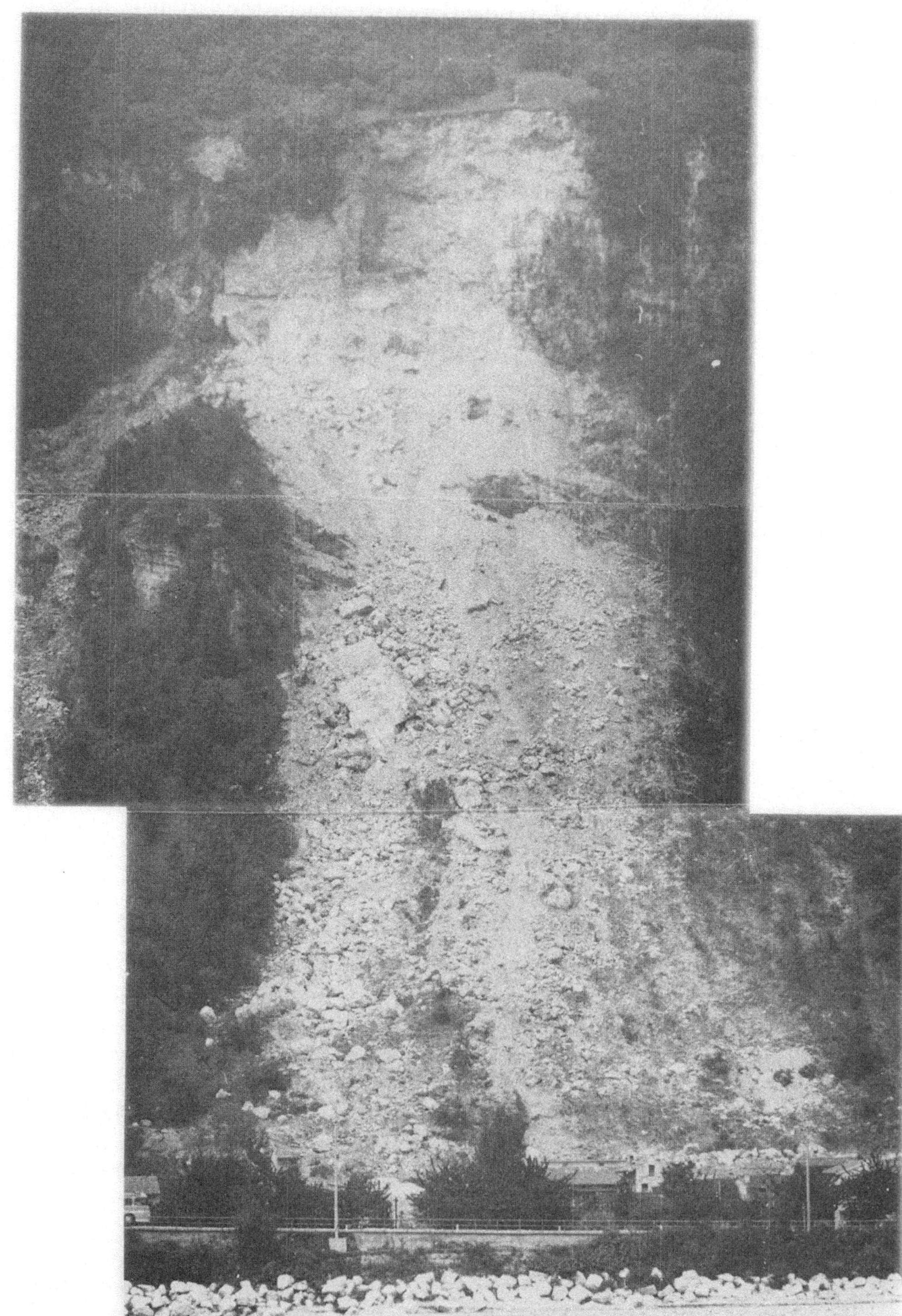

Abb. 2. Wie Abb. 1, Absturz von Konglomerat in Braulins
As fig. 1; conglomerate fall in Braulins

Diese Bergrutsche erfolgten während der bedeutendsten Erdstöße und entwickelten sich noch einige Stunden lang während der unmittelbar folgenden seismischen Wiederholungen weiter.

Abb. 3. Friaul – Erdbeben vom Mai und September 1976. Böschungsablösung durch Felsstürze am Berg Chiampon
Friuli Earthquakes, May and September 1976. Slope dismantling by rock falls on Chiampon Mount

Fallsturz-Schuttströme

Als sehr gefährlich für Ortschaften und Tiefbauten haben sich die Fallsturz-Schuttströme entlang der Hänge erwiesen. Diese Vorgänge gehören entweder zu den Fallbewegungen entlang von Strecken mit unveränderter Morphologie, welche durch große Energie charakterisiert sind, oder zu den mit einem Absturz beginnenden, nach dem Aufschlag in Rollbewegungen übergehenden Fallbewegungen, welche alles in allem nicht so energiereich sind.

Im Kalk sind diese Sturzschuttströme für gewöhnlich durch kleinere Massen und große Energie (hohe Geschwindigkeit, Abpralle, weite Fallstrecken) charakterisiert (Abb. 4). Die Fälle von konglomeratischem Schutt hingegen sind durch große oder sogar enorme Massen, aber einfache Rollbewegungen von sehr niedrigen Geschwindigkeiten gekennzeichnet (Abb. 5). Die Schäden sind sowohl für Ortschaften als auch für Straßen und Eisenbahnen in beiden Fällen sehr hoch gewesen.

                    L. Broili:

Abb. 4. Wie Abb. 1, Felsstürze nahe der Station per la Carnia
As fig. 1, rock falls near Stazione per la Carnia

Abb. 5. Wie Abb. 1, Folgen der Felsstürze in Braulins
As fig. 1, consequences of the rock falls in Braulins

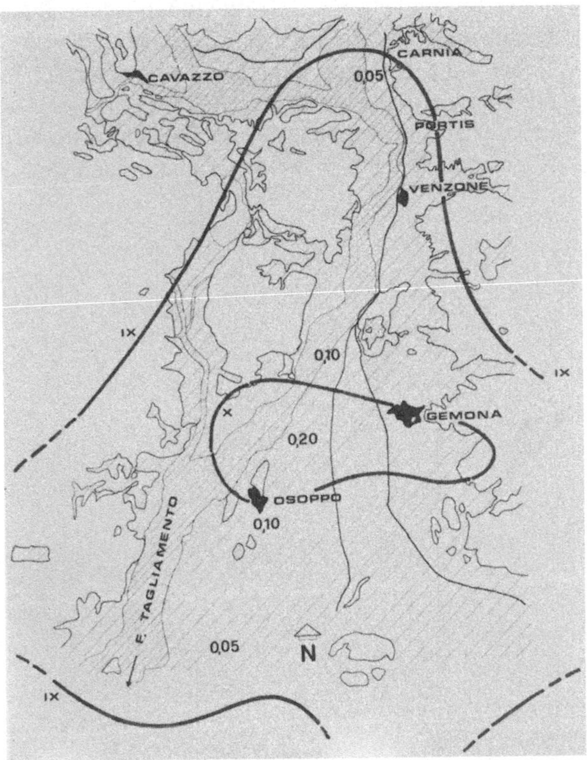

Abb. 6. Erdbeben in Friaul. Zone des Epizentrums und Werte der seismischen Beschleunigung
Friuli Earthquakes. The epicentrum zone and values of seismic accelerations

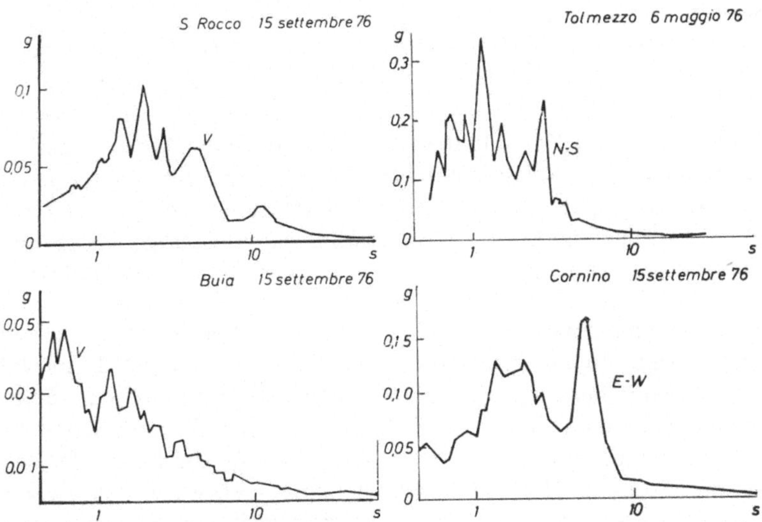

Abb. 7. Erdbeben in Friaul. Im Epizentrumsgebiet aufgezeichnete Seismogramme
Friuli Earthquake. Seismograms registered in the epicentrum districts

Betrachten wir zunächst, welcher Art und Eigenschaft die dynamischen Beanspruchungen, denen die Felsmassen unterworfen sind, sein können, um anschließend darauf einzugehen, welches die geostrukturellen und geomechanischen Zusammenhänge sind, die den Kollaps von Felsteilen verursachen.

Das Erdbeben von 1976 — eines der größten europäischen dieses Jahrhunderts — war im Epizentrum von einer Magnitude gleich 6,5, mit einer maximalen In-

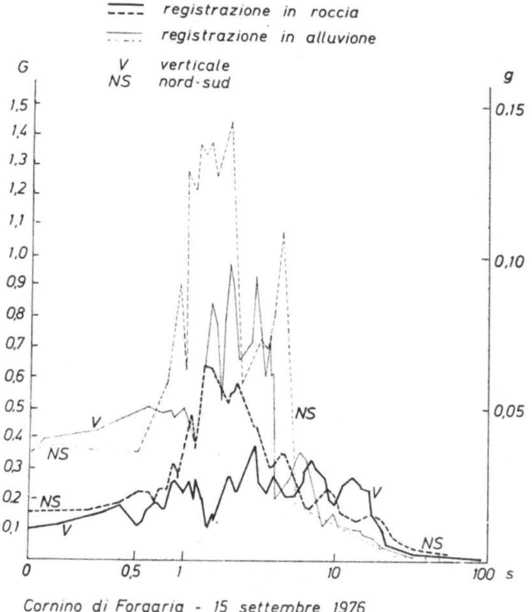

Abb. 8. Erdbeben in Friaul, September 1976. In Fels und Böden (bei Cornino di Forgaria) aufgezeichnete Seismogramme
Friuli Earthquakes, September 1976. Seismograms registered in rock masses and in soils, near Cornino di Forgaria

tensität von IX bis X Grad der Mercalli-Skala. Die beschriebenen Absturz- und Rutschungserscheinungen haben sich in einem Gebiet ereignet, das von den Isoseisten des Grades IX bis X begrenzt ist, gekennzeichnet durch theoretische Beschleunigungen, die zwischen 0,10 und 0,25 g gelegen waren. Tatsächlich ist der Wert der örtlichen Beschleunigungen meist viel höher gewesen und hat äußerst stark gewechselt (Abb. 6 bis 8) (Lit. 1,2).

Von ganz entscheidender Wichtigkeit ist in Bezug auf die Wirkungen der Absturzvorgänge der Felsmassen außer den Werten der Magnitude und der Beschleunigung die *Dauer* des Erdbebens. Ein Erdbeben von einer Dauer zwischen 5 und 30 sec. und mit einer Frequenz von 0,5 bis 5 Hz kann nämlich 5 bis 40 bedeutende Scherzyklen entwickeln! In den erläuterten Fällen betrug die Dauer der Erdbeben insgesamt 55 sec. im Mai und 40 sec. im September. Wesentlich ist ferner die Wirkungsrichtung der dynamischen Beschleunigungen, und Probleme ergeben sich aus der Möglichkeit, daß sich aufgrund der morphologischen Beschaffenheit des Felsbereiches eine örtliche Verstärkung der Beanspruchung entwickelt.

Abb. 9. Wie Abb. 8, großer Felssturz bei Venzone
As fig. 8, rock collapse near Venzone

Was die dynamische Beanspruchungen betrifft, können wir also anmerken:

1. Die Beanspruchungen können im allgemeinen Fall von hoher Intensität sein, viel höher als die Werte, die in Normen und Gesetzen vorgesehen sind. Außerdem können sie im Laufe der Dauer des Erdbebens ihre Intensität und Richtung ändern.

2. In Berechnungen sollte man die am Ort und nach der Eigenart desselben möglichen „Spektren" der Beanspruchungen wie auch der Beschleunigungen, Geschwindigkeiten und Verlagerungen berücksichtigen.

3. Schließlich sind die Dauer des Erdbebens und die voraussichtliche Zahl der am Felssystem angreifenden Beanspruchungszyklen von großer Bedeutung im Zusammenhang mit einem möglichen Kollaps des betreffenden Systems.

Betrachten wir nun die geostrukturellen und geomechanischen Komplexitäten. Eine Überprüfung der Bergstürze, die 1976 in den Epizentrumsgebieten niedergebrochen sind, läßt die Tatsache hervortreten, daß in Zusammenhang mit den möglichen Beweglichkeitsgraden beim Bruch der Felsmassen die Schichtungsstrukturen eine wichtige Rolle gespielt haben, und zwar als Ablösungs- und als Gleitflächen. In einigen Fällen war ihre Neigung so, daß sich das System bereits in einem Zustand des Grenzgleichgewichtes eines reinen Reibungsfalles befand. In anderen Fällen überschritt ihre Neigung sogar die Grenze des obengenannten Zustandes und es erwies sich, daß das Felssystem nur noch durch eine gewisse Verbandfestigkeit seitlich gehalten worden war.

Wieder in anderen Fällen ist die Schichtung mechanisch nicht maßgebend gewesen und der Zusammenbruch hat sich entlang vorher bestehender Großklüfte ereignet, deren Scharen in der Felsmasse deutlich erkennbar waren und sind. Der Abbruch bestätigte die große Erstreckung und Kontinuität dieser Gefügeelemente,

aber es zeigte sich fast immer, daß das Felssystem seitlich durch bestehenden Restverband und dessen Festigkeiten gehalten worden war (Abb. 9). Manchmal aber
brachte der Kollaps das Vorhandensein von Großklüften und Kluftverbänden an
den Tag, deren Anwesenheit und Eigenschaften in der Felsmasse vorher nicht oder

Abb. 10. Erdbeben in Friaul, Konglomeratfelsen vor dem großen Felssturz vom
September 1976
Friuli Earthquake, conglomerate rock masses before the large collapse of September 1976

nur schwer erkannt werden konnten oder deren räumliche Erstreckung und deren
Flächenverwitterungszustand und Eigenschaften bei der Bewertung und Berechnung unterschätzt werden konnten.

Wieder in anderen Fällen hat sich schließlich der Kollaps infolge totalen Verlustes der Restverbandfestigkeiten des Kleinklüfte-Verbandes ereignet, der durch
einen hohen Durchtrennungsgrad charakterisiert war.

Was die strukturellen und geomechanischen Probleme betrifft, können wir
also festhalten:

1. Nicht immer gestattet es die Aufnahme der Flächengefüge und der einzelnen
   Großklüfte, das Rechnungsmodell mit Sicherheit zu bestimmen.

2. Kleine Untersuchungsfehler in Bezug auf Ort und Lage der Gefügeelemente
   können entscheidende Änderungen in der Berechnung des wirklichen Gleichgewichtskoeffizienten nach sich ziehen.

3. Es gibt sehr große Unbekannte bei der Schätzung der wirklichen mechanischen Restfestigkeit der Felsmasse, besonders wenn die Kleinklüfte und
   die Bruchvorgänge im Restverband auf den Plan treten.

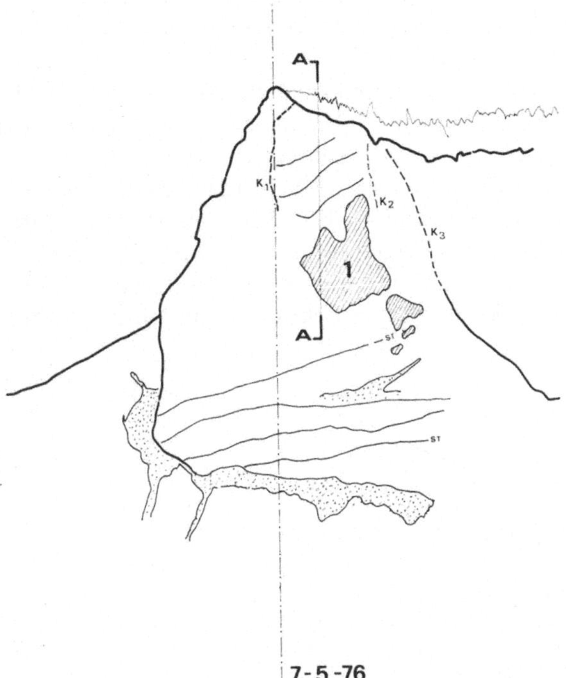

Abb. 11

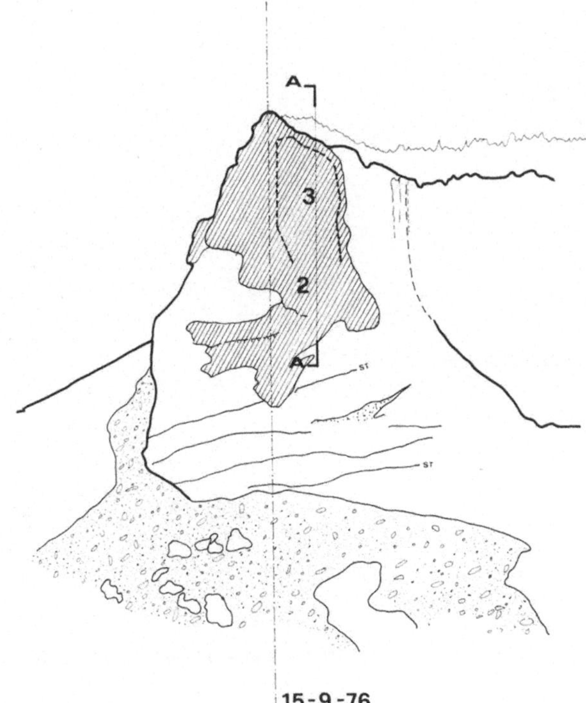

Abb. 12

4. Weitere Schwierigkeiten sind mit der Quantifizierung der Belastung durch
   das Kluftwasser und mit Zustandsänderungen im geostatischen Problem
   verbunden.

Einige Beispiele: Das erste betrifft die Konglomerat-Felsmasse, die in Abb. 10
zu sehen ist. Diese Masse hat das Erdbeben vom 6. Mai überstanden (Abb. 10, 11)
und ist beim Beben vom 15. September zusammengebrochen (Abb. 12).

Betrachten wir die Stabilität der Felsmasse Nr. 3 (Abb. 12) nach dem ersten
Erdbeben. Mit Bezug auf eine wahrscheinliche höchste Beschleunigung am Ort
gleich 0,3 g, sollte die Restfestigkeit der Felsmasse in einer voraussichtlichen
Bruchfläche, abgeleitet aus der Annahme eines Gleichgewichtsgrenzzustandes,
gleich mindestens 70% des höchsten Wertes der im Labor bestimmten Festigkeit

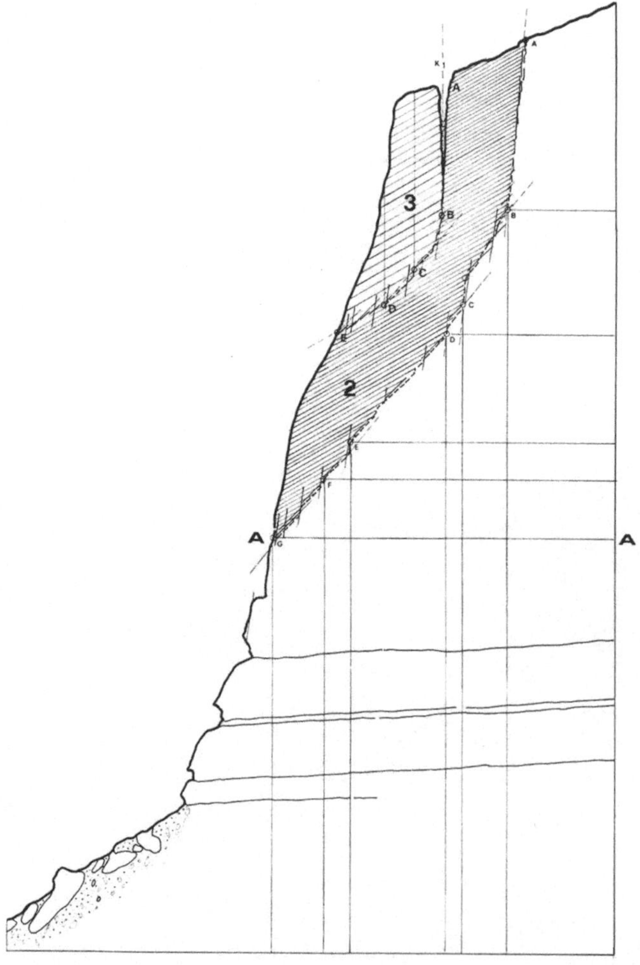

Abb. 11, 12, 13. Überblick über die Portis Konglomeratfelsen, welche im September 1976
abstürzten
Outline of Portis conglomerate rock masses, collapsed in September 1976

des Konglomerates sein (ϕ = 26°; c = 40 t/m²). Wenn man diese Werte zur Berechnung eines hypothetischen Kollapses entlang der Fläche A–G des Blockes Nr. 2 verwendet hätte, so wären daraus höhere Stabilitätszustände als die Grenzzustände, bis zu g = 0,4 zu folgern gewesen (Abb. 13 bis 15).

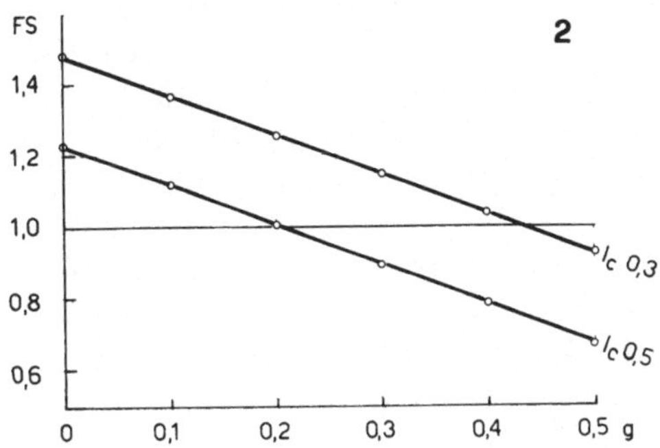

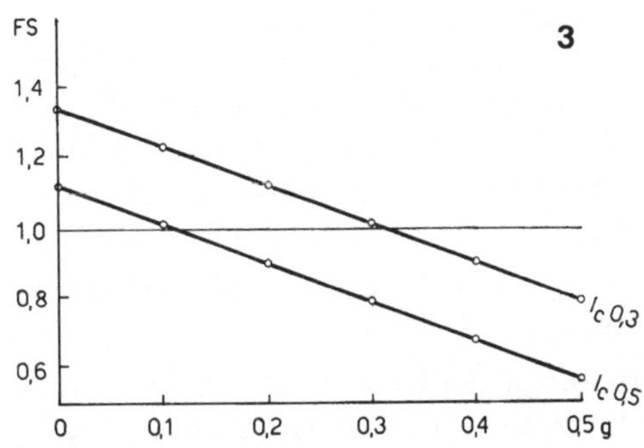

Abb. 14, 15. Portis Konglomeratfelsen. Ergebnisse der geostatischen Analysen
Portis conglomerate rock masses. Results of geostatic analyses

Der Kollaps des Blockes 2, der sich am 15. September entlang der Fläche A–G ereignet hat, zeigt vor allem einen Fehler in der Schätzung der Restfestigkeit, die nicht höher als 40 bis 50% sein konnte. Außerdem zeigt er in der Prognose des instabilen Volumens einen Fehler, der auf die Tatsache zurückzuführen ist, daß die Bruchfläche A–G vor dem Kollaps strukturell nicht erkennbar war. Ebenso wesentliche Fehler hätten auch im Fall der Projektierung einer Felssicherung in der Wand eine unheilvolle Rolle gespielt.

Das zweite Beispiel betrifft eine große Kalkfelsmasse (Abb. 9), die einer Mischbruchfläche entlang abgeglitten ist, welche von einer Großkluft und einer Schichtfläche gebildet wurde.

Vor dem Kollaps hätten jedoch Ungewißheiten sowohl hinsichtlich des wirklichen Durchtrennungsgrades von K_s als auch besonders hinsichtlich der Verbandrestfestigkeiten (K_r) im hinteren Ablösungsbereich bestanden; diese wären gewiß überschätzt worden. Vor dem Kollaps hätte eine einfache dreidimensionale graphische Prüfung der Stabilitätszustände für g = 0,4 ergeben, daß das System allein durch Reibungsfestigkeiten gesichert sei, und also hätte man dabei den Halt infolge der Verbandfestigkeiten oberhalb vernachlässigt. Die Analyse der Situation nach dem Kollaps hat dagegen einen kleinen, aber wesentlichen Fehler in der Bestimmung der Lage der Gefügefläche K_s aufgezeigt, der nur nach der vollständigen Abdeckung der Gefügesituation feststellbar war; dieser Fehler ändert deutlich das geostatische Bild. Außerdem enthüllte sich die Tatsache eines sehr niedrigen Festigkeitsgrades auf der Fläche K_r, welche nicht einer potentiellen Bruchfläche entspricht, die von Kleinklüften, sondern überwiegend von Großklüften mit hohem Kontinuitätsgrad gebildet ist.

Alle diese Eigenschaften des Gefüges wären am Ort durch Beobachtung und Ermessen schwer zu identifizieren gewesen. Erst die nachträgliche Überprüfung bestätigte diese Äußerungen und erklärte den Kollaps, wenn man davon ausging, daß am Ort Beschleunigungen gleich 0,3 bis 0,4 g gemessen wurden.

Um die vorstehend behandelten Argumente zu ergänzen, seien noch einige Betrachtungen über weitere wichtige Aspekte der Erscheinung der Sturzfall-Schuttströme hinzugefügt.

Wo Fragen der Sicherheit eine Rolle spielen, wird das Problem der Energiebilanz in den einzelnen Phasen der Bewegung, welche für verschiedene Vorgänge charakteristisch ist, von Bedeutung; ebenso das der Geschwindigkeiten am Ende der Gleitbahn sowie die Entfernungen, die von den Schuttmassen oder von den einzelnen Schuttstücken zurückgelegt werden können. Diesbezüglich haben die Erfahrungen der Erdbeben in Friaul die Wichtigkeit folgender Faktoren hervorgehoben:

1. Zunächst ist die Morphologie der Fallstrecke, wie sie sich nach dem Bruchvorgang entwickelt, von großem Einfluß.

2. Die Unregelmäßigkeiten in der Morphologie des weiteren zurückzulegenden „Weges" haben eine beträchtliche Bedeutung, besonders im Endteil der Strecke (Beschleunigungen – Abprallen).

3. Der Zusammenhalt der Materialien, deren Festigkeit und besonders deren Restfestigkeit haben großen Einfluß auf den Vorgang der Verteilung und Dissipation der Energie.

4. Die lithologische Art und Beschaffenheit des Schuttes beeinflußt ebenfalls auf entscheidende Weise die Art und Dynamik der Bewegungen (Geschwindigkeit und Abprallen) sowie die Dimensionen der Teilkörper.

Die Analyse von über hundert Felssturzvorgängen, die sich 1976 ereignet haben, liefert uns heute interessante Erkenntnisse über die Art und den Ablauf der Vorgänge und über den Wert von Berechnungsparametern.

Beim Studium der Vorgänge wurde systematisch auf eine möglichst vollständige Untersuchung der einzelnen Festigkeits- und Energiezustände in jeder einzelnen Fallphase besondere Sorgfalt verwendet; diese Untersuchung gestattete einerseits die Nachberechnung der geschehenen Ereignisse und ihrer Phänomene und daher eine erste Diskussion über den Änderungsbereich der Parameter, andererseits ermöglichte sie eine befriedigende kritische Analyse der Verfahren, nach denen Felsbefestigungen bemessen werden. Es muß hervorgehoben werden, daß die Hauptinput-Parameter gemäß diesen Studien die Energiedispersionskoeffizienten bei den Vorgängen des Aufprallens und während des Falles sind. Diese Parameter sind immer noch schwierig zu quantifizieren, obwohl sowohl experimentell als auch in der praktischen Analyse der stattgefundenen Ereignisse beträchtliche Fortschritte gemacht worden sind.

Aus diesem Bericht kann man folgende Schlüsse ziehen:

1. Erdbeben machen deutlich, daß Felshänge, welche nach üblichen Maßstäben als ausreichend stabil eingeschätzt werden konnten, in Wirklichkeit von viel geringerer Standfestigkeit und weit weniger stabilem Gleichgewicht sein können, als man annehmen konnte.

2. Ganz besonders beleuchten die Kollapsvorgänge die Schwierigkeiten, die mit der Prognose und mit der Quantifizierung der geologischen und strukturellen Daten verbunden sind, sowie die Schwierigkeiten, die mit einer quantitativ realistischen Annahme der geomechanischen Berechnungsparameter der Felsmassenfestigkeit und mit der Wahl zutreffender Rechenmodelle verbunden sind.

3. Ein wichtiges Problem betrifft die seismische Untersuchung in der geostatischen Analyse. Die Kriterien des theoretischen Ansatzes, die Möglichkeit, örtlich gültige, vollständige und genügend zuverlässige Spektren zu finden sowie die Methodologie der Analyse sind Themen, die wahrscheinlich zukünftiger Vertiefung bedürfen.

4. Schließlich sollte die Definition der Sicherheitsfaktoren eines Felshanges Gegenstand größerer Vorsicht sein, wenn auf irgendeine Weise Ortschaften oder Tiefbauten betroffen werden können, und in diesem Sinne sollte man sowohl die technischen Normen als auch die gegenwärtigen auf diesem Gebiet vorhandenen Gesetze durchsehen und ändern.

Literatur

1. C. N. E. N. – E. N. E. L. Contributo allo studio del terremoto del Friuli, del Maggio 1976; 11–1976, Statimari, Roma.
2. *Amato, A.* ed altri: Geodinamica e sismicita della regione Friuli Venezia Giulia. C. I. S. M., Udine, 4-12-1976.

Anschrift des Verfassers: Dr. *Luciano Broili,* Studio Tecnico, Via Aquileia 4, I-33019 Tricesimo, Italien.

Rock Mechanics, Suppl. 10, 63–75 (1980)

**Rock Mechanics
Felsmechanik
Mécanique des Roches**
© by Springer-Verlag 1980

Erdbebengefahr verhindert den Weiterbau der längsten doppelt gekrümmten Bogenstaumauer der Welt am Auburn-Folsom-South-Projekt in Kalifornien

Von

D. Stein und **B. Maidl**

Mit 8 Abbildungen

Zusammenfassung – Summary

Erdbebengefahr verhindert den Weiterbau der längsten doppelt gekrümmten Bogenstaumauer der Welt am Auburn-Folsom-South-Projekt in Kalifornien. Kernstück des seit 1968 im Bau befindlichen Auburn-Folsom-South-Projektes in Kalifornien ist das Absperrbauwerk der Auburn-Talsperre. Es war als die längste doppelt gekrümmte Bogenstaumauer der Welt konzipiert. Über dieses Bauwerk, die umfassenden Baugrunderkundungs- und -erschließungsarbeiten und die Gründe, die zur vorläufigen Stillegung der Baustelle führten, wird im vorliegenden Beitrag berichtet.

Expectation of Earthquake Prevents the Continued Construction of the Longest Double-Curved Arch Dam of the World at the Auburn-Folsom-South-Project in California. The essential part of the Auburn-Folsom-South-Project in California is the Auburn Dam. It was planned to become the world's longest double-curved concrete arch dam.

Due to the chosen typ of dam construction, the foundation and especially the canyon walls are of decisive signification.

This fact and the general foundation conditions recognized, led to the most extensive foundation investigation and exploration programs ever undertaken for any construction by the Bureau of Reclamation.

Although already US-Dollar 230 Million have been spent for the Auburn-Folsom-South-Project and all preliminary work has come to an end in order to start concreting work for the dam, the competent authorities decided a temporary building suspension in summer 1978.

Reason: the hardly estimable seismic danger for this region and the feeling of insecurity due to the earthquake occurred on August 1st, 1975 on the Oroville Dam.

About this planned construction, the geological situation of the dam site, the engineer-geological foundation investigation and exploration program as well as about the problems involved through earthquake danger will be discussed in this report.

0080-3375/80/Suppl. 10/0063/$ 02.60

Einleitung

Im Jahre 1978 besuchte *B. Maidl* anläßlich eines Forschungssemesters in Berkeley USA mehrmals die Baustelle der Auburn-Talsperre, um dieses Bauvorhaben und dessen Probleme kennenzulernen und zu studieren.

Obwohl wir an diesem Projekt nicht direkt beteiligt waren oder sind, haben wir die dabei erhaltenen zahlreichen Unterlagen, Gutachten und Berichte ausgewertet, so daß wir anläßlich des 28. Geomechanik-Kolloquiums einen zusammenfassenden Bericht unter besonderer Berücksichtigung der Erdbebenprolematik geben können.

Damit kommen wir auch einem ausdrücklichen Wunsch der am Auburn-Talsperrenprojekt beteiligten amerikanischen Fachkollegen nach, über dieses zur Zeit wohl am meisten diskutierte Projekt im deutschen Sprachraum zu berichten.

Das Auburn-Folsom-South-Projekt ist Teil des Central Valley Projektes, eines umfangreichen wasserwirtschaftlichen Programmes des Bureau of Reclamation in Zentralkalifornien.

Es soll der Trink- und Brauchwasserabgabe, der Sanierung der Grundwassersituation, der landwirtschaftlichen Bewässerung, dem Hochwasserschutz, der Wasserkraftnutzung, der Fischerei und der Volkserholung im Folsom-South-Versorgungsgebiet dienen.

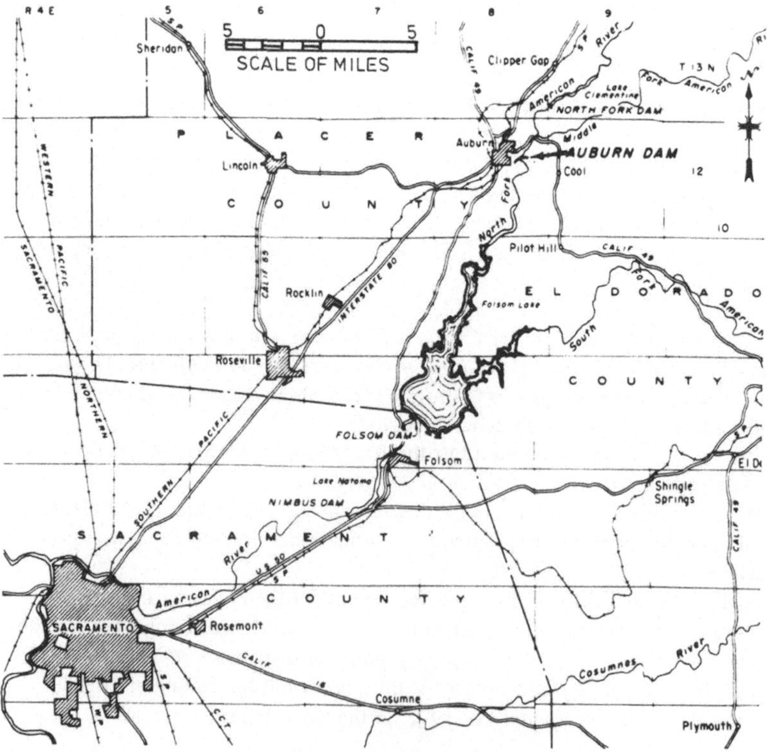

Abb. 1. Übersicht über das Auburn-Folsom-South-Projekt (1)
Location and Vicinity Map

Da die Wasserversorgung in diesem Gebiet mit dem vorhandenen Folsom-Damm nur bis zum Jahre 2000 sichergestellt werden kann und danach nur etwa 2/3 der benötigten Wassermengen zur Verfügung stehen und auch die Energiesituation einen ähnlich verlaufenden Trend aufweist, besitzt die Realisierung dieses Vorhabens eine erhebliche volkswirtschaftliche Bedeutung.

Abb. 2. Blick auf die Sperrstelle — Sicherung der Hänge mit Maschendraht
View of the site — Protection of the canyon walls by mesh wire

Die Planung dieses Projektes, welches die Auburn-Talsperre mit dem Wasserkraftwerk und den Folsom-South-Canal als Hauptbauwerke beinhaltet, begann 1956. Im Jahre 1965 wurde der Bau mit Gesamtkosten in Höhe von 1,2 Milliarden US-Dollar beschlossen und 1968 mit den Bauarbeiten begonnen.

Bedingt durch zwischenzeitliche Finanzierungsschwierigkeiten und Umwelt-schutzdiskussionen konnten die für die Betonierung der Staumauer erforderlichen Vorarbeiten entgegen dem Plan erst 1976/77 fertiggestellt werden. Seitdem verhindert ein von den Behörden verfügter Baustopp die weiteren Bauaktivitäten an der Sperrstelle der Auburn-Talsperre.

Bis zu diesem Zeitpunkt hatte das Bureau of Reclamation bereits 230 Millionen US-Dollar für die Vorbereitungsmaßnahmen, den Bau der Zufahrtstraßen, Wasserumleitungsstollen, die Baugrunderkundung, -erschließung und -vergütung, die Errichtung des Erdfangedammes sowie für den 40 km langen Bauabschnitt des insgesamt 100 km langen Folsom-South-Canal ausgegeben.

Abb. 3. Blick auf die Sperrstelle — Sicherung der Gründungssohle mit Spritzbeton
View of the site — Protection of the foundation by shotcrete

Abb. 4. Ausbildung des American River Tales an der Sperrstelle für die Auburn-Bogenstaumauer
View of the Auburn Dam site

Nach dem Bekanntwerden des Baustopps wurden die Talhänge mit 97 000 m² Maschendraht und Felsankern mit Längen von 6 bis 35 m abgesichert und das Gründungsareal teilweise mit Spritzbeton versiegelt. Im Rahmen dieser Sicherungsmaßnahmen wurden insgesamt 47 000 lfd. m Spreizanker und 40 000 lfd. m Verpreßanker hergestellt.

Bevor auf die Gründe für diesen plötzlichen Baustopp und die heutige Situation eingegangen werden kann, sind zunächst einige Ausführungen zum geplanten Absperrbauwerk, der Gründung und den wichtigsten Entwurfskriterien notwendig. Die Kenntnis dieser Problemkreise ist die Voraussetzung, um die gegenwärtige Situation verstehen zu können.

Kurzcharakteristik des Projektes

Kernstück des Auburn-Folsom-South-Projektes ist die geplante Auburn-Talsperre. Die Sperrstelle befindet sich in einem weiten V-förmigen Tal des American River, etwa 32 Meilen nord-östlich von Sacramento.

Das Absperrbauwerk war als eine doppelt gekrümmte Bogenstaumauer mit Hochwasserentlastungseinrichtungen an beiden Widerlagern konzipiert. Nach Fertigstellung sollte sie die längste Bogenstaumauer der Welt sein und folgende Abmessungen besitzen:

Größte Mauerhöhe	: 209 m
Kronenlänge	: 1219 m
Basisbreite	: 60 m
Kronenbreite	: 12 m
Betonvolumen	: 5 Millionen m³
Verhältnis Kronenlänge zu Kronenhöhe	: 1 : 6

Die Hochwasserentlastungseinrichtungen waren für einen Abfluß von je 4500 m³/sec ausgelegt.

Abb. 5 zeigt die Draufsicht auf die Staumauer sowie zwei typische Querschnitte.

Das am luftseitigen Fuß vorgesehene freistehende Kraftwerk ist für eine mittlere jährliche Leistung von 522 Millionen KWh ausgelegt. Um dieses Ziel zu erreichen, waren im Endausbau 5 Generatoren mit je 150 MW in Kombination mit Francis-Turbinen vorgesehen.

Der Stauinhalt sollte bei einer maximalen Wassertiefe von 200 m und einer Wasseroberfläche von 40 km² bei Normalstau ca. 2,9 Milliarden m³ betragen.

Geologische Situation, Baugrunderkundung und -vergütung

Die für die Errichtung der Auburn-Talsperre vorgesehene Sperrstelle liegt in den westlichen Ausläufern der Sierra Nevada.

Im Gründungsbereich steht hauptsächlich Amphibolit und zu einem geringen Anteil metamorpher Sedimentit an. Zwischengelagert sind beträchtlich weichere Gesteinszonen, die sich aus Talkschiefer, Chloritschiefer und talkhaltigem Serpentin zusammensetzen. Diese Talkzonen (in der Abb. 6 mit T bezeichnet) fallen nahezu lotrecht und streichen von der Wasser- zur Luftseite. In beiden Widerlagern trifft man geringfügig auch Metagabbro an. Mittig im rechten Widerlager befindet sich eine 110 m breite Zone aus Metasedimenten, die ihrerseits wiederum von zahlreichen Talkzonen mit unterschiedlicher Stärke durchzogen wird.

Neben diesen Felsanomalien treten im gesamten Gründungsbereich zahlreiche Klüfte, Scherzonen und Störzonen (letztere sind in der Abb. mit F bezeichnet) auf, die sich zum Teil in beachtliche Tiefen erstrecken und mit Quarz, Kalzit oder Gesteinsgrus gefüllt sind.

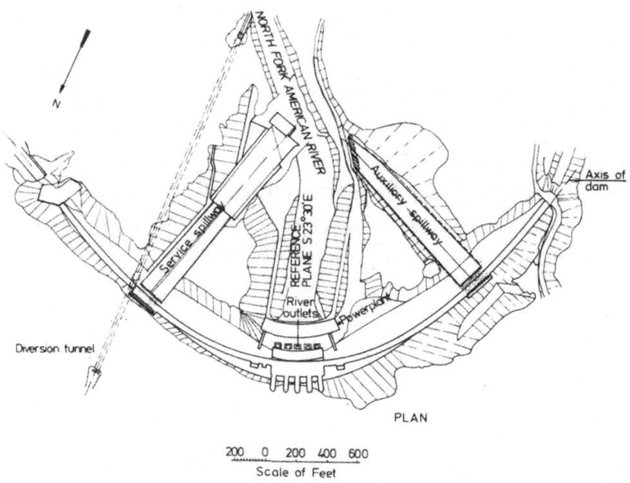

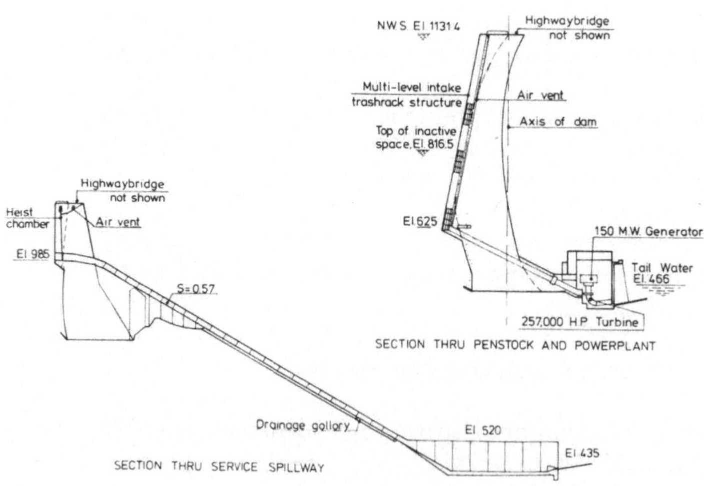

Abb. 5. Draufsicht und Querschnitt der Bogenstaumauer (1)
Plan and Sections

Die Verwitterung hat die Gesteinsfestigkeit bis in beträchtliche Tiefen herabgesetzt und spielte deshalb auch eine wichtige Rolle bei der Gestaltung des Felsaushubs und der gegenwärtigen Baugrundsicherung.

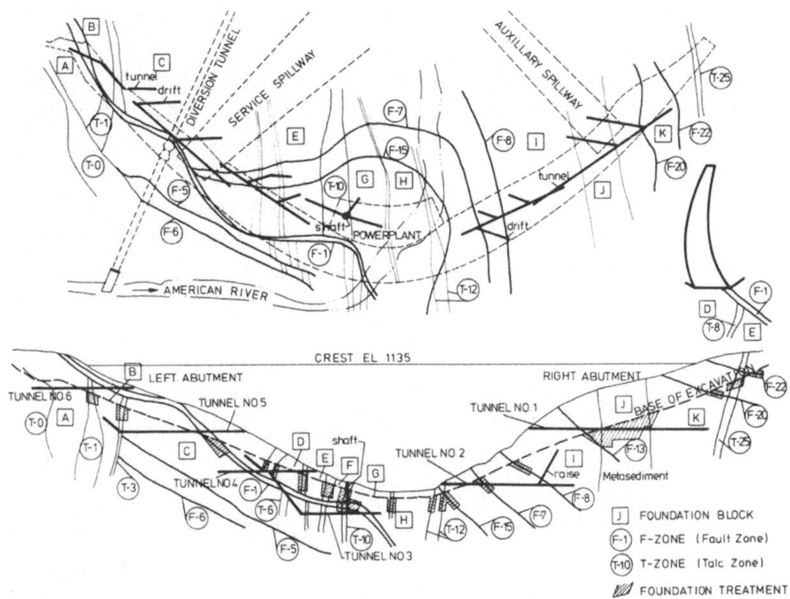

Abb. 6. Geologische Situation an der Sperrstelle (1)
General geologic conditions at the site

Auf Grund der stark wechselnden Verformbarkeit der Diskontinuitäten und der unterschiedlichen Gesteinsarten schwankt der Verformungsmodul im Bereich der langen Gründungssohle von Abschnitt zu Abschnitt in weiten Grenzen, so daß in diesen Bereichen mit unterschiedlichen Lastverteilungen und Spannungskonzentrationen gerechnet werden mußte.

Wie ernst man diese Baugrundsituation nahm, sollen einige Angaben aus dem ingenieurgeologischen Erkundungsprogramm dokumentieren. Danach wurden ausgeführt:

- 8 km Schürfgräben

- 6 Erkundungsstollen mit einer Gesamtlänge von 1,1 km. Von diesen aus wurden weitere 11 Stollen mit insgesamt 680 m Länge für Erkundungs- und Versuchszwecke aufgefahren.

- 5 Schrägschächte mit einer Gesamtlänge von 313 m sowie ein 48 m tiefer Schacht zu einem der Erkundungsstollen

- ca. 27 km Bohrkerne wurden aus 306 Bohrungen gewonnen.

Zur Bestimmung des tatsächlichen Verformungsverhaltens und der Festigkeit der unterschiedlichen Gesteinspartien wurde ein großes felsmechanisches Labor-

und Feldversuchsprogramm absolviert. Das Feldversuchsprogramm bestand aus 18 einaxialen Druckversuchen, 3 Druckversuchen mit Radialpressen, 9 Lastplattenversuchen und 6 Scherversuchen.

Die geologische Erkundung erstreckte sich auf einen Bereich von je 150 m luft- und wasserseitig von der Mauerachse und 150 m in die Tiefe.

Die Abb. 7 vermittelt einen Überblick über die Abstimmung der einzelnen Erkundungsphasen und der Entwurfsberechnung.

Alle Ergebnisse wurden in einem dreidimensionalen geologischen Modell im Maßstab 1:60 dargestellt. Dieses Modell wurde auch während der Aushubarbeiten und der Vergütung der Gründungssohle immer auf dem aktuellen Stand gehalten.

Für die Baugrundbehandlung selbst waren zwei Phasen vorgesehen. Die erste Phase beinhaltete die Behandlung der partiellen Störungen und der leicht verwitternden Gesteinspartien mit dem Ziel, den Verformungsmodul und die Festigkeit des Untergrundes zu verbessern und die festgestellten diesbezüglichen partiellen Differenzen auszugleichen.

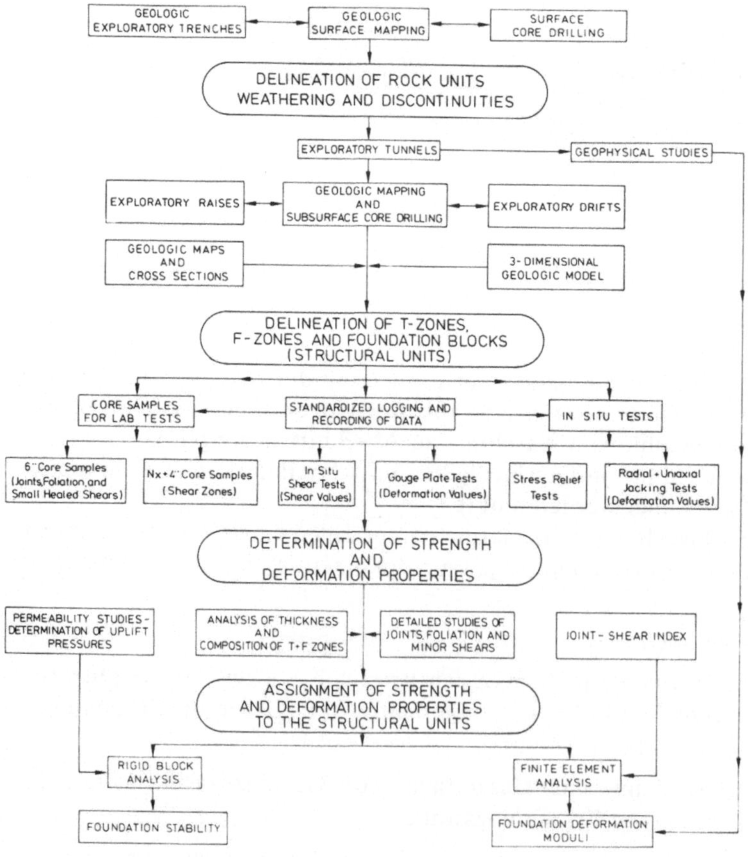

Abb. 7. Beziehungen der Phasen der Baugrunderkundung zu den Berechnungen (1) Relationship between various phases of the exploration and the design analysis

In diesem Zusammenhang wurden sämtliche stark verwitterten Gesteinspartien bis in Tiefen mit nur geringer Verwitterung abgetragen. Im Durchschnitt betrug der Aushub 30 m; abschnittsweise erstreckte er sich sogar bis in 130 m Tiefe. Die ausgehobenen Massen wurden durch Beton ersetzt. Die größte Betonplombe befindet sich im Mittelteil des rechten Widerlagers. Hier wurde die Metasedimentit-Zone bis zu einer Tiefe von 40 m unter der geplanten Gründungssohle der Staumauer ausgehoben und mit ca. 135 000 m³ Beton verfüllt.

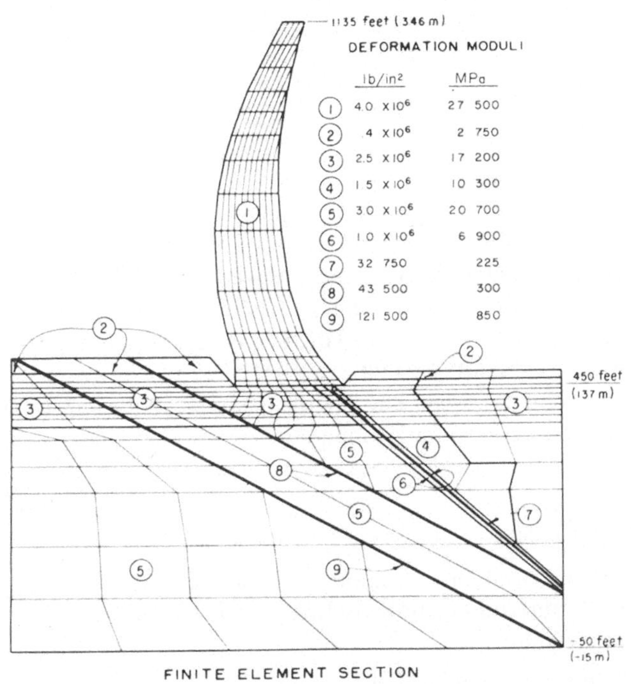

Abb. 8. F-E-Modell für die Untersuchung des Baugrundes (1)
Finite Element Section

Die Festlegung der jeweiligen Aushubtiefe erfolgte analytisch mittels der Methode der finiten Elemente. An allen Punkten der Gründungssohle, an denen mit Spannungskonzentrationen oder mit abrupten Änderungen der Deformationseigenschaften gerechnet werden mußte, wurde eine zweidimensionale Spannungsanalyse durchgeführt. Das dabei erzielte Ergebnis entschied darüber, ob und bis in welche Tiefen die Gesteinsschwächezonen ausgehoben und durch Beton ersetzt werden mußten. Kriterien dafür waren eine akzeptable Spannungsverteilung und Verschiebung unter dem Eigengewicht der Staumauer und der Wasserauflast.

Die Abb. 8 zeigt einen solchen Berechnungsquerschnitt. Die Verformungsmoduli Nr. 7 bis 9 entsprechen unterschiedlichen Störzonen im Gründungsareal; Nr. 2, 3 und 5 repräsentieren Flächen mit stark, mittel und leicht verwitterten Felspartien.

Auf diese Art und Weise wurde jede Talk- und Störzone individuell untersucht, der optimale Aushub und die günstigste Bauwerkskontur im Gründungsbereich festgelegt.

Im Anschluß war in der zweiten Phase der Baugrundbehandlung eine Untergrundverfestigung nahezu des gesamten Gründungsareals bis in eine durchschnittliche Tiefe von 10 m vorgesehen. Damit sollten die Klüfte und die durch den Sprengbetrieb sowie durch das Schwinden des Betons verursachten lokalen Auflockerungszonen verfestigt werden.

Das hier mit wenigen Worten geschilderte geologische Erkundungsprogramm war das umfangreichste, das jemals vom Bureau of Reclamation für ein Bauwerk absolviert wurde. Die Kosten für dieses Programm und die Baugrundvergütung betrugen 110 Millionen US-Dollar.

Entwurf und Berechnung der Bogenstaumauer

Die Endkonzeption der Auburn-Bogenstaumauer ist das Ergebnis der Untersuchung und Berechnung von 30 Einzelentwürfen. Jeder Bogen setzt sich aus drei Kreissegmenten zusammen. Das mittlere Bogensegment besitzt eine Länge von 552 m in Kronenhöhe und einen Krümmungsradius von 427 m, der Krümmungsradius der beiden äußeren Bogensegmente beträgt jeweils 1219 m. Die Bogenlänge dieser Segmente ist unterschiedlich; sie beträgt für das linke Widerlager 277 m und für das rechte Widerlager 390 m in Kronenhöhe.

Bei der Berechnung der Staumauer wurden folgende Lastfälle untersucht:

Lastfall 1: Maximaler Wasserstand, minimale mittlere Betontemperatur zwischen dem 1. Mai und dem 1. November sowie Eigengewicht.

Lastfall 2: Maximaler Wasserstand des beherrschbaren Hochwasserschutzraumes, minimale mittlere Betontemperatur zwischen dem 1. November und 1. Mai sowie Eigengewicht.

Lastfall 3: Lastfälle 1 und 2 einschließlich Erdbebenlasten.

Lastfall 4: Bauzustand, Staubecken leer, Feldfugen unverpreßt, Eigengewicht.

Der Einfluß des Erdbebens wurde mit verschiedenen Methoden untersucht, die im Verlauf des langen Planungszeitraumes der Auburn-Talsperre von 1956 bis 1975 immer mehr verfeinert wurden. Zu Beginn wurden Verfahren angewendet, bei denen man die dynamischen Belastungen durch quasi-statische ersetzte. Alle neuen Berechnungen verwendeten die Methode des Antwortspektrums (Response Spectra Method) und die Zeitverlaufsmethode (Time History Method). Diese beiden Verfahren werden einer echten dynamischen Belastung des Bauwerks besser gerecht.

Die hierfür erforderliche seismische Zeitfunktion der Bodenbeschleunigung wurde auf der Basis des am 10. März 1933 aufgetretenen Erdbebens von Vernon in Kalifornien konstruiert. Bei der Ermittlung des für die dynamische Berechnung erforderlichen Entwurfsantwortspektrums (Design Response Spectra) wurden die Antwortspektren von drei hypothetischen Maximalbeben zugrundegelegt, und zwar mit der Magnitude M = 5,8 nach der Richterskala, Epizentralentfernung

25 km; M = 8,0, Epizentralentfernung 80 km und M = 8,5, Epizentralentfernung 161 km.

Diese hypothetischen Beben wurden aus der geologischen und seismologischen Situation der Auburn-Region im Umkreis von 320 km von der Sperrstelle abgeleitet. Zusätzlich zum Vernon-Akzellerogramm wurden in diesem Zusammenhang auch die Akzellerogramme der Beben von Santa Barbara S 45° E, vom 30. Juni 1941 und El Centro NS, vom 30. Dezember 1934 berücksichtigt.

Das so ermittelte MCE (Maximum Credible Earthquake) mit einer Magnitude von M = 8 und einer Epizentralentfernung von 80 km bildete die Grundlage für die Berechnung der Maximalbeschleunigung von 0,12 g.

Die Berechnung der Bogenstaumauer erfolgte mit den Rechenprogrammen ADSAS (Arch Dam Stress Analysis System) und SAGES (Stress Analysis General Earthquake System). Dabei wurde ein elastisches Verhalten der Bogenstaumauer während der Dauer des Erdbebens angesetzt. Der Dämpfungswert wurde mit 3% festgelegt. In Zusatzuntersuchungen wurde der Fall der teilweise gerissenen Kragträger berücksichtigt.

Da nicht auf alle Ergebnisse der Berechnungen eingegangen werden kann, sollen hier nur die wichtigsten erwähnt werden.

Die maximale Druckspannung betrug 18 N/mm² und lag damit innerhalb des Sicherheitsfaktor von 1,5. Die dynamische Spannungsalalyse führte zu dem Ergebnis, daß bei der Wirkung des MCE mit einzelnen Rißbildungen zu rechnen ist. Trotzdem überschritt in diesen gerissenen Bereichen die Schubsicherheit den zulässigen Minimalwert von 1,5.

Erdbebenungewißheit, der alles entscheidende Faktor?

Trotz der aufwendigen seismischen Untersuchungen und der Berücksichtigung des theoretischen maximal möglichen Erdbebens (MCE) in den Berechnungen gingen die Projektverentwortlichen davon aus, daß die Auburn-Region allgemein und die im Bereich der Sperrstelle befindlichen 9 Störungen aseismisch sind und auch nach der Errichtung der Bogenstaumauer keinerlei Erdbeben auftreten werden. Die Gründe für diese Annahme lieferte die regionale geologische Geschichte der Umgebung der Auburn-Sperrstelle, die bis zum Zeitpunkt der Planung und des Entwurfs des Absperrbauwerks eine bemerkenswert niedrige Seismizität und dementsprechend eine hohe Krustenstabilität dokumentierte. So wurde auch das Foothill-Störungssystem, von dem ein Ausläufer in der Nähe der Sperrstelle verläuft, als seismisch inaktiv betrachtet. Am 1. August 1975 trat jedoch unerwartet in einer Entfernung von 65 km ein Erdbeben am Oroville-Damm mit einer Magnitude von 5,7 auf und erbrachte den Beweis, daß Bereiche des Foothill-Störungssystems durchaus noch aktiv sind. Damit wurde die Frage der Erdbebensicherheit der geplanten längsten Bogenstaumauer der Welt erneut in die Diskussion gebracht.

Inzwischen hat diese Problematik, bedingt auch durch den Bruch des Telton-Dammes 1976 und durch Bürgerinitiativen, die einen Weiterbau generell verhindern wollen, alle anderen Probleme in den Hintergrund gerückt.

Nach jahrelangen Untersuchungen und Erarbeitung von zahlreichen Stellung-
nahmen und Gutachten durch speziell gegründete Expertengruppen und auch des
USGS (United States Geological Survey) konnten erst am 30. Juli dieses Jahres
die neuen, wesentlich verschärften Erdbebenparameter, für die jedes Absperrbauwerk an der Auburn-Sperrstelle ausgelegt sein muß, vom Bureau of Reclamation bekanntgegeben werden. Die Entscheidung war nicht einfach, weil beim
Bruch der Staumauer die Stadt Sacramento unmittelbar bedroht wäre.

Die nachfolgend genannten Kriterien stimmen in etwa mit den diesbezüglichen Empfehlungen des Staates Kalifornien überein:

Maximal mögliches Erdbeben : Richtermagnitude M = 6,5
Epizentralentfernung   : 3,2 km
Herdtiefe   : 8,0 km

Für die Entwurfsbodenbewegung wurde ein Beschleunigungsspektrum mit folgenden Werten vorgeschrieben:

Periode (sec)	Ordinate (%g)
0	60
0,1	150
0,2	165
0,3	150
0,4	110
0,6	75
1,0	50
1,4	40

Unter der Annahme, daß durch den hohen Wasseranstau selbst ein Erdbeben
ausgelöst werden könnte, muß das Absperrbauwerk zusätzlich Verschiebungen
der Störzonen im Bereich der Gründungssohle von mindestens 125 mm aufnehmen
können. Diesen behördlich festgelegten Wert erhöhte das Bureau of Reclamation
noch auf 230 mm.

Gegen Ende des Jahres 1978 hatte sich das Bureau of Reclamation bereits
dafür entschieden, in Anbetracht der Erdbebenungewißheit die Variante der längsten doppelt gekrümmten Bogenstaumauer der Welt endgültig fallenzulassen und
untersucht stattdessen eine Bogengewichtsstaumauer und einen Steinschüttdamm
mit einer Außendichtung aus Beton. Die letztgenannte Variante, jedoch mit einem
Erdstoffdichtungskern, war bereits 1965 diskutiert und verworfen worden. Die
Gründe hierfür waren die großflächigen Landschaftsschädigungen durch die Ge-
winnung der Dichtungsstoffe und die aus der größeren Länge der Wasserkraftstol-
len resultierenden Schwierigkeiten beim Betreiben des Spitzenwasserkraftwerks.
Die Kosten besaßen sowohl für den Steinschüttdamm als auch für die Bogenstaumauer die gleiche Größenordnung.

Der neue Entwurf der Auburn-Talsperre soll im nächsten Jahr fertiggestellt
werden. Bis heute kann jedoch noch keine Aussage darüber gemacht werden, ob
die gegenwärtige und mit hohen Kosten erschlossene Sperrstelle weiterverwendet
werden kann.

Literatur

Frei, L. R.: Auburn Dam Foundation Investigation, Design and Construction. Field Guide Book of the Association of Engineering Geologist's. 18th Annual Meeting, Lake Tahoe, California (1975).

Lewis, A. T.: Auburn Dam — World's Longest Arch Dam. ASCE National Water Resources Engineering Meeting, Atlanta, Georgia (1972) Jan. 24–28, Meeting. Preprint 1581.

Tarbox, G.: Auburn Dam Design. Bureau of Reclamation.

Status of Earthquake Analysis of Auburn Dam. Bureau of Reclamation. Denver, Colorado, Jan. 1976.

Auburn Parameters Approved as Quake Rocks. California. World Water, August 1979, S. 9.

Record Arch Dam Scrapped in Seismic Flap. Engng News Rec. January 11; New York, 1979.

Auburn Arch Dam Plans Officially Quashed. Engng News Rec. March 22; New York, 1979.

Anschrift der Verfasser: Dr.-Ing. *D. Stein,* o. Prof. Dr.-Ing. *B. Maidl,* Lehrstuhl für Bauverfahrenstechnik und Baubetrieb, Ruhr-Universität Bochum, Postfach 102148, D-4630 Bochum 1, Bundesrepublik Deutschland.

Rock Mechanics, Suppl. 10, 77–83 (1980)

Rock Mechanics
Felsmechanik
Mécanique des Roches
© by Springer-Verlag 1980

A Case of Thermally-Induced Microseismic Activity at a Storage Reservoir in Switzerland

By

N. Deichmann and **D. Mayer-Rosa**

With 3 Figures

Summary – Zusammenfassung

A Case of Thermally-Induced Microseismic Activity at a Storage Reservoir in Switzerland. In the beginning of 1979, after the occurrence of numerous audible shocks and the formation of fresh cracks in the casing of a tunnel at the hydroelectric dam of Punt dal Gall in the Swiss Alps, the microseismic activity in the vicinity was monitored continuously for one month. About 180 local events were recorded. According to variations in form and frequency content, probably caused by propagation effects, the signals could be classified into three types.

The activity correlates clearly with air temperature and with the rate of change of the lake level. Furthermore, the activity averaged over the whole recording period shows a pronounced diurnal period.

The highest activity occurred during periods with temperatures below −10 degrees celsius and simultaneous lowering of the lake level by more than 10 cm/day. The cause of the observed phenomena can be attributed to fracturing due to freezing of water in near-surface cracks.

Ein Fall von thermo-induzierter mikroseismischer Aktivität an einem Stausee in der Schweiz. Anfang 1979 wurde während fünf Wochen mit einer mobilen Erdbebenstation gezielt die mikroseismische Aktivität am Stausee von Punt dal Gall in den Schweizer Alpen überwacht, nachdem wiederholt akustische Ereignisse wahrgenommen wurden und Risse in der Verschalung eines Stollens aufgetreten sind. Die etwa 180 aufgezeichneten seismischen Ereignisse konnten entsprechend des sehr wahrscheinlich unterschiedlichen Übertragungsweges und dadurch bedingten unterschiedlichen Signalcharakters in drei Typen eingeteilt werden.

Typ A entspricht Signalen die auch aus ähnlichen Untersuchungen an anderen Orten bekannt sind und zeichnet sich aus durch zwei deutliche Phasen, welche als Einsätze von Kompressions- und Scherwellen gedeutet werden. Ihre Dauer ist etwa 0,5 bis 1,5 Sekunden und die Maximalamplituden sind meistens Schwingungen mit relativ hohen Frequenzen (40 Hz oder höher), während der Ausschwingvorgang eher tieferfrequent ist.

0080-3375/80/Suppl. 10/0077/$ 01.40

Typ B sind länger dauernde (2 bis 5 Sekunden) und tieferfrequente (8–10 Hz) Signale mit fast monochromatischem Charakter, die ohne markante Einsätze auftreten um dann mit einer unterschiedlich langen Coda wieder abzuklingen. Signale vom Typ AB weisen eine dem Typ A ähnliche Form auf, sind aber wesentlich tieferfrequent (10–20 Hz) und die erste Phase besteht meistens nur aus einer halben Schwingung.

Der zeitliche Verlauf der Aktivität zeigt eine deutliche Korrelation mit der Lufttemperatur und der Staurate. Aus einer statistischen Langzeitanalyse ergibt sich ein ausgeprägter Tagesgang der seismischen Aktivität. Dies kann als weiterer Hinweis für die in erster Linie temperaturbedingte Ursache der beobachteten Ereignisse gewertet werden. Die höchsten Aktivitäten traten jeweils bei Temperaturen unter −10 Grad und gleichzeitiger Absenkung des Wasserspiegels um mehr als 10 cm/Tag auf.

Die Ursache für die beobachteten Phänomene kann auf die Sprengung von oberflächennahen Klüften durch Gefrieren von Wasser zurückgeführt werden.

1. Introduction

In recent years, with the construction of an increasing number of dams all over the world, there have been more frequent reports of reservoir related seismic phenomena (*Gupta & Rastogi* 1976, *Simpson* 1976).

As a result, greater efforts have been made to monitor the seismicity in the neighborhood of large dams and to investigate the causes of deformations and failures with seismological methods.

This paper discusses observations made during winter 1979 at the Punt dal Gall hydroelectric reservoir, which is situated in south-eastern Switzerland at the border wirh Italy. After power plant personnel had observed fresh cracks in the casing of an access-tunnel and heard loud gun-shot-like sounds during periods of cold weather in the area of the right buttress the Swiss Seismological Service was asked to investigate the phenomena.

2. Physical Setting and Instrumentation

The dam, a concrete arch construction, is 130 m high and 540 m long across the top. The lake of Livigno, as it is also called, lies at an altitude of 1805 m above sea level and has a storage capacity of 164 million cubic meters. It is entirely situated in the Triassic dolomites of the Quattervals nappe. In spite of intense fracturing due to tectonic strain, drill holes and rock mechanical investigations prior to construction demonstrated the solidity of the underlying rock.

As a preliminary investigation, in order to determine the number and nature of events as well as to check the feasibility of the method, it was decided to monitor the seismicity in the immediate vicinity for about one month. The seismograph, a Sprengnether MEQ-800 portable microearthquake recorder, recording on smoked paper, with a Mark L-4 1-Hz seismometer, was installed in a niche of an access-tunnel in the right buttress.

It operated almost continuously for 36 days from December 29. 1978 until Feb. 2. 1979. The instrument's maximum sensitivity lies in the frequency range between 1 and 70 Hz with a ground motion amplification of about 25 000 at 1 Hz.

3. Signal Characteristics

Some characteristic examples of the 180 recorded signals are reproduced in figure 1. The classification of the signals into types A, B and AB is based on their differing form and frequency content. Type A is known from similar investigations at Schlegeis (Austria) and Emosson (Switzerland); and is characterized by two

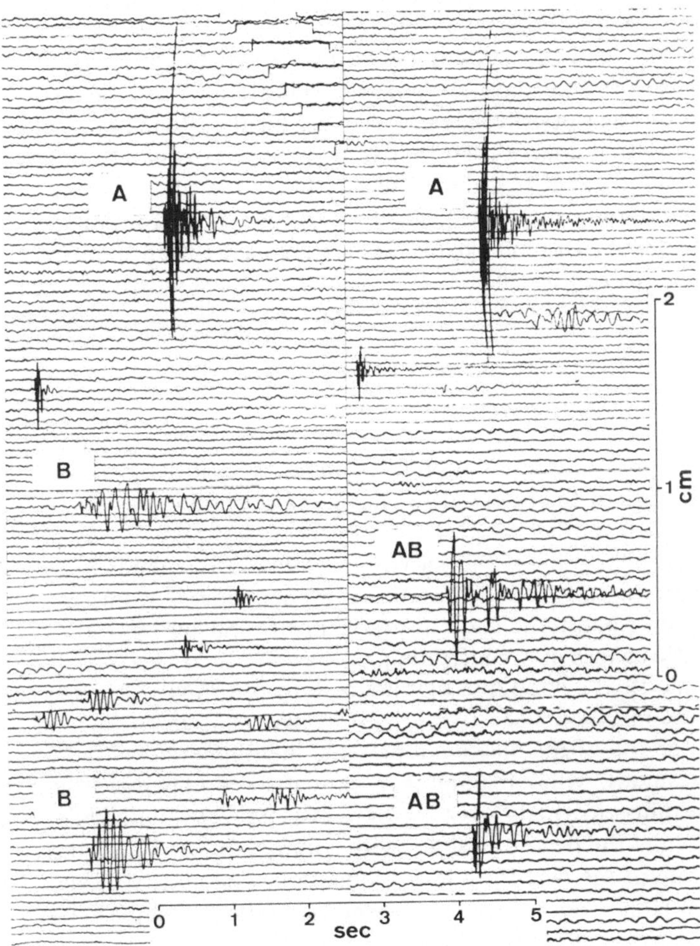

Fig. 1. Examples of signals of type A, B and AB
Beispiele der Signaltypen A, B und AB

distinct phases, interpreted as compressional and shear waves respectively (*Blum* 1975, *Bock* 1978). With a total duration of 0,5 to 1,5 seconds, the signals are dominated by relatively high frequencies (40 Hz and higher), ending with a coda of longer oscillations. Type B signals, lasting 2 to 5 seconds, are characterized by an emergent arrival, a nearly monochromatic frequency content of 8–10 Hz and a slowly decaying coda of varying length. Type AB signals are similar in form to those of type A, but contain lower frequencies (10–20 Hz) and the first phase consists in most cases of only half an oscillation.

The distances of the type A events could be estimated from the difference between S- and P-phase arrival times: their origin was always closer than 700 m, and in most cases closer than 200 m to the recording site.

From the data collected so far, it is not possible to decide whether the various signal characteristics are due to different source mechanisms or to propagation effects. However in the neighborhood of a large reservoir it is to be expected that the oscillations of the dam-lake system will have an effect on the signal of propagating elastic waves. As an example, Caloi (1962) has shown that signals from small explosions on the opposite side of a lake are highly attenuated, to the point of consisting entirely of a wave train similar to the type B signal, travelling with the P-wave velocity of water. It is therefore very likely that the signals recorded here have a common source mechanism, but, originating in various locations, have travelled along different paths. Some may have travelled entirely through bedrock, some through bedrock and the dam and others mostly through the lake.

4. Correlations

Figure 2 shows a graphical representation of the microseismic activity, air temperature and filling rate of the reservoir for the 36 day period under observation.

At the bottom is the histogram of the activity: each line corresponds to one hour and its length is proportional to the number of events, ranging from zero to a maximum of eight events per hour. The gaps in the horizontal zero line are due to interruptions or disturbances in the recording.

The curve in the middle is a copy of a thermograph record showing air temperatures at the dam in the range between +3 and −21 degrees centigrade.

The histogram at the top of the diagram represents the filling rate of the reservoir. The positive values, with a maximum of almost 20 cm/day due to pumping operations with surplus electricity over the New Year holidays, indicate a rise of the lake level, while the negative values, with a minimum of -70 cm/day, indicate a rapid lowering of the lake for power production. The most striking feature of this diagram is the concentration of seismic activity during periods of severe cold: in particular one can note the total absence of events during the days of mild weather at the end of December, followed by the sudden onset of activity with the sudden temperature decrease on Jan 1. This pattern is repeated again at the end of the month. Closer examination shows furthermore that days of most intense activity coincide not only with low temperatures but also with a rapid lowering of the lake level, while a stationary or rising lake level is concurrent with a diminished activity even if temperatures are low: this can be most clearly seen in the night of Jan 5. to 6. and between Jan 12. and 14. However, as the day of Jan 22. shows, a rapid lowering of the water level alone will not result in intense seismic activity. This seems to indicate that the observed events are

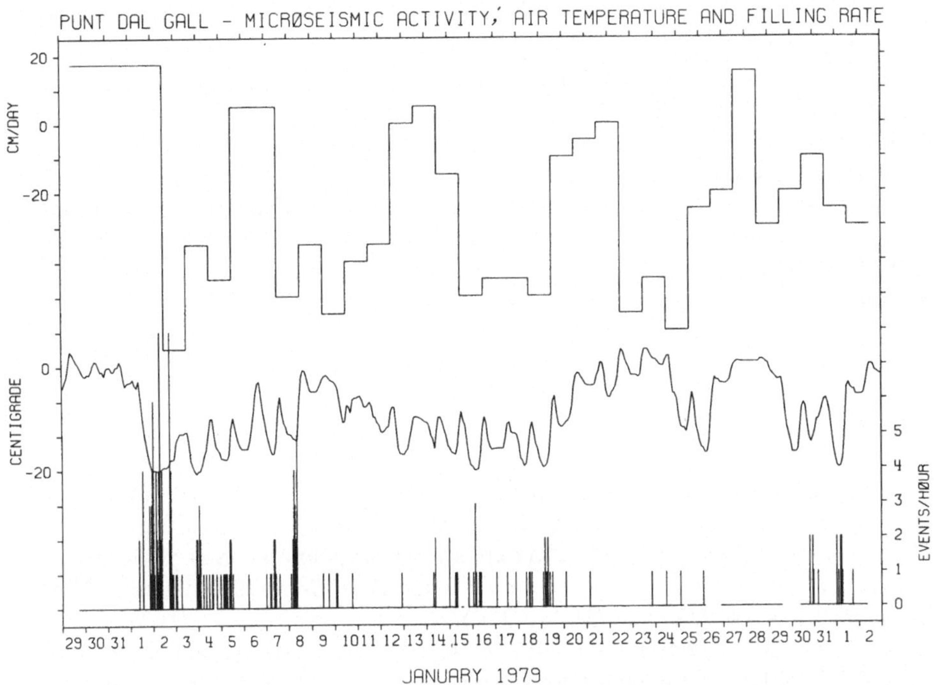

Fig. 2. Microseismic activity (below), air temperature (center) and filling rate of the lake (top)
Mikroseismische Aktivität (unten), Lufttemperatur (Mitte) und Staurate des Sees (oben)

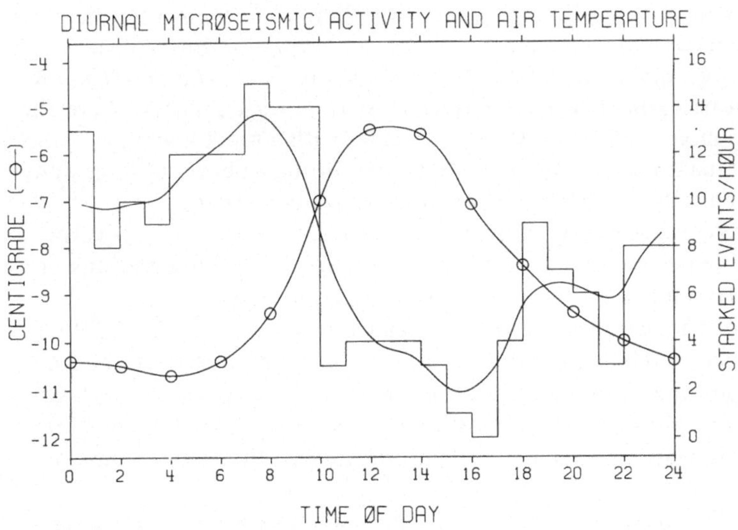

Fig. 3. Stacked diurnal microseismic activity and average air temperature
Gestapelte mikroseismische Aktivität und gemittelter Tagesgang der Lufttemperatur

primarily due to severe frost, their intensity being reinforced by rapid lowering of the lake level.

Further evidence for a thermally induced source of the recorded signals is illustrated in figure 3. Here the histogram represents the number of events for each hour of the day summed over the entire period of observation. The drawn out curve is a smoothed representation of the same data, showing the very pronounced diurnal period, with a maximum with low temperatures in the early morning and a minimum with rising temperatures in the afternoon. A comparison with the diurnal period of the air temperature (curve with circles in fig. 3) seems to indicate that the seismic activity lags behind by about three hours.

5. Conclusion

These observations can be explained by attributing the cause of most of the observed events to rock fracturing due to water freezing in near surface cracks. This model was already proposed to explain similar phenomena at Schlegeis and Emosson as well as at several reservoirs in Roumania (*Bock* 1978, *Bock* & *Mayer-Rosa* 1979, *Merkler, Bock & Fuchs* 1979).

In particular, the correlation with the rapid lowering of the lake level follows from the fact that, as the water level descends, saturated rock along the shore of the lake becomes newly exposed to the cold air, thus allowing water remaining in the cracks to freeze and consequently causing the rock to fracture.

The effect of bending of the dam due to temperature differences between the air- and lake-side (*Caloi, Migani & Spadea* 1972) must be ruled out. The observed shocks at Punt dal Gall only occur when air temperatures are well below freezing and when concurrently the water level decreases rapidly. Whereas these same types of seismic events at Schlegeis and Emosson have been limited to the winter, bending of the dam due to large temperature differences can occur also during other times of the year. Moreover, *Caloi's* data from Pieve di Cadore, Italy, (*Caloi, Migani & Spadea* 1972) can be explained by the same frost fracturing process: there the activity maximum in December 1970 also coincides with a rapid lowering of the lake level, and the maximum in March 1971 occurs during a period of large daily temperature fluctuations alternating between thawing and freezing.

Although the lake was ice-covered during the period of observation, it is very unlikely that the signals are due to cracking of the ice sheet. Observations at lake Emosson in December 1977 showed no correlation between the clearly audible cracking of the ice covering the lake and the signals recorded on two seismographs located in the dam. If the signals were being produced by the ice cover cracking along the shore as the lake level sinks, activity should be high whenever the water level decreases rapidly, independently of air temperature. However, as the observations on Jan. 22. demonstrate (see fig. 2) this is not the case.

The purpose of the study described in this paper was to investigate the principle systematics of the occurence of the shocks and to find a possible explanation for the mechanism causing them. It was thus possible to demonstrate the frost-related nature of the phenomena and to give a plausible explanation for the origin of the acoustic shocks heard by power plant personnel during periods of severe cold. Since the temperature effects noted here are limited to the immediate vicinity of the rock surface, it remains to be seen in what way, if any, they are related to the cracked casing of the access tunnel. In order to achieve a precise localization of the observed events, a multi-station network with high time-resolution is required.

Of course one must distinguish the phenomena illustrated here from the also frequently observed tectonic events which are caused by stresses in the earth's crust and induced by water-loading and -diffusion effects. However, it is clear that numerous similar observations of shocks at high-mountain reservoirs can be explained by the mechanism described in this paper and that seismological methods can be successfully adapted to solving rock mechanical problems on a small scale.

Acknowledgement

The authors are indebted to the personnel of the Engadiner Kraftwerke AG for their assistance with the measurements.

Contribution No. 265 of the Institute of Geophysics, ETH-Zürich.

References

Blum, R.: Seismische Überwachung der Schlegeis-Talsperre und die Ursachen induzierter Seismizität. Dissertation, Universität Karlsruhe, 1975.

Bock, G.: Induzierte Seismizität: Modelle und die Beobachtungen am Schlegeis- und Emosson-Stausee. Dissertation, Universität Karlsruhe, 1978.

Bock, G., Mayer-Rosa, D.: Seismic observations at Lake Emosson, Switzerland. Pure and Applied Geophysics (in press), 1979.

Caloi, P.: Osservazioni sismiche e clinografiche presso grandi dighe di sbarramento. Annali di Geofisica *VI*, 3, 321–366 (1953).

Caloi, P.: Aspetti della dinamica di rocce, calcestruzzo ed acque. Annali di Geofisica *XV*, 2–3, 135–158 (1962).

Caloi, P., Migani, M., Spadea, M. C.: Comportamento di una grande diga sotto il gelo spinto. (The behaviour of a large dam at severe frost.) Annali di Geofisica *XXV*, 4, 505–525 (1972).

Gupta, H. K., Rastogi, B. K.: Dams and earthquakes. Amsterdam: Elsevier. 1976.

Merkler, G., Bock, G., Fuchs, K.: Zusammenhang zwischen Temperatur, Staurate und seismischer Mikroaktivität an Stauseen. 39. Jahrestagung Deutsche Geophys. Ges., Kiel, 1979.

Simpson, D. W.: Seismicity changes associated with reservoir loading. Engineering Geology *10*, 2–4, 123–150 (1976).

Address of the authors: *N. Deichmann, D. Mayer-Rosa,* Institute of Geophysics, ETH Zürich, CH-8093 Zürich, Switzerland.

Rock Mechanics, Suppl. 10, 85–102 (1980)

Rock Mechanics
Felsmechanik
Mécanique des Roches
© by Springer-Verlag 1980

Gebirgsschläge und seismische Ereignisse in Bergbaugebieten

Von

P. Knoll, K. Thoma und **E. Hurtig**

Mit 7 Abbildungen

Zusammenfassung — Summary

Gebirgsschläge und seismische Ereignisse in Bergbaugebieten. Bei der Bekämpfung der Gebirgsschläge sind in den letzten Jahren bedeutende Erfolge erzielt worden. Dennoch ist die Gefahr ihres Auftretens nicht völlig gebannt. Die Maßnahmen zur Beherrschung der Gebirgsschlaggefahr konzentrieren sich in der Mehrzahl der Fälle auf die unmittelbare Umgebung der bergbaulichen Hohlräume und die Bergfesten selbst.

Bei diesen Brucherscheinungen soll von „Gebirgsschlägen des statischen Typs" gesprochen werden. Die Bekämpfungsmaßnahmen richten sich demzufolge auf die Ortung und Beseitigung der Spannungskonzentrationen. In den verschiedenen Bergbauzweigen gibt es eine Vielzahl von Beispielen für diesen Gebirgsschlagtyp und für die Richtigkeit der angewendeten Bekämpfungsmaßnahmen.

Immer mehr Brucherscheinungen, die im Untertagebergbau zu den gleichen Erscheinungsformen führen, lassen sich jedoch nicht in dieses Konzept einordnen und sich nicht mit den genannten Maßnahmen bekämpfen.

An Beispielen wird gezeigt, daß die gebirgsschlagtypischen Sprödbrucherscheinungen in der unmittelbaren Umgebung von Untertagehohlräumen nicht immer räumlich mit den eigentlichen Herden der verursachenden Energiefreisetzungen identisch sein müssen. Man kann hier von „Gebirgsschlägen des dynamischen Typs" sprechen.

Im Beitrag werden die Ursachen, Vorausetzungen und Bedingungen für beide Gebirgsschlagtypen untersucht und die Möglichkeit ihrer Beherrschung analysiert. In diesem Zusammenhang lassen sich auch Schlußfolgerungen für den Grad der Gefährlichkeit von Erdbeben für untertätige Hohlräume und Bergfesten ableiten.

Rock Bursts and Seismic Events in Mining Areas. The miner's language is used to design as a rock burst the sudden and unexpected failure of rock within the immediate surroundings of excavations due to mining. Because of the energy liberated therewith and to their unaccountable occurrence, rock bursts are often associated with catastrophic consequences to miners and technical equipment what makes them a special problem for safety in mines.

The prevention of rock bursts has been considerably advanced during the preceding years. Nevertheless, the risk for them to occur is not yet completely banned. In the majority of cases the measures for rock burst control are concentrated to the immediate surroundings of the mining excavations and to the barrier pillars themselves. The mechanism of these rock

0080-3375/80/Suppl. 10/0085/$ 01.60

bursts is assumed to be the statical or quasi-statical overloading of certain rock zones within the immediate surrounding of the underground excavations and the resulting brittle failure of these regions. We will refer to those failure phenomena as "rock bursts of the statical type".

Consequently, the measures of preventing are aimed at localizing and preventing stress concentrations. In the different mining branches there are many examples of this type of rock burst, making prove for the applied measures of prevention to be right.

However, more and more failure phenomena producing the same kinds of phenomena in the underground mining, do not allow to be ranged into this concept, nor they can be prevented by the measures cited above.

Examples are used to demonstrate that the brittle failure phenomena which are typical of rock bursts in the immediate surroundings of underground excavations need not always be locally identical with the focuses proper to the liberations of energy bringing about them. It is rather possible to make also evident secondary failure phenomena which are typical to rock bursts and are brought about by the energy liberation within the focal regions that are situated at a larger distance from the places of underground failure phenomena. These phenomena will be referred to as "seismic events in mining areas, associated with subsequent rock-burst-like failure within the zone of the excavations due to mining" or briefly as "rock bursts of the dynamical type".

The paper deals with the study of the causes, prerequisites and conditions of both types of rock burst and with the analysis of the possibility to control them. In this respect, conclusions may also be drawn as to which degree earthquakes represent a danger to underground excavations and to pillars.

Zum Gebirgsschlagbegriff

Plötzliche Brüche in Bergbaugebieten sind von grundsätzlicher Bedeutung für das Leben der Bergleute in den Gruben, für die Sicherheit der Bevölkerung in Bergbaugebieten und für die störungsfreie Durchführung der Gewinnungsarbeiten unter Tage.

Vom Standpunkt des Bergbaus werden plötzliche Brüche des Gebirges meist als Gebirgsschläge, vom Standpunkt der Seismologie als seismische Ereignisse (mining tremors) in Bergbaugebieten bezeichnet. Beide Kennzeichnungen haben jedoch vorwiegend beschreibenden Charakter, lassen keine Rückschlüsse auf den geomechanischen Mechanismus zu und liefern damit noch keine Ansatzpunkte für ihre Prognose und Beherrschung.

In der umfangreichen Fachliteratur über Gebirgsschläge sind zahlreiche Definitionen des Begriffs Gebirgsschlag enthalten, die meist durch die lagerstätten-bezogenen Erfahrungen der verschiedenen Autoren geprägt sind.

Die Mehrzahl der Definitionen ist auf bestimmte Erscheinungsformen im unter-tätigen Hohlraum ausgerichtet und schließt eine große Zahl von im Prinzip physi-kalisch völlig gleichartigen Brüchen, denen diese charakteristischen Erscheinungs-formen fehlen, aus der Betrachtung aus. In der Fachliteratur kommt jedoch auch zum Ausdruck, daß es bei dieser Betrachtungsweise nicht gelingt, alle dynamischen Brucherscheinungen im Gebirge in Bergbaugebieten, die ebenfalls Auswirkungen auf die Bergbausicherheit haben können, in die sicherheitliche Konzeption mit einzubeziehen.

Um einerseits die breite Ursachenstruktur der Gebirgsschläge und vor allem ihr eigentliches Wesen als spezielle Phase im allgemeinen Bruchprozeß des Gebirges einzubeziehen, andererseits von der Überbetonung der untertätigen Erscheinungsformen abzukommen, wird im weiteren für Gebirgsschläge folgende allgemeinere Definition zugrundegelegt: „Ein Gebirgsschlag ist der spröde Bruch unterschiedlich großer Gebirgsvolumina unter plötzlicher Freisetzung von Energie." In dieser Definition ist der Gebirgsschlag ein Sprödbruch des Gebirges mit allen für einen Sprödbruch notwendigen Festigkeits- und Verformungsverhältnissen sowie den erforderlichen Belastungsbedingungen. Es werden jedoch nur diejenigen Sprödbrüche zu den Gebirgsschlägen gerechnet, die mit plötzlicher Energiefreisetzung verbunden sind, d.h. für die auch die erforderlichen Steifigkeitsbedingungen erfüllt sind. Demgegenüber werden Erscheinungen dieser Art, die nicht zu den genannten charakteristischen Erscheinungsformen im befahrbaren bergbaulichen Hohlraum führen, nicht mehr von der Betrachtung ausgeschlossen. Diese Definition wird dadurch zugleich umfassender als auch physikalisch konkreter. Sie führt direkter auf die eigentlichen Ursachen, auf die erforderlichen Steifigkeitsbedingungen erfüllt sind. Demgegenüber werden Erscheinungen dieser Art, die nicht zu den genannten charakteristischen Erscheinungsformen im befahrbaren bergbaulichen Hohlraum führen, nicht mehr von der Betrachtung ausgeschlossen. Diese Definition wird dadurch zugleich umfassender als auch physikalisch konkreter. Sie führt direkter auf die eigentlichen Ursachen, auf die erforderlichen Voraussetzungen und auf die begünstigenden Bedingungen hin (*Knoll* et al.; 1977).

Tabelle 1 zeigt eine Übersicht über die für Gebirgsschläge charakteristischen Ursachen, Voraussetzungen und Bedingungen, die auf den Erkenntnissen über das spröde Verformungs- und Bruchverhalten von Gestein und Gebirge aufbauen.

Da es sich bei Gebirgsschlägen um Bruchvorgänge handelt, müssen die *Ursachen* wie bei jedem Bruch im plötzlichen oder allmählichen Erreichen von Spannungszuständen in bestimmten Gebirgsvolumina zu finden sein, die in der Nähe des Grenzzustandes des Gebirges liegen. Das Erreichen des Grenzzustandes kann dabei durch Veränderungen der Beanspruchung oder durch Veränderungen des Lastaufnahmevermögens der betreffenden Gebirgsbereiche erfolgen.

Damit aus dem Bruchverlauf ein Gebirgsschlag entsteht, müssen bestimmte *Voraussetzungen* erfüllt sein. Zunächst ist es erforderlich, daß das Gestein ein sprödes Verformungs- und Bruchverhalten aufweist, um vor dem Bruch die Speicherung und beim Bruch die plötzliche Abgabe von Energie zu ermöglichen. Diese Voraussetzung für die Gebirgsschlagentstehung ist das spröde Verformungs- und Bruchverhalten des betroffenen geklüfteten Gebirgsmassivs.

Sind beide Voraussetzungen erfüllt, ist noch die mögliche Geschwindigkeit der Energiefreisetzung zu prüfen. Kriterium hierfür ist die Steifigkeitsverteilung im Gebirge, die für plötzliche Energiefreisetzung dadurch gekennzeichnet sein muß, daß das betrachtete Gebirgsvolumen größere Steifigkeiten aufweist als dessen Umgebung. Dadurch ist das erforderliche „weiche" Belastungsregime gegeben.

Die zuletzt genannte Voraussetzung führt direkt auf eine weitere Ursache des Entstehens von Gebirgsschlägen. Das Erreichen des Grenzzustandes im Herdbereich ist verbunden mit der plötzlichen Entstehung einer zunehmenden Diskrepanz zwischen dem vom System (Gebirge) dem betrachteten Herdbereich zugeführten Energiebetrag und dessen Energiespeichervermögen. Diese Diskrepanz kann auf

Tabelle 1. *Voraussetzungen, Ursachen und Bedingungen für das Zustandekommen von Gebirgsschlägen*

Gebirgsschläge

1. Voraussetzungen	2. Ursachen	3. Bedingungen
1.1 Sprödbruchneigung der Gesteine	2.1 Belastungszustand des betrachteten Gebirgsvolumens kommt dem Grenzbelastungszustand nahe	3.1 Zunahme von Spannungsdifferenzen durch — bestimmte Abbauführung — Annäherung an geolog. Störungen — u. a.
1.2 Sprödbruchneigung des Gebirges	2.2 Schnell wachsende Diskrepanz zw. der Belastung durch das Gebirge und dem Lastaufnahmevermögen des betrachteten Gebirgsvolumens	3.2 Zusätzliche allmähliche oder plötzliche Energiezufuhr durch — Sprengen — Stoßwellen oder Deckgebirgsschwingungen — Poren- od. Kluftwasserdrücke — u. a.
1.3 Vergleichsweise geringe „Steifigkeit des Belastungsregimes" im Gebirge		3.3 Abnahme des Lastaufnahmevermögens des Gebirges durch -- Änderung des Spannungszustandes -- Abnahme der Reibung — Kriechen — Poren- u. Kluftwasserdrücke — u. a.

unterschiedliche Weise zustandekommen:

— schnelle Abnahme des Energiespeichervermögens des Gebirges beim Überschreiten des Maximums des Lastaufnahmevermögens oder

— plötzliche Zunahme der verfügbaren Energie (z. B. durch dynamische oder
seismische Anregung des Systems von außen).

Für das Wirksamwerden der Ursachen, d.h. für die Annäherung an den mechanischen Grenzzustand in einem Gebirgsvolumen, können eine Reihe begün-
stigender *Bedingungen* wirksam werden. Alle Prozesse, die zur Annäherung an den
Grenzzustand von der Seite quasistatisch zunehmender Belastungen führen, müssen
deshalb hinsichtlich ihrer Bedeutung für die Entstehung von Gebirgsschlägen
analysiert werden. In Tabelle 1 sind einige der wichtigsten Vorgänge mit lokalem
und regionalem Charakter genannt. Ebenso ist die Annäherung an den
Grenzzustand durch Abnahme des Lastaufnahmevermögens des Gebirges im Herdbereich zu untersuchen. Neben den häufig untersuchten Vorgängen wie Kriechen,
progressive Brüche, Veränderungen der Grenzbedingungen entlang geologischer
Störungszonen usw. gehört hierzu auch der mögliche Festigkeitsabfall infolge
dynamischer Beanspruchungen. Schließlich kann die dem System von außen
plötzlich oder allmählich zugeführte Energie durch Sprengungen, Versagen entlang
potentieller Schwächezonen im Gebirge, Veränderungen von Kluft- und Poren-
wasserdrücken, natürliche und induzierte seismische Ereignisse usw. zur Annäherung an den Grenzspannungszustand im Gebirge führen.

Gebirgsschlagtypen

Umfangreiche Erfahrungen über seismische Ereignisse in Bergbaugebieten und
die geomechanische Analyse des Wesens der Gebirgsschläge und ihrer Ursachen,
Voraussetzungen und begünstigenden Bedingungen zeigen, daß bei plötzlichen
Bruchvorgängen in Bergbaugebieten im wesentlichen zwei Wirkungsmechanismen
vorherrschen. Beispiele solcher Analysen wurden in den letzten Jahren u.a. von
Leladse et al. (1977), *Vavro* et al. (1976), *Descour* (1979), *Knoll* et al. (1979a),
Salomon et al. (1979), *Smith* et al. (1974) vorgelegt.
Diese zwei Wirkungsmechanismen haben die eigentlichen physikalischen Ur-
sachen, das Erreichen des mechanischen Grenzzustandes und das Entstehen einer
Energiediskrepanz beim Überschreiten des Maximums des Lastaufnahmevermögens
des betroffenen Gebirgsbereiches gemeinsam. Ebenso müssen bei beiden Grund-
typen die Gesteins-, Gebirgs- und Steifigkeitsvoraussetzungen erfüllt sein. Unterschiedlich sind jedoch die begünstigenden Bedingungen, d.h. die Wege, auf denen
der Grenzzustand erreicht wird, und die Lage der primären Herdbereiche.
Der erste Gebirgsschlagtyp, der weitgehend mit den konventionellen Vorstellungen über den Mechanismus von Gebirgsschlägen übereinstimmt, tritt in unmittelbarer räumlicher und zeitlicher Verbindung mit der bergmännischen Freilegung
auf. Die in der Folge der bergbaulichen Arbeiten entstehenden Spannungsumlagerungen im konturnahen Gebirgsbereich führen zur Entstehung von Hoch-
spannungszonen und zur Annäherung an den Grenzzustand in diesen Bereichen
(s. *Blake,* 1972). Die entstehenden plötzlichen Sprödbrüche werden im Grubenbau

als Gebirgsschläge mit den bekannten Begleiterscheinungen wahrgenommen. Natürlich wird dieser Vorgang von lokalen geologischen, tektonischen, bergbaulichen und geomechanischen Bedingungen jeweils überlagert. Der Herd der Energieauslösung und der Ort der gebirgsschlagtypischen Erscheinungen sind bei diesem Typ praktisch identisch. Für diese Art der Gebirgsschläge, ihre Prognostizierung und Bekämpfung gibt es im internationalen Bergbau zahlreiche Beispiele. Aus der Sicht der Seismologie seismischer Erscheinungen in Bergbaugebieten wird dieser Typ der Gebirgsschläge zum Objekt intensiver Untersuchungen, wenn er eine Größenordnung erreicht, die zu weitreichenden seismischen Erschütterungen im Bergbaugebiet führt oder wenn er erdbebenartige Vorgänge in der ferneren Umgebung des betroffenen Abbaugebietes induziert. Diese Vorgänge werden als bergbauinduzierte Seismizität bezeichnet (*Hurtig* et al., 1978). Es ist jedoch zu beachten, daß die bei diesem Gebirgsschlagtyp betroffenen Gebirgsvolumina in ihrer Größenordnung immer in einem direkten Zusammenhang mit den von den aktiven bergbaulichen Maßnahmen betroffen Gebirgsvolumina stehen müssen und deshalb bezüglich der Größenordnung der freigesetzten Energie begrenzt sind. Ebenso begrenzt ist der mögliche Einflußbereich im umgebenden Gebirge und damit die Wahrscheinlichkeit der Auslösung größerer induzierter seismischer Ereignisse.

Dieser Gebirgsschlagtyp soll im folgenden als „*statischer Typ*" bezeichnet werden. Die Bezeichnung soll jedoch keinen Abstrich am grundsätzlich nichtstatischen Wesen aller Gebirgsschläge machen, sie soll nur einen Hinweis auf die bestimmenden und primären Vorgänge geben, die die Annäherung an den mechanischen Grenzzustand bewirken. Beim statischen Typ handelt es sich bei den bestimmenden primären Vorgängen um quasistatische Spannungsumlagerungen, die im unmittelbaren Umgebungsbereich der Grubenbaue zu hochbeanspruchten Gebirgszonen führen.

Die Bergbaupraxis zeigt jedoch, daß der Herd der primären Energielösung und der Ort der gebirgsschlagtypischen Erscheinungen nicht immer identisch oder unmittelbar benachbart sein müssen. In solchen Fällen liegt ein Gebirgsschlagtyp vor, der vom statischen Typ grundsätzlich verschieden ist. Im Gebirgsmassiv tritt bei diesem Typ plötzlicher Brüche im Bergbau außerhalb der Abbaufelder ein energieabstrahlender, dynamischer Vorgang ein, in dessen Folge Bergfesten, Strebfronten, Hohlraumkonturen, Restpfeiler und andere Zonen, in denen bergbaubedingt Verformungsenergie gespeichert ist, unter den Einfluß der freigesetzten seismischen Energie geraten. Als energieabstrahlende, dynamische Vorgänge kommen neben natürlichen oder induzierten Erdbeben auch plötzliches Versagen entlang potentieller geologischer Störungen und andere plötzliche Brüche im Gebirgsmassiv in Frage. Zu den gebirgsschlagtypischen Brucherscheinungen in den Grubenbauen führt die abgestrahlte seismische Energie dann, wenn bestimmte Voraussetzungen erfüllt sind. Eine wichtige Voraussetzung ist die Anwesenheit von belasteten Lagerstättenteilen, die ihr Lastaufnahmevermögen durch den mechanischen Kontakt mit dem umgebenden Gebirge erhalten. Bei dem oben dargestellten Vorgang kann man von seismisch (bzw. dynamisch) induzierten Brucherscheinungen im Bergbau oder von „*dynamischen Gebirgsschlagtypen*" sprechen. Die gebirgsschlagartigen Brucherscheinungen im Bereich der Grubenbaue treten bei diesem Typ auch dann ein, wenn die Standsicherheit der betroffenen Gebirgsteile gegenüber statischer Beanspruchung gewährleistet ist. Daraus ergeben sich ihre besondere Gefährlichkeit und Schwierigkeiten bei der Vorhersage.

Im Ergebnis der verschiedenen Wirkungsmechanismen gelten für beide Typen unterschiedliche geomechanische Herdvorgänge und im Falle der seismischen Relevanz unterschiedliche seismologische Herdmodelle. Für Ursachenfindung, Prognose und Bekämpfung ist es deshalb notwendig, von den tatsächlichen Herdmodellen auszugehen. Die Analyse der für beide Typen unter Umständen völlig identischen Erscheinungsformen allein gestattet keine ausreichenden Erkenntnisse. Wegen der geomechanischen Wechselwirkung zwischen den Vorgängen im Abbaubereich und im umgebenden Gebirge können diese Prozesse sekundär ineinander übergehen. Dadurch entstehen wesentlich komplizierter aufgebaute geomechanische Herdmechanismen bzw. komplexere seismologische Herdmodelle.

Für die Vorhersage bzw. für die Ableitung von Maßnahmen zur Vermeidung (oder wenigstens Beeinflussung) dieser Vorgänge kommt es deshalb vor allem darauf an, den primären, d.h. den bestimmenden und charakteristischen Mechanismus zu erkennen (*Knoll* et al., 1979a).

Statische Gebirgsschläge

Entsprechend seinem physikalischen Wesen, das — wie bereits dargelegt — im Sprödbruch des Gebirges in der unmittelbaren Umgebung der Grubenbaue und nicht ausreichend bemessener Bergfesten besteht, ergibt sich zwanglos das Grundkonzept für die Bekämpfung statischer Gebirgsschläge. Es besteht im wesentlichen in der Ortung gefährdeter Zonen und der gefahrlosen Beseitigung der Energieansammlungen. Der Hauptweg zur Vermeidung statischer Gebirggsschläge muß in der aktiven Vermeidung von Grenzspannungszuständen durch geeignete Dimensionierung und Abbauführung bestehen, indem die tatsächliche Beanspruchung immer weit genug vom maximalen Lastaufnahmevermögen entfernt gehalten wird. In Abb. 1 würde das einem Belastungszustand entsprechen, der durch einen Punkt im unteren Drittel des Kurvenabschnittes OF liegt. Ist eine solche Bemessung nicht möglich, besteht ein weiteres, sehr häufig angewandtes Bekämpfungsverfahren in der planmäßigen Herabsetzung des Lastaufnahmevermögens des in Frage kommenden Gebirgsvolumens bis unter das Niveau der Beanspruchung. Das wird z.B. erreicht durch Erzeugung neuer Schwächeflächen, durch Erhöhung der Gleitmöglichkeit entlang vorhandener Schwächeflächen oder Verminderung der Gesteinsfestigkeit. Im Prinzip bewirken alle diese Verfahren den Übergang des Beanspruchungszustandes vom Punkt O in Abb. 1 zum Punkt D unter Umgehung der Punkte F, E, C usw., d.h. die „Durchtunnelung" der Verformungskurve des betreffenden Gebirgsvolumens im unteren Abschnitt. Damit wird vermieden, daß sich überhaupt erst zu viel Verformungsenergie im Gestein ansammelt, die dann beim Gebirgsschlag plötzlich freigesetzt werden kann. Die Voraussetzung für die Anwendung dieser aktiven Bekämpfungsmaßnahmen ist jedoch die Kenntnis der Lage der gebirgsschlaggefährdeten Zonen im Gebirge und das Vorhandensein einer Bekämpfungstechnologie, die es gestattet, die oben genannten Maßnahmen anzuwenden, ehe das gefährdete Gebirgsvolumen in den Grenzspannungsbereich gelangt (*Petuchov* et al., 1969).

Sind aktive Maßnahmen nicht anwendbar, muß auf passive Maßnahmen ausgewichen werden. Sie bestehen im wesentlichen darin, das in Frage kommende Gebirge meßtechnisch zu überwachen, um die Annäherung einzelner Zonen an den Grenzspannungszustand zu erkennen. Weit verbreitet sind zu diesem Zweck seismoakustische Meßverfahren, es kommen aber auch technische Verfahren wie Bohrmehltests, Bohrkerntests und andere Verfahren zur Anwendung (*Bräuner*, 1973).

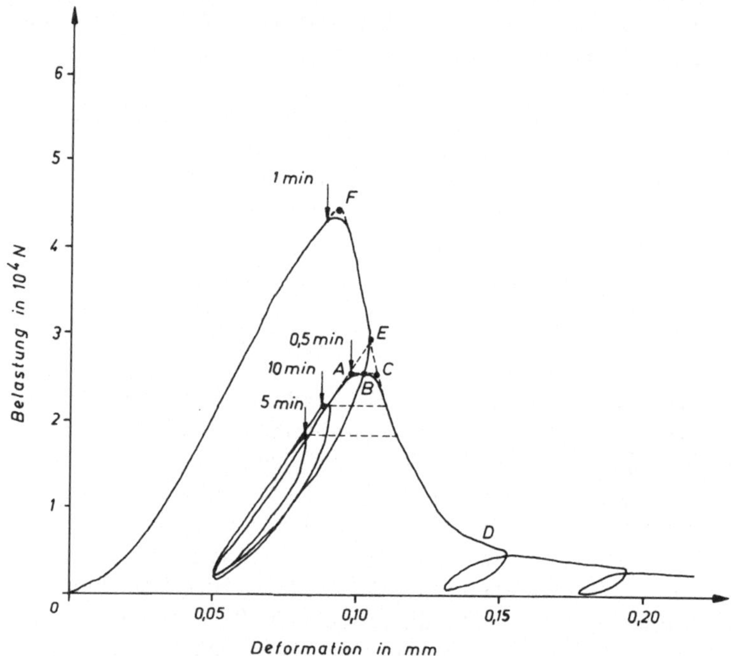

Abb. 1. Vollständige Verformungskurve einer Granitporphyrprobe mit Darstellung des Zeiteinflusses im gestörten Zustand (*Knoll*, 1971)
Complete deformation curve of a granitic porphyry sample, showing the influence of time in the disturbed state (*Knoll*, 1971)

Ist eine Zone mit unzulässig hoher Annäherung an den Grenzspannungszustand geortet, wird entweder der natürliche Spannungsabbau abgewartet, ehe die bergbaulichen Arbeiten fortgesetzt werden, oder es werden Maßnahmen zur zielgerichteten und gelenkten Spannungsauslösung ergriffen. Der Nachteil der passiven Methode besteht jedoch darin, daß eine Gebirgszone immer erst in unmittelbare Nähe des Grenzzustandes geraten muß, ehe die Bekämpfungsmaßnahmen einsetzen können. Bei der Kompliziertheit der natürlichen Bedingungen im Gebirge besteht dadurch immer die Gefahr des verspäteten Erkennens und der überraschenden Gebirgsschläge.

Das Wirkungsprinzip statischer Gebirgsschläge ist schematisch in Abb. 2 am Beispiel eines Einzelhohlraumes dargestellt. Das Auffahren des Hohlraumes bewirkt zusammen mit dem im Gebirge vorhandenen Grundspannungszustand (gekennzeichnet durch σ_v und σ_H) eine Hochspannungszone (2) in der Umgebung des

Hohlraumes. Bei bestimmten geologischen Bedingungen (Gesteinseigenschaften, Klüftung usw.) und geometrischen Verhältnissen (Ecken im Hohlraumprofil, bestimmte Neigungen der Kontur zu den Spannungskomponenten usw.) können Abschnitte dieser Hochspannungszone (4) in die Nähe des Grenzspannungszustandes geraten und damit gebirgsschlaggefährdet werden (3). Im betrachteten Beispiel könnte das Ziel einer aktiven Bekämpfung der Gefahr darin bestehen, in den in der Abb. 2 schraffiert gezeichneten Zonen des Bereiches (2) bereits vor der Auffahrung des Hohlraumes das Lastaufnahmevermögen und damit die Energiespeicherfähigkeit herabzusetzen. Die durch die Hohlraumschaffung erzeugten Zusatzspannungen werden dadurch weiter vom Hohlraum weg in das Gebirgsinnere verlagert, wo das Lastaufnahmevermögen wegen der triaxialen Einspannung des Gesteins wesentlich höher ist.

Als Beispiel der erfolgreichen aktiven Bekämpfung statischer Gebirgsschläge sollen die Maßnahmen genannt werden, die beim Abteufen eines Blindschachtes in großer Teufe unter den Bedingungen akuter Gefahr des Auftretens statischer Gebirgsschläge (*Knoll* et al., 1977) durchgeführt wurden. Die Gefahr ergab sich daraus, daß im gleichen Gebirge bereits bei geringeren Teufen solche Ereignisse aufgetreten waren.

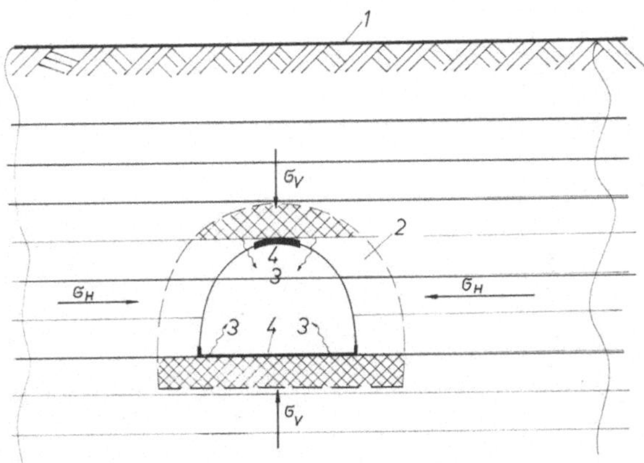

Abb. 2. Prinzipdarstellung eines Gebirgsschlages vom statischen Typ
Schematic representation of a static type of rock burst

Die Aufgabenstellung konnte wegen der akuten Gefährdung nicht durch Messungen im Gebirge während der Abteufarbeiten selbst gelöst werden. Die erforderlichen praktischen Schlußfolgerungen waren im Ergebnis geeigneter Vorausberechnungsverfahren (*Erzanov* et al., 1978) und unter Auswertung praktischer Erfahrungen, die bei der Lösung ähnlicher Probleme gesammelt werden konnten, zu ziehen.

Unter Anwendung der Ergebnisse direkter Spannungsmessungen im Gebirge, der Berücksichtigung der realen Gebirgsstruktur und der geomechanischen Parameter des Gesteins und der Kluftflächen wurde eine Bewertung der Bruchsicherheit der monolithischen Kluftkörper in der Umgebung der Schachtröhre durchgeführt (Abb. 3). Es zeigte sich, daß in Konturnähe Zonen vorhanden sind, in denen die Bruchsicherheit nicht gewährleistet ist.

Diese Kluftkörper sind in Abb. 3 schraffiert gezeichnet. Diese Elemente befinden sich besonders an den Ost- und Weststößen, während an den aufgelockerten Nord- und Südstößen nur einzelne Elemente in unmittelbarer Konturnähe betroffen sind. Dadurch ergab sich die Möglichkeit, die aktiven Bekämpfungsmaßnahmen

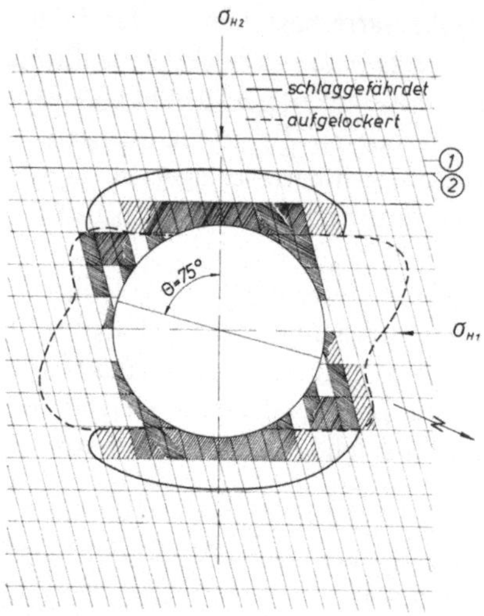

Abb. 3. Einschätzung der Bruchgefahr einer Schachtkontur im geklüfteten Gebirge (*1* und *2*: Kluftscharen)
Estimation of the failure risk incurred by the shaft contour in the fissured rock (*1* and *2*: families of joints)

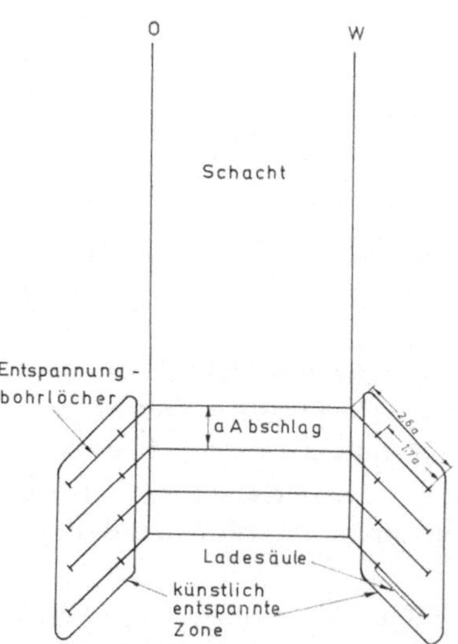

Abb. 4. Schema des Entspannungssprengens, das in den sprödbruchgefährdeten Konturbereichen zur Anwendung kam (vgl. Abb. 3)
Diagram of stress relief blasting which was applied in the contour regions exposed to the risk of brittle failure (compare Fig. 3)

auf die Ost- und Weststöße zu konzentrieren und Sonderauffahrungen wie Füllorte in die ungefährdeten Nord und Südstöße zu verlegen. Das Schema des als Bekämpfungsmaßnahme lokal angewendeten Entspannungssprengens zeigt Abb. 4.

Dynamische Gebirgsschläge

Entsprechend der gegebenen Charakterisierung bedarf der dynamische Gebirgsschlagtyp einer Energiezufuhr aus Herdbereichen, die in größerer Entfernung vom untertägigen bergbaulichen Hohlraum liegen. Die maximal mögliche Entfernung richtet sich nach der Größe der im Herd freigesetzten Energie, den Übertragungseigenschaften des zwischen Herd und Grubenbau anstehenden Gebirges und den Belastungsverhältnissen im Bereich der Grubenbaue bzw. Bergfesten. Weiterhin setzt der dynamische Gebirgsschlagtyp eine Stabilitätssituation im Abbaugebiet voraus, die zwar statisch standsicher ist, die aber in bestimmten Einflußbereichen der Grubenbaue und Abbauräume Spannungskonzentrationen und damit Verformungsenergiespeicher enthält. Diese Forderung ist im Bergbau grundsätzlich immer erfüllt, wenn Gestein und Gebirge Sprödbruchneigung aufweisen. Durch das beim Abbau von Lagerstätten unvermeidliche Auffahren von Hohlräumen und Hohlraumsystemen kommt es immer zu Spannungsumlagerungen und zum Entstehen von Bereichen mit Spannungskonzentrationen. Allerdings sind die einzelnen Abbauverfahren hinsichtlich der Bildung von „Energiespeichern" unterschiedlich zu bewerten. Alle Verfahren mit planmäßig stehenbleibenden Pfeilern oder mit Restpfeilern bzw. anderen stehenbleibenden Bergfesten beruhen auf der Existenz von „Energiespeichern" in den Stützelementen. Die Maßnahmen zur Beherrschung der Standsicherheit der Stützelemente konzentrieren sich darauf, deren Lastaufnahmevermögen durch geeignete Dimensionierung so zu bemessen, daß sie der aus dem Abbau resultierenden (quasistatischen) Belastung praktisch unendlich lange standhalten können. Erfüllt das Gestein bzw. das Gebirge nicht die Sprödbruchvoraussetzungen (vgl. Tab. 1), kann mit zeitlich begrenzter Standsicherheit der Stützelemente, d.h. mit allmählichem Energieabbau, gearbeitet werden.

Bei Bruchbauverfahren (z.B. Strebbruchbau) werden dagegen im abgebauten Teil planmäßig derartige Energiespeicher vermieden. Der Bereich potentieller statischer und dynamischer Gebirgsschläge konzentriert sich auf den Strebfrontbereich.

Durch die wesentlich stärkeren Spannungsumlagerungen bei diesen Abbauverfahren sind jedoch die Spannungskonzentrationen im Abbaufrontbereich sehr hoch und die Möglichkeiten von Sprödbrüchen im Flöz durch Energiezufuhr aus dem ferneren Deckgebirge bzw. dem tieferen Liegenden bei entsprechenden Gebirgseigenschaften gegeben.

Damit erhöht sich die Neigung zu dynamischen Gebirgsschlägen in der Nähe der Strebfront. Bei bestimmten geologisch-tektonischen Verhältnissen sind auch in der unmittelbaren Umgebung von Einzelhohlräumen dynamische Gebirgsschläge denkbar (*Leladse* et al., 1977). Als Maßnahme, die bergbaubedingten Spannungsumlagerungen zu begrenzen und sie nicht zu auslösenden Faktoren für dynamische Gebirgsschläge werden zu lassen, schlägt *Salomon* et al., 1979, Streifenpfeiler vor. Dabei müssen jedoch diese Streifenpfeiler sorgfältig dimensioniert werden, um sie nicht zu Herden statischer Gebirgsschläge werden zu lassen.

Das Wirkungsprinzip dynamischer Gebirgsschläge ist in Abb. 5 grob-schematisch dargestellt. Der Vorgang (3), d.h. die Einwirkung der Energie auf die untertägige Struktur, beruht grundsätzlich auf zwei Mechanismen:

- zusätzliche, plötzliche Belastung durch Ankommen einer Stoßwellenfront am „Energiespeicher" in der Umgebung der untertätigen Struktur und

- plötzliche und kurzfristige relative Entlastung durch die dem Belastungsstoß folgende und aus der Schwingung des Gebirgsmassivs resultierende „Rückschwingphase".

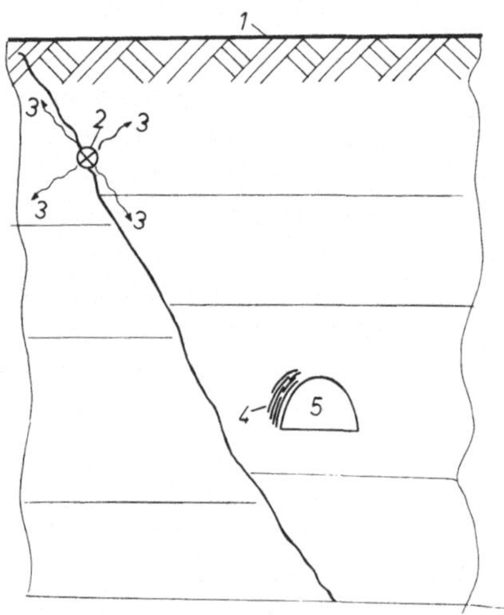

Abb. 5. Prinzipdarstellung eines Gebirgsschlages vom dynamischen Typ (*1*: Erdoberfläche; *2*: Herd als primäre Energiequelle; *3*: abgestrahlte seismische Energie; *4*: Ort des sekundären plötzlichen Bruches mit Gebirgsschlagcharakter; *5*: Grubenbau); *Knoll*, 1979 b
Schematic representation of a dynamic type of rock burst (*1*: surface of the earth; *2*: focus as primary source of energy; *3*: emitted seismic energy; *4*: place of the secondary sudden failure of rock burst nature; *5*: mining excavation); *Knoll*, 1979 b

Der erste Vorgang führt zum plötzlichen Bruch, wenn der kurzzeitige Belastungszuwachs die die statische Stabilität ausmachende Differenz zwischen dem Lastaufnahmevermögen des betreffenden Gebirgsbereichs und der wirkenden statischen Belastung ausgleicht oder überschreitet. Zu beachten ist, daß bei hoher Belastungsgeschwindigkeit das kurzzeitige Lastaufnahmevermögen des Gebirges ansteigen kann. Über experimentelle Beobachtungen dieser Art ist wiederholt berichtet worden (*Maslov* et al., 1976).

Der zweite Vorgang ist dann von geringer Bedeutung, wenn die statische Belastung der Bergfesten in der Größenordnung der (einachsigen) Gebirgsfestigkeit liegt, d.h. wenn das Lastaufnahmevermögen der Bergfeste im wesentlichen durch die Festigkeit des Materials selbst gegeben ist.

Übersteigt jedoch die Belastung der Bergfeste die einachsige Materialfestigkeit wesentlich, dann muß das Lastaufnahmevermögen der Bergfeste durch Erzeugen eines triaxialen Spannungszustandes im größten Teil des tragenden Gebirgsvolumens erzeugt werden. Das wird erreicht, indem durch geeignete Formgebung der Berg-

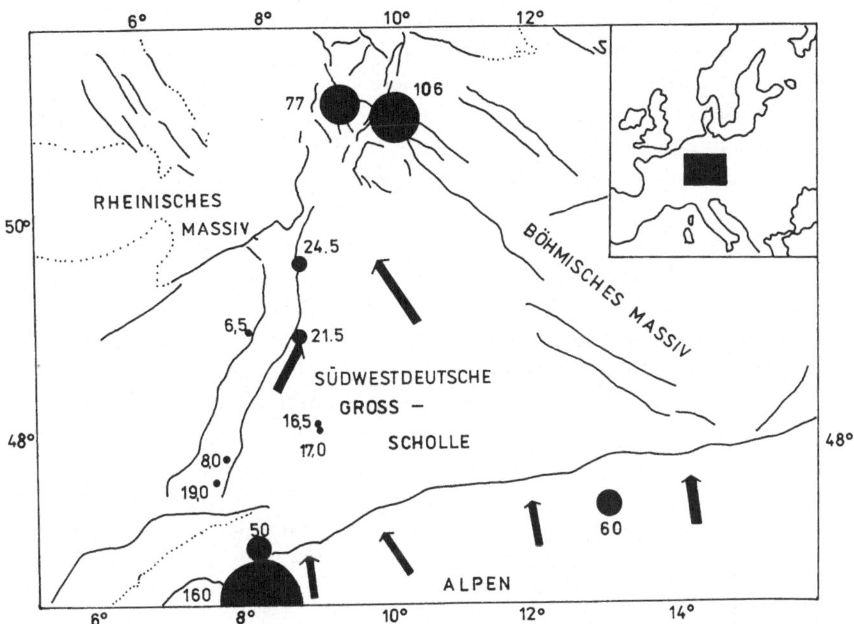

Abb. 6. Lage des betroffenen Gebietes und gemessene Spannungsüberhöhungen (eigene Messungen und Werte nach *Greiner* et al., 1977). Die Radien der Kreisflächen sind den Beträgen der Spannungsüberhöhungen proportional. Für das Ereignisgebiet gilt der Wert 106 kp/cm^2 ($\doteq$ 10,6 MPa)

Position of the affected area and measured excessive increase of stress (measurements of our own and values according to *Greiner* et al., 1977). The radiuses of the circular surfaces are proportional to the increments of excessive stress increases. To the area of event, the value of 106 kp/cm^2 ($\doteq$ 10.6 MPa) applies

feste (Dimensionierung) eine Einspannung zwischen den hangenden und liegenden Gebirgspartien herbeigeführt wird (z.B. Pfeiler mit niedrigen Schlankheitsgraden). Kurzzeitige Entlastungen können durch Trägheitswirkungen die notwendige Kraftübertragung an den Einspannstellen unterbrechen und damit das Lastaufnahmevermögen der Bergfeste momentan bis in die Größenordnung der einachsigen Materialfestigkeit herabsetzen, ohne daß die gespeicherte Energie vorher vollständig an das umgebende Gebirge abgegeben werden kann. In diesem Falle entsteht momentan eine Diskrepanz zwischen gespeicherter Energie und dem herabgesetzten Lastaufnahmevermögen, die den gebirgsschlagartigen Sprödbruch des Gesteins zur Folge hat. Die gespeicherte Energie wird vorwiegend als seismische Energie abgestrahlt und das Lastaufnahmevermögen des betroffenen Gesteins durch spröde

Trennbrüche bleibend bis in die Größenordnung der einachsigen Festigkeit vermindert (*Knoll*, 1979).

Ein typisches Beispiel für einen dynamischen Gebirgsschlag im definierten Sinne stellen die untertägigen Zerstörungen in einer Kaligrube der DDR dar, die im Zusammenhang mit dem seismischen Ereignis vom 23. 6. 1975 im Südwesten der DDR entstanden sind (*Knoll* et al., 1979b).

Am 23. Juni 1975 fand um 13:17:33,6 UT im Kreis zu Bad Salzungen im Südwesten der DDR, wo sich auch das „Werra"-Kalirevier befindet, ein seismisches Ereignis statt (Abb. 6). Bei diesem seismischen Ereignis entstanden neben Zerstörungen an der Erdoberfläche auch in einem ca. 3,35 km² großen Teil eines untertägigen Abbaufeldes in einem Kaliwerk Zerstörungen, die an allen Seiten des betroffenen Feldesteiles an den geologischen Störungen des Deckgebirges ohne Übergang einsetzten.

Im Werra-Kalirevier der DDR werden in größerem Umfang carnalititische Kalisalze im room-and-pillar-System abgebaut. Die Dimensionierung der Pfeiler und die Abbauführung sind seit vielen Jahren streng abgestimmt auf die geomechanischen Wechselwirkungsvorgänge im Abbau selbst und zwischen Abbauhorizont und Deckgebirge unter Berücksichtigung der geomechanischen Wirkungen der darin enthaltenen geologischen Störungszonen und unterliegen einer strengen

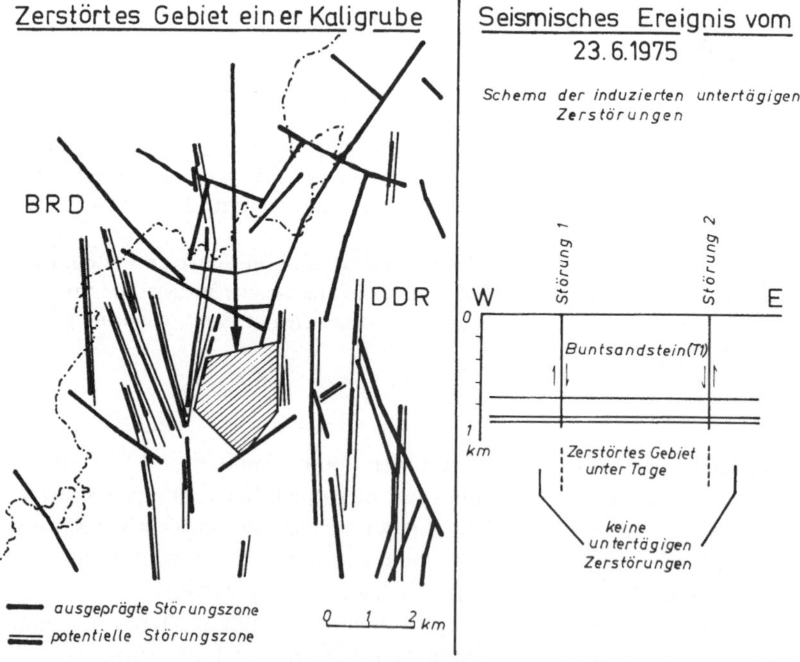

Abb. 7. Schematische Darstellungen der lokalen tektonischen Situation sowie der induzierten untertägigen Zerstörungen (*Hurtig* et al., 1979)
Schematic diagrams of the local tectonic situation as well as of the induced underground destructions (*Hurtig* et al., 1979)

Kontrolle (*Menzel* et al., 1979; *Knoll* et al., 1979). Dadurch ist die Dauerstandsicherheit der Pfeiler und Kammern gegenüber statischer Belastung gewährleistet.

Damit wurde von vornherein die Gewähr gegeben, daß abbaubedingte Spannungsumlagerungen im Gegensatz zu dem von *Salamon* et al., 1979 beschriebenen Fall nicht zum auslösenden Faktor seismischer Ereignisse im Deckgebirge werden konnten.

Auf der Basis der seismologischen Registrierungen des Ereignisses vom 23. 6. 1975 und des daraus abgeleiteten komplexen Herdmodelles sowie unter Berücksichtigung der geomechanischen Verhältnisse im Gebirge konnte das Ereignis eindeutig als Gebirgsschlag vom dynamischen Typ erkannt und bergbauliche Ursachen für seine Entstehung ausgeschlossen werden.

Beim untersuchten Ereignis ist ein Versagen entlang geologischer Störungen im Deckgebirge der Lagerstätte, die den Charakter potentieller Schwächeflächen hatten (*Knoll* et al., 1979), eingetreten (Abb. 7). Bei diesem Vorgang wurde hauptsächlich die durch den eingeprägten tektonischen Spannungszustand sowie durch bergbaubedingte Zusatzspannungen gespeicherte Energie plötzlich freigesetzt. Die daraus resultierende dynamische Beanspruchung der carnallititischen Abbaupfeiler hat ihr Lastaufnahmevermögen plötzlich und stark herabgesetzt und ihre nachfolgende Zerstörung bewirkt. Über den geomechanischen Mechanismus der Zerstörung von Abbaupfeilern durch dynamische Beanspruchung wurde von *Knoll* (1979) berichtet.

Die Pfeilerzerstörung erfolgte, wie erwähnt, trotz der standsicheren Dimensionierung gegenüber statischer Belastung und der geomechanisch und bergbaulich richtigen Abbauführung.

Schlußfolgerungen

Die Erkenntnisse über die grundsätzliche Verschiedenartigkeit des geomechanischen Mechanismus statischer und dynamischer Gebirgsschläge gestatten wichtige Schlußfolgerungen:

- für das Verständnis der Wechselbeziehungen zwischen den Vorgängen, die unter dem bergbaulichen Begriff „Gebirgsschläge" und dem seismologischen Begriff „seismische Ereignisse in Bergbaugebieten" zusammengefaßt werden.

- für die Erklärung des Zustandekommens von Gebirgsschlägen in Gebirgsbereichen mit hoher Standsicherheit (z.B. in Einzelgrubenbauen im nahezu unverritzten Gebirge und bei standsicher dimensionierten Pfeilern) sowie

- für Prognose- und Bekämpfungsmaßnahmen, die dadurch erfolgreich sind, daß sie nicht auf die Erscheinungsformen, sondern auf die wirklich bestimmenden Ursachen der plötzlichen Brüche im Bergbau ausgerichtet sind.

Seismische Ereignisse in Bergbaugebieten sind durchaus nicht in jedem Falle ihres Auftretens Folgen des spröden Bruches überbelasteter Konturbereiche von Grubenbauen oder untertägigen Bergfesten. Die größten und energiereichsten seismischen Ereignisse haben sich vielmehr als plötzliches Versagen entlang geologischer Störungszonen im ferneren, das Bergbaugebiet umgebenden Gebirge herausgestellt. Sie sind dann nicht Folgen, sondern Ursachen gebirgsschlagartiger Brucherscheinun-

gen in der unmittelbaren Umgebung der Grubenbaue. Zur Feststellung des tatsächlichen Charakters der seismischen Ereignisse ist die räumliche Ortung ihrer
Herde, d.h. ihrer Hypozentren, nicht nur ihrer Epizentren und die Analyse der
Bilanzen der bei den Ereignissen umgesetzten Energien erforderlich. Oft ist die seismisch abgestrahlte Energie erheblich größer als die beim untertägigen Bruch der
Grubenbaue und Bergfesten und der möglichen Absenkung des Deckgebirges freiwerdende Energie. Diese Verhältnisse sind charakteristisch für dynamische Gebirgsschläge.

Aus dem geomechanischen Mechanismus dynamischer Gebirgsschläge folgt,
daß entscheidend für das Ausmaß der unter Tage angetroffenen Zerstörungen nicht
die Bruchsicherheit der betroffenen Bereiche gegen statische Belastung ist. Entscheidend sind vielmehr die Lage dieser Bereiche bezüglich der Herde der primären
seismischen Ereignisse, die Lage zu den aktivierten geologischen Störungen, die
Spannungsverhältnisse im Gebirge, die Art der Energiespeicherung im betroffenen
Gebirge und die Festigkeitsverhältnisse zwischen Lagerstätten- und Nebengestein.
Alle genannten Faktoren bestimmen die Widerstandsfähigkeit gegenüber
dynamischer Beanspruchung, die von den Widerstandsfähigkeit gegenüber statischer
Beanspruchung sehr verschieden sein kann. Zerstörungen sind sowohl möglich
durch plötzliche Belastungsstöße (*Descour*, 1979) als auch durch plötzliche kurzzeitige Entlastung tragender Pfeiler aus geringfestem, spröden Gestein (*Knoll*, 1979).
Über erforderliche Frequenzen, Amplituden und Herdentfernungen liegen für
einige lokale Bedingungen bereits konkrete Erkenntnisse vor. Nach den von *Knoll*,
1979, angegebenen Untersuchungen sind z.B. seismische Ereignisse in unmittelbarer Nähe von Kammerabbaufeldern im Carnallititbergbau in Teufen um 900 m
mit Magnituden oberhalb M = 3 und Perioden im Bereich von Zehntelsekunden in
der Lage, das Lastaufnahmevermögen statisch standsicher bemessener Abbaupfeiler
in ausgedehnten Abbaufeldern momentan so weit herabzusetzen, daß deren Zerstörung durch die statische Belastung nach dem dynamischen Impuls möglich wird.
Da die einachsige Druckfestigkeit des Carnallitits ($\approx$ 10 MPa) erheblich geringer ist
als die aus dem Gebirgsdruck und dem Abbauverhältnis resultierende Belastung der
Abbaupfeiler (20 . . . 40 MPa), muß die Tragfähigkeit der Pfeiler durch das Vorhandensein eines stabilen triaxialen Spannungsfeldes in ihrem Inneren, d.h. durch
die Einspannung des Pfeilergesteins zwischen Firste und Sohle der Abbauräume,
realisiert werden. Dynamische Beanspruchungen der beschriebenen Art können
aber gerade diese Einspannung kurzzeitig unterbrechen und so das Lastaufnahmevermögen der Pfeiler plötzlich wesentlich herabsetzen. Zur Verallgemeinerung der
Zerstörungsmechanismen bei dynamischer Beanspruchung sind jedoch noch weitere
Untersuchungen notwendig.

Für den Einsatz wirksamer Prognose- und Überwachungsverfahren für die planmäßige Durchführung der bergbaulichen Arbeiten und für die effektive Anwendung
der dazugehörigen Meßkomplexe zur Beurteilung der Gefahr plötzlicher Brüche
im Untertagebergbau ist die Kenntnis des geomechanischen Mechanismus der
beiden Gebirgsschlagtypen eine wichtige Voraussetzung.

Die geophysikalischen und geomechanischen Prognoseverfahren, die die Nähe
des geomechanischen Grenzzustandes in der Umgebung der Grubenbaue signalisieren sollen, haben sich z.B. bei statischen Gebirgsschlagtypen bisher sehr gut bewährt. Zur Prognose und Bekämpfung dynamischer Gebirgsschlagtypen sind diese

Verfahren dagegen nicht geeignet, da der eigentliche primäre Herd dieser Gebirgsschläge außerhalb jeder Gebirgsbereiche liegt, in denen die genannten Verfahren eingesetzt werden.

Die Maßnahmen zur Vorhersage und Beherrschung der Gebirgsschläge des dynamischen Typs müssen entsprechend dem komplexen geomechanischen und seismischen Wirkungsmechanismus hauptsächlich auf zwei Wegen erfolgen:

— Untersuchung der geomechanischen Verhältnisse im Gebirge in der Umgebung der bergbaulichen Abbauräume, insbesondere im Deckgebirge, durch Analyse der natürlichen Gebirgsspannungen,

　Erforschung des geologischen Baus und der tektonischen Verhältnisse im Gebirge

　quantitative Analyse der geomechanischen Festigkeitsverhältnisse entlang der geologischen Störungszonen unter Berücksichtigung der abbaubedingten Zusatzbeanspruchungen;

— Ermittlung aller möglichen Quellen natürlicher oder induzierter Seismizität im Gebirge auf der Basis der oben genannten Untersuchungen sowie nach Möglichkeit deren Beseitigung.

Für die Prognose dynamischer Gebirgsschläge in einem Gebiet sind deshalb komplexe und interdisziplinäre Forschungen über die geologischen, hydrologischen und geomechanischen Bedingungen im Gebirge und über deren Wechselwirkung erforderlich.

Aktive Bekämpfungsmaßnahmen müssen sich auf potentielle Herdgebiete natürlicher oder induzierter seismischer Ereignisse im Gebirge in Bergbaugebieten richten. Das Ziel muß im Erkennen und im Bekämpfen der Entstehungsbedingungen von geomechanischen Grenzzuständen entlang potentieller geologischer Störungszonen bestehen. Insbesondere sind alle technischen Maßnahmen zu unterlassen, die die Verschiebung der natürlichen Spannungszustände im Gebirge in Richtung auf den Grenzzustand bewirken können.

Literatur

Blake, W.: Rock Burst Mechanics, Quarterly Color. School of Mines, *67* (1972).
Bräuner, G.: Bekämpfung der Gebirgsschlaggefahr. Entwicklung von Betriebsverfahren 1963—1971. Glückauf-Betriebsbücher, *16*. Essen: Glückauf, 1973.
Descour, J.: Aktyvnosć sejsmiczna i osidanie powierzchnie a mechanizm tapan (Seismische Aktivität sowie Bodensenkung und Mechanismus der Gebirgsschläge), Cuprum, *2*, 3—8 (1979).
Erzanov, Z. S., Knoll, P., Sinjaev, A. I., Hüls, W., Tusupov, M. T., Wüste, U., Aldamżarov, K. B., Georgi, F.: Osnovy rasceta procnosti podzemnych sooruženij v tresćinovatych skalnych porodach. Alma-Ata, „Nauka" Kaz. SSR, 1978 und Freiberger Forschungsheft A596, 1978.
Greiner, G., Illies, H.: Central Europe: Active or Residual Tectonic Stresses. Pageoph, *115*, 11—26 (1977).

Hurtig, E., Grosser, H., Poppitz, R., Knoll, P.: Zu einigen Fragen von seismologischem und geomechanischem Herdmechanismus bei seismischen Ereignissen in Bergbaugebieten (engl.). Int. Symp. on Lab. Fracture Mech. Rel. to Earthquake Source Physics; Bad Honnef/BRD, 1978.

Hurtig, E., Bormann, P., Knoll, P., Tauber, F.: Seismological and Geomechanical Studies of a Strong Seismic Event in the Potash Mines of the GDR: Implications for Predicting Mining Tremors. Int. Symp. on Earthquake Prediction, UNESCO, Paris, 1979.

Knoll, P.: Beitrag zur Formulierung eines allgemeinen Verformungsmechanismus der Gesteine und des Gebirges. Neue Bergbautechnik, *1*, 8, 590–595 (1971).

Knoll, P.: Zum Bruchmechanismus von Bergfesten bei dynamischer Beanspruchung. Rock Mechanics, Suppl. *VI*, 209–226 (1979).

Knoll, P., Wüste, U.: Beherrschung der Gefahr von Gebirgsschlägen im Konturbereich eines Schachtes. Int. Symp. on Rock Bursts in Coal and Ore Mines Katowice, Reports, 103–121, 1977.

Knoll, P., Schwandt, A.,Thoma, K.: Die Bedeutung geologisch-tektonischer Elemente im Gebirge für den Bergbau, dargestellt am Beispiel des Werra-Kalireviers der DDR. V. Int. Salz-Symposium 1978, Hamburg/BRD, Vortrag 1–16 (im Druck).

Knoll, P., Thoma, K., Voigt, J.: Möglichkeiten der Überwachung und Prognose plötzlicher Brüche in Bergbaugebieten (russ.). Vortrag zum VII. Naučno Koordinacionogo soveščanija, Katowice 1979.

Knoll, P.: Geomechanische Aspekte eines seismischen Ereignisses in der DDR und seine Auswirkungen auf die Standsicherheit von Abbaupfeilern im Kalibergbau. Proc. 4th. Int. Congr. Rock Mech., 1979, Montreux, Suisse, *3* (im Druck).

Leladse, S. V., Gelašvili, G. M., Smirnov, V. A., Gordesiani, Z. A.: Borba s gornymi udarami v seismičeskich ugrožaemych rajonach (Kampf gegen Gebirgsschläge in seismisch gefährdeten Gebieten). Trudy VNIMI, *103*, Leningrad, 94–102 (1977).

Maslov, N. N., Platonov, A. V.: Vlijanie sejsmičeskich vozdestvii na soprotivjaemost zdvigu v skal'nych massivach (Einfluß seismischer Wirkungen auf die Widerstandsfähigkeit gegenüber Scherung in Felsmassiven). Gidrotechn. stroitelstvo (1976).

Menzel, W., Schreiner, W., Sievers, J.: Geomechanische Forschung – Grundlage für die Gestaltung des Abbaus im Kaliflöz Thüringen. V. Int. Salz-Symposium 1978, Hamburg/BRD, Vortrag 2–11.

Petuchov, J. M, Litvin, V. A., Kučerskij, I. V., Litvinov, S. V., Vlasov, V. N., Vinokur, B. Z., Kusnezov, V. P.: Gornye udari i borba s nimi. Permskoje Knižnoe izdatel'stvo. 1969.

Salamon, M. D. G., Wagner, H.: Role of Stabilizing Pillars in the Alleviation of Rock Burst Hazard in Deep Mines. Proc. 4th Int. Congr. Rock Mech., 1979, Montreux/Suisse 1979, 561–566 (1979).

Smith, R. B., Winkler, P. L., Anderson, I. G., Scholz, Ch. H.: Source Mechanismus of Microearthquakes Associated with Underground Mines in Eastern Utah. Bull. Seismol. Soc. Amer., *61*, 4, 1295–1317 (1974).

Vavro, M., Petroš, V.: Entstehungsbedingungen und Analyse des Flözschlagmechanismus (tschech.). Uhli, *XXIV*, 9, 363–367 (1976).

Anschrift der Verfasser: Dr.-Ing. *P. Knoll*, Institut für Bergbausicherheit, Friederikenstraße 60, DDR-7031 Leipzig, Deutsche Demokratische Republik.

Rock Mechanics, Suppl. 10, 103–112 (1980)

Rock Mechanics
Felsmechanik
Mécanique des Roches
© by Springer-Verlag 1980

Normierungen in Bauverträgen für den maschinellen Tunnelvortrieb

Von

K. Rienössl

Zusammenfassung — Summary

Normierungen in Bauverträgen für den maschinellen Tunnelvortrieb. Der sprenglose Fels-ausbruch wurde in den letzten Jahren immer häufiger angewendet. Für die Realisierung dieser Arbeiten gibt es jedoch noch keine allgemein gültigen Regeln oder Normen, sei es für die vertragliche Abwicklung oder auch für notwendige Voruntersuchungen zur richtigen Auswahl der Ausbruchsmaschinen. In diesem Artikel sollen einige Gedanken und Anregungen zur Vereinheitlichung und Standardisierung für das Teilgebiet des mechanischen Tunnelvortriebes mit Vollschnittmaschinen dargelegt werden. Der Zweck dieser Bestrebungen ist ausschließlich, einen wirtschaftlicheren Einsatz dieser vom felsmechanischen Standpunkt so vorteilhaften Arbeitsweise zu fordern.

Die Querschnitte der Stollen sollten in Abstimmung zwischen Auftraggeber und Auftragnehmer so vereinheitlicht werden, daß die Typenanzahl der Vortriebsmaschinen in erträglichen Grenzen gehalten werden kann. Hand in Hand mit dieser Typenvereinheitlichung könnte versucht werden, auch den terminlichen Ablauf so weit vorauszuplanen, daß eine gleichmäßige Auslastung in Aussicht genommen werden kann.

Für die Charakterisierung des zu durchörternden Materials gilt es, einige Parameter auszuwählen. Die Bestimmung dieser Kennwerte wie Druckfestigkeit, Spaltzugfestigkeit, Verformungsmodul, Abrasivität usw. muß — wie dies für die Materialuntersuchungen im Beton- und Erdbau üblich ist — nach einheitlichen Richtlinien durchgeführt werden. Nur dann können vergleichbare Aussagen erwartet werden.

Die Vereinheitlichung von Vertragsbestimmungen ist zwar keine entscheidende Voraussetzung für einen wirtschaftlichen Einsatz von Vortriebsmaschinen, hilft aber, auf längere Sicht gesehen, sowohl dem Bauherrn als auch der ausführenden Firma. Eine Zuordnung der Gebirgsklassen zu einzelnen Gesteinstypen, unter Beachtung ihres Einflusses auf die Einsatzzeit der Vortriebsmaschine, erscheint nach heutigem Erfahrungsstand die zweckmäßigste Art der Leistungsbeschreibung.

Standardization in Construction Contracts for Tunnel Driving with Tunnel Boring Machines. Rock excavation without blasting has been executed more and more frequently during the last years. For the realization of these works, however, generally valid rules and standards are not yet available, whether for the contractual procedure or also for the preliminary investigations necessary for the correct choice of the tunnel excavation machines. This paper is to present some ideas and suggestions for a standardization. It is the only purpose of these efforts to promote a more economic application of these working procedures which are so advantageous from rock mechanical point of view.

0080-3375/80/Suppl. 10/0103/$ 02.00

The cross sections of the galleries should — in coordination between owner and contractor — be standardized in such a way that the number of types of tunnelling machines can be kept within reasonable limits. Simultaneously with this standardization of types it could be tried to also schedule the chronological process so far in advance that a uniform work-out can be contemplated.

For characterizing the material to be driven through, it is necessary to select some parameters. The determination of these characteristic values, as e.g. compressive strength, tensile splitting strength, deformation modulus, abrasivity a. s. o., has to be done according to uniform principles, as usual for material tests in concrete and soil engineering.

The standardization of contractual terms is certainly not a decisive pre-condition for an economic use of tunnelling machines, but in the long run it is of advantage as well for the owner as also for the contractor. In consideration of the present state of experience, a co-ordination of rock classes to special rock types, regarding their influence on the period of use of the tunnelling machine, seems to be the most expedient way of specification.

Normierungen und Reglementierungen erwecken in den Menschen verschiedene Empfindungen. Bei Individualisten oder Improvisationsgenies entsteht eher Unbehagen, bei gegensinnig veranlagten Menschen Zufriedenheit. Aber unabhängig von diesen persönlichen Regungen ist man sich in der Bauindustrie wohl darüber einig, daß für die Abwicklung von Bauverträgen ein bestimmtes Maß an Normierung notwendig und sowohl arbeits- als auch ärgersparend ist.

Es werden daher für eine große Auswahl von Arbeiten oder Leistungen, die aufgrund der vorhandenen Erfahrungen exakt genug beschreibbar sind, entsprechende Normen oder Richtlinien festgelegt und der Einfachheit halber beim Abschluß von Bauverträgen immer wieder verwendet. Für die Abfassung derartiger Vertragsbestandteile ist aber sicherlich ein reicher Erfahrungsschatz jener, die am Zustandekommen dieses Textes beteiligt sind, erforderlich.

Dies ist nun der Punkt, über den wir uns Klarheit verschaffen müssen, wenn wir daran denken, Normierungen in Bauverträgen für den mechanischen Tunnel- bzw. Stollenvortrieb festzulegen. Dieser Baumethode, die erst seit ein bis zwei Jahrzehnten im Stollen- oder Tunnelbau einen nennenswerten Anteil erreicht hat, sollen nun durch Vereinheitlichungen und Vereinfachungen in den Bauverträgen bessere Chancen in bezug auf einen wirtschaftlichen Einsatz ermöglicht werden.

In Österreich hat das Zeitalter des mechanischen Stollenvortriebs mit Vollschnittmaschinen vor etwas mehr als 1 Jahrzehnt begonnen. Der Anfang und der vorläufige Endpunkt in einer Reihe von 27 Stollenbauvorhaben stellen zufälligerweise auch bezüglich der geometrischen Daten Eckpunkte dar. Am Beginn stand mit einer Länge von 260 m ein Abschnitt des Floitenbachbeileitungsstollens der Tauernkraftwerke AG mit einem Durchmesser von 2,14 m. Derzeit wird über die Vergabe eines mehr als 20 km langen Stollens mit einem Durchmesser von 6 m im Zuge der Errichtung des Walgaukraftwerkes der Vorarlberger Illwerke AG verhandelt. Dazwischen liegen, nicht nur was die zeitliche Inangriffnahme betrifft, sondern auch hinsichtlich der geometrischen Abmessungen, 25 Tunnel- und Stollenbauten. Die Beauftragungen für diese Bauleistungen erfolgten nach den verschiedensten vertraglichen Richtlinien, und auch die Gesteins- bzw. Gebirgskennwerte, die den Maschinenlieferanten und Auftragnehmern vor Auftragserteilung zur Verfügung gestellt werden konnten, wurden nach den unterschiedlichsten Methoden ermittelt. So ist es nicht verwunderlich, daß die Übertragung von Erfahrungswerten von

Mit Vollschnittmaschinen hergestellte Stollen bzw. Tunnel in Österreich

		Bau- beginn	Länge km	Durch- messer m	Anmerkung
1 Floitenbachbeileitung	TKW-AG	1967	0,26	2,14	fertiggestellt
2 Druckschacht Böckstein	Safe	1978	0,93	2,15	fertiggestellt
3 Überleitungsstollen Hütt- winkl	Safe	1978	6,20	2,30	in Arbeit
4 Hirzbachüberleitung	TKW-AG	1971	4,89	2,40	fertiggestellt
5 Stollen Wattenbach- kraftwerk	Bunzl u. Biach	1969	1,00	2,56	fertiggestellt
6 Abwasserstollen Feldkirch	Abw. Verb. Reg. Feldkirch	1976	0,70	2,56	fertiggestellt
7 Druckstollen Böckstein	Safe	1978	4,20	2,70	in Arbeit
8 Horlachbeileitung Sellrain-Silz	Tiwag	1978	5,50	2,70	in Arbeit
9 Österreicherstollen	Mag. St. Wien	1970	0,65	2,90	fertiggestellt
10 Wetterstrecke 7. Sohle	Kupferbergbau Mitterbg. hütt.	1969	1,01	3,02	fertiggestellt
11 Turrachbeileitung	Steweag	1979	8,90	3,05	Vergabe
12 Beileitung Nord Zillergründl	TKW-AG	1981	6,60	3,05	Vergabe
13 Beileitung Süd Zillergründl	TKW-AG	1983	6,90	3,05	Vergabe
14 Druckschacht Unterstufe Sellrain-Silz	Tiwag	1977	2,00	3,20	fertiggestellt
15 Rotlechstollen	EW-Reutte	1975	4,67	3,46	fertiggestellt
16 Richtstollen Pfänder	Rep. Österreich	1974	6,74	3,55	fertiggestellt
17 Beileitung Donnersbach	Steweag	1977	4,89 + 7,13	3,55	in Arbeit
18 Triebwasserstollen KW Bodendorf	Steweag	1979	9,20	3,55	in Arbeit
19 Geißsteinstollen, Gletscherbahn Kaprun	Gletscherbahn Kaprun	1972	3,26	3,60	fertiggestellt
20 Vomperbachstollen	Stw. Schwaz	1975	2,30	3,80	fertiggestellt
21 Rotenbergstollen	VKW	1975	5,42	3,90	fertiggestellt
22 Druckstollen Unterstufe Sellrain-Silz	Tiwag	1977	4,47	3,90	fertiggestellt
23 Sondierstollen Bürs	VIW	1978	1,55	3,90	in Arbeit
24 Druckschacht Häusling	TKW-AG	1979	1,30	3,90	in Arbeit
25 Beileitung Sölk	Steweag	1976	3,29	3,98	fertiggestellt
26 Druckschacht u. Stollen Oberstufe Sellrain-Silz	Tiwag	1977	1,20	4,80	fertiggestellt
27 Druckstollen Walgau	VIW		ca. 20	6,00	Vergabe

einem Bauvorhaben auf das andere äußerst schwierig war und ist, wobei auch nicht übersehen werden darf, daß am Beginn einer neuen Baumethode auf der Auftragnehmerseite sicherlich das Bestreben vorhanden ist, im Sinne einer besseren Wettbewerbsfähigkeit das eigene Know-how nicht der Allgemeinheit zugänglich zu machen.

Die Erfahrungen aus den Bauvorhaben in den vergangenen 12 Jahren sind daher auf einen noch verhältnismäßig kleinen Kreis konzentriert.

Es erscheint dem Verfasser daher notwendig, daß die Erkenntnisse gesammelt und miteinander abgestimmt werden, um zu richtigen Schlußfolgerungen zu gelangen. Dies ist einer der Gründe für den Versuch, schon kurz nach Beginn des Fräszeitalters Richtlinien zu schaffen, wo es die Verhältnisse gestatten, einen sprenglosen Felsausbruch zu optimalen wirtschaftlichen Bedingungen für die Auftraggeber und Auftragnehmer zu ermöglichen.

Die Entscheidung, ob bei einem Bauvorhaben konventioneller oder sprengloser Stollenvortrieb angewendet werden soll, ist nicht Thema dieses Berichtes. Von den Fragen des sprenglosen Ausbruches sollen hier nur jene Punkte behandelt werden, die die Herstellung von Stollen oder Tunnel im Vollprofil, d.h. mit Vollschnittmaschinen, betreffen. Noch eine weitere Einschränkung soll angebracht werden, und zwar sind alle nachstehend angeführten Betrachtungen vor allem für jene Durchmesser gültig, die im Kraftwerksbau häufig vorkommen. Es handelt sich dabei um Querschnitte, die von dem ausführbaren Minimalprofil bis etwa zu Durchmessern von 6 m reichen. Bei größeren Durchmessern zeigen die Erfahrungen der letzten Jahre ganz eindeutig, daß es sich um Spezialfälle handelt, wenn etwa Verkehrstunnel in sprenglosem Vortrieb hergestellt werden. Die Regel für diese Arbeiten ist derzeit sicherlich noch der konventionelle Sprengausbruch.

Selbstverständlich gelten die nachstehenden Betrachtungen auch sinngemäß für Schrägschächte.

Die Vereinheitlichung von Ausbruchsquerschnitten steht nicht in einem unmittelbaren Zusammenhang mit Normierungen in Bauverträgen. Da jedoch auch die technischen Unterlagen Bestandteile eines Bauvertrages sind, soll auf diese Frage hier näher eingegangen werden. Für einen wirtschaftlichen Einsatz der Vortriebsmaschine ist heute noch die Abschreibung des Gerätes auf mindestens 20 Kilometer oder mehr notwendig. Im Regelfall müssen daher mehrere Bauvorhaben mit einer Vortriebsmaschine ausgeführt werden können. Dies ist natürlich leichter möglich, wenn die Durchmesser der einzelnen Stollen aufeinander abgestimmt sind. Der Vorschlag für eine Standardisierung, der sich vor allem an die Bauherren und Projektanten richtet, wird dadurch erleichtert, daß die einzelnen Maschinentypen ja nicht auf einen einzigen Durchmesser ausgelegt sind, sondern einen Bereich von mehreren Dezimetern Durchmesseränderungen gestatten. Wenn die Wahl des Durchmessers aufgrund einer Wirtschaftlichkeitsoptimierung, wie es im Kraftwerksbau meistens der Fall ist, erfolgt, so ist zu beachten, daß sich die Preise bei steigendem Querschnitt nicht allmählich ändern, sondern diese Kostenänderungen unstetig erfolgen und daß immer dort Sprünge eintreten, wo der Übergang zu der nächst größeren Maschine erforderlich ist. Die Ursache liegt darin begründet, daß ein sehr großer Fixkostenanteil, und zwar herrührend von hohen Maschinenkosten, die Preise für den Ausbruch belasten.

Bei Analysierung der in Österreich ausgeführten oder in Ausführung begriffenen 25 Stollen mit einer Länge von ca. 123 km kristallisieren sich etwa 6 verschiedene Querschnittstypen mit Durchmessern von 2,7 bis 3 m, 3,3 bis 3,6 m, 3,9 bis 4,2 m, 4,5 bis 4,8 m, 5,1 bis 5,5 m und 5,8 bis 6,2 m heraus. Die gewonnenen Erfahrungen sprechen dafür, in Zukunft Stollen mit kleineren Durchmessern als 2,7 m nicht maschinell auszuführen, es sei denn, ganz spezielle Voraussetzungen oder Randbedingungen erfordern dies. Als untere Grenze, bei der sowohl im Maschinenbereich als auch beim Schuttern im gefrästen Stollen noch tragbare Arbeitsbedingungen gegeben sind, kann ein Durchmesser von etwa 2,7 m angesehen werden.

Die Frage der Anpassung des gewählten Durchmessers an standardisierte Typen ist vor allem dann interessant, wenn es sich um die Ausführung kürzerer Stollen und Abschnitte handelt. Beispiele aus der jüngsten Zeit bestätigen ganz eindeutig die wirtschaftlichen Vorteile eines derartigen Vorgehens, sowohl für den Auftraggeber als auch für den Auftragnehmer.

Zusammenfassend läßt sich sagen, daß eine Vereinheitlichung auf ausgewählte Durchmesser nicht unbedingt in einer Norm oder in einer Bestimmung niedergelegt werden muß. Die Auftraggeber und Projektanten erkennen sicherlich im Zuge der Abwicklung der ihnen übertragenen Aufgaben, daß die Kostenvorteile nicht unerheblich sind, wenn Durchmesser den gängigen Maschinen angepaßt werden und dadurch die Ausführung von mehreren Aufträgen hintereinander möglich wird. Es lassen sich dann bei standardisierten Durchmessern günstigere mittel- bzw. langfristige Ausbaukonzepte, wie sie ja von allen Beteiligten immer wieder gefordert werden, erstellen. In diesem Sinne mögen diese Anregungen aufgefaßt werden.

Bevor man daran geht, die Gesteinsparameter zu charakterisieren, um zu einer möglichst einheitlichen Gesteins- bzw. Gebirgsbeschreibung zu gelangen, ist es erforderlich, Klarheit über den Bruchmechanismus zu erhalten. Beim sprenglosen Ausbruch wird das Material an der Stollenbrust durch Anpressen der Schneidwerkzeuge zerkleinert. Es ist klar, daß der Energieaufwand dann geringer wird, wenn dabei die Gesteinseigenschaften mit kleinerer Festigkeit überwunden werden. Das heißt mit anderen Worten, daß die Zerkleinerung dann rationell ist, wenn sie vorwiegend durch Überwinden der Scher- oder Zugfestigkeit und nicht der Druckfestigkeit vor sich geht. Normalerweise ist die Scher- oder Zugfestigkeit bei Gestein erheblich kleiner als die Druckfestigkeit. Dieser Abbauvorgang wird vor allen Dingen beim Einsatz von Diskenmeißel augenscheinlich, aber auch bei der Verwendung von Warzenmeißel spielen sich im Grunde genommen die gleichen Vorgänge an der Stollenbrust ab. Durch das Eindrücken der Disken in das Gestein wird zuerst die Druckfestigkeit überwunden und anschließend wird durch einen Zug-Scherbruch zur benachbarten Rille ein Gesteinsstück abgesprengt. Durch diesen Abbauvorgang entstehen scherbenartige Gesteinsstücke und je größer diese sind, umso wirtschaftlicher verläuft der Vortrieb.

Der Zerlegungsgrad und die Anisotropie des Gebirges haben ebenfalls einen nicht unwesentlichen Einfluß auf die Vortriebsleistung. Wenn die vorhandenen möglichen Trennflächen in ihrer Richtung günstig für das Absprengen der Gesteinsscherben liegen, tritt eine merkliche Steigerung der Vortriebsleistung bei gleichbleibendem Anpreßdruck und Energieverbrauch ein. Besonders deutlich wird der Einfluß auf die Vortriebsleistung dann, wenn die Trennflächen als Scherflächen mit Zerreibsel oder mylonitisiertem Material gefüllt sind. Als ungünstig für

den Vortrieb hat sich herausgestellt, wenn die Schichtung der Anisotropie etwa
parallel zur Vortriebsrichtung liegt.

Die Abrasivität des zu durchörternden Gesteins hat natürlich auch einen Einfluß auf die Vortriebsleistung, und zwar in erster Linie dadurch, daß durch den
starken Verschleiß der Bohrwerkzeuge ein öfteres Wechseln derselben erforderlich wird und dadurch die durchschnittliche Vortriebsleistung absinkt.

Je besser und umfassender es gelingt, die angeführten Gesteins- und
Gebirgseigenschaften zu beschreiben, desto besser wird eine Anpassung der gewählten Vortriebsmaschine mit den Bohrwerkzeugen an die zu erwartenden Verhältnisse bzw. eine möglichst wirklichkeitsgetreue Kalkulation mögich sein. Auf
jene Gebirgseigenschaften, die die Stabilität des aufgefahrenen Hohlraumes beeinflussen und damit selbstverständlich auch einen wesentlichen Einfluß auf die
Vortriebsleistung haben, wird später noch eingegangen werden.

Zur Beschreibung der Festigkeit des Gesteins werden

die Druckfestigkeit
die Spaltzugfestigkeit
die Scherfestigkeit und
der Verformungsmodul

vorgeschlagen.

Bei den Laborversuchen zur Ermittlung dieser Kennwerte ist besonderes
Augenmerk der Herstellung der Prüfkörper zuzuwenden. Die Prüfkörper für Druck-
und Spaltzugversuche sollen die Form eines Zylinders mit einem Durchmesser von
50 mm und einer Länge von 100 mm aufweisen. Für die Scherversuche ist es zweckmäßig, Zylinder mit einem Durchmesser von 100 mm zu verwenden. Der Verformungsmodul kann an Proben mit Durchmessern von 50 oder 100 mm (Verhältnis Durchmesser
zur Höhe 1 : 3) bestimmt werden. Die Endflächen der Proben sind parallel zu-
einander und im rechten Winkel auf die Zylinderachse herzustellen; besonderes
Augenmerk erfordert die Maßgenauigkeit. Die Oberflächenrauhigkeit soll 0,2 mm
nicht überschreiten und die Zylinderoberfläche in Richtung der Erzeugenden
keine Rauhigkeit über 0,02 mm aufweisen. Erforderlichenfalls sind die Prüfkörper
in einer Drehbank nachzuarbeiten. Die Prüfkörper sind der Probe orientiert zu
entnehmen. Angaben über den Feuchtigkeitszustand der Probe sind ebenfalls erforderlich. Bei Nichteinhaltung obiger Vorschriften hinsichtlich der Genauigkeit
der Prüfkörper können die Streuungen bei den Versuchsergebnissen, überlagert
mit den unvermeidlichen Abweichungen, so groß werden, daß eine vergleichbare
Betrachtung unmöglich wird.

Bekanntlich hat die Belastungsgeschwindigkeit auch einen Einfluß auf den ermittelten Festigkeitswert. Für die Druck- und Biegezugversuche soll sie zwischen
0,5 und 1 N/mm²/sec bei stetiger Belastungssteigerung liegen. Bei der Bestimmung
der Scherversuche soll die konstante Normallast 0,2 N/mm² im Direktschergerät
betragen, und die Scherbelastung ist mit einer Geschwindigkeit von 0,1 bis
0,2 N/mm²/sec bis zum Bruch steigern. Für die Bestimmung des Verformungsmo-
duls betragen die Belastungsstufen 0,5/5,0 und 0,5/10,0 N/mm².

Die Verformungen sind an 2 gegenüberliegenden Meßstreifen von 30 und 40 mm
Länge jeweils 2 Minuten nach Erreichen der Laststufe abzulesen. Der Verformungsmodul wird aus der mittleren Verformung errechnet.

Die vorstehenden Empfehlungen zur Bestimmung der Festigkeitseigenschaften des Gesteins lehnen sich an die entsprechenden Önormen für die Prüfung von Naturstein bzw. für Gesteinsuntersuchungen an die Normen der Internationalen Gesellschaft für Felsmechanik an.

Um Anhaltspunkte über die Abrasivität des zu durchörternden Materials zu erhalten, ist es erforderlich, anhand von petrographischen Untersuchungen die mineralogische Zusammensetzung zu ermitteln. Von entscheidendem Einfluß auf die Abrasivität ist der Quarz-, Hornblende- oder Epidodgehalt der zu durchörternden Gesteine. Von den einzelnen Herstellerfirmen werden zur Bestimmung der Abrasivität Indexversuche vorgenommen, deren Ausführungsregeln aber zweckmäßigerweise dem „Know how" der einzelnen Firmen überlassen bleiben sollen.

Die genannten Parameter beziehen sich auf Gesteinseigenschaften und werden in Laboratorien oder Versuchsanstalten bestimmt. Ihre Aussagekraft hängt wesentlich von der Anzahl der untersuchten Proben ab.

Der Übergang von den Gesteinseigenschaften zu den Gebirgseigenschaften erfordert in vermehrtem Maße eine Abschätzung der zu erwartenden Verhältnisse und kann nur vorsichtig zu interpretierende Aussagen liefern. Trotzdem scheint es aber unbedingt notwendig, Aussagen über die vorherrschende Anisotropie des Gebirges wie Klüftung, Schichtung, Schieferung und Stellung dieser Diskontinuitätsflächen zur Stollenachse zu machen. Diese Vorausschätzung, die durch den Geologen oder Geotechniker zu erfolgen hat, kann auf Oberflächenaufschlüssen bzw. Ergebnissen von Erkundungsbohrungen oder Erkundungsstollen aufbauen.

Stini, Pacher und *Müller* gaben bereits Anregungen, wie eine entsprechende Dokumentation aussehen muß, die verständliche und vergleichbare Aussagen über Zerklüftungsgrad, Kluftöffnung (Kluftfüllung), Kluftstellung, Grad der Gesteinszerlegung oder technische Gesteinsfazies liefern soll. Es bedarf hier an dieser Stelle keines neuen Vorschlages, sondern nur des Hinweises über die Wichtigkeit derartiger Aussagen im Zusammenhang mit den Bestrebungen der Standardisierungen für Vertragswerke, die den mechanischen Tunnelausbruch zum Inhalt haben.

Bisher wurde bei den Gesteins- bzw. Gebirgseigenschaften immer nur von deren Einfluß auf die Vortriebsleistung, soweit sie durch den Fräsvorgang beeinflußt ist, gesprochen, nicht aber davon, daß die Gebirgseigenschaften selbstverständlich auch einen großen Einfluß auf die Möglichkeit der Verspannung der Vortriebsmaschine haben. Weicheres oder nachgiebigeres Gebirge kann durchaus zu großen spezifischen Penetrationen führen und trotzdem keine wesentliche Steigerung der durchschnittlichen Vortriebsleistung nach sich ziehen, weil ein erheblicher Arbeitsaufwand und damit Maschinenstillstand durch die Verstärkungsmaßnahmen im Bereich der Verspannplatten erforderlich ist. Abgesehen davon können durch Überbeanspruchung unter den Verspannplatten Ausbrüche eintreten, die zumindest einen kleinen Teil des Vorteiles des mechanischen Stollenvortriebes wieder egalisieren. Auch für die Abschätzung dieses Einflusses bei der Preisbildung ist die Kenntnis aller genannten Gesteins- und Gebirgsparameter wichtig.

In den aufgezeigten Betrachtungen wurden einige Faktoren, die die durchschnittliche Vortriebsleistung ganz wesentlich beeinflussen, mehr oder weniger eingehend behandelt. Es sind dies die Penetration, d.h. der Bohrfortschritt, resultierend aus den Gebirgseigenschaften und dem Vermögen der Schneidwerkezeuge, das anstehende Gebirge zu zerkleinern, die maschinenbedingten Stillstände für das

Wechseln der Meißel sowie jene Aufenthalte, die durch zusätzliche Maßnahmen im Bereich der Verspannplatten erforderlich werden.

Weitere Faktoren, die sich auf die durchschnittliche Vortriebsleistung entscheidend auswirken, sind die Sicherungs- und Stützmaßnahmen für eine ausreichende Stabilität des hergestellten Felshohlraumes. Über diese Maßnahmen soll im nachfolgenden Kapitel im Zusammenhang mit einer dem maschinellen Tunnelvortrieb angepaßten Gebirgsklassifizierung gesprochen werden.

Aus den Erkenntnissen über den Einfluß der Gesteins- bzw. Gebirgseigenschaften auf die Penetration resultiert, daß es zweckmäßig sein muß, für jeden geologischen Bereich im Leistungsverzeichnis einen eigenen Abschnitt vorzusehen, der alle möglichen vorkommenden Gebirgsgüteklassen beinhaltet. Die Einteilung kann in der Art erfolgen, daß der zeitliche Einfluß der erforderlichen Sicherungs- und Stützmaßnahmen auf die reine Bohrzeit für den Hohlraum und für den Bereich der Verspannplatten als Kriterium für die Zuteilung zu den einzelnen Gebirgsgüteklassen angesehen wird. Der Zeitpunkt und damit der Ort, von dem aus die erforderlichen Arbeiten erfolgen müssen sowie der Umfang und die Art sind kennzeichnend für die Gebirgsklassifizierung.

In der entsprechenden Position der Gebirgsgüteklasse sind nur die Behinderungen beim Vortrieb durch die Sicherungs- und Stützmaßnahmen erfaßt, die Vergütung der Stützmaßnahmen erfolgt unabhängig von der Zuordnung in die Gebirgsgüteklasse in eigenen Positionen.

Gebirgsgüteklasse 1 ist dadurch charakterisiert, daß keine Beeinträchtigung des Fräsbetriebes durch Stütz- oder Sicherungsmaßnahmen erfolgt. Das kennzeichnende Gebirgsverhalten und damit der Ort und die Art der Stützmaßnahmen können in 3 Unterabschnitte eingeteilt werden.

>a) Standfest; nur vereinzelt sind Anker erforderlich. Keine Schwierigkeiten im Bereich der Verspannplatten und daher auch keine Maßnahmen im Maschinenbereich erforderlich.

>b) Keine oder nur vereinzelte Ausbrüche. Wegen Nachbrüchigkeit ist vereinzelt Sicherungseinbau erforderlich, im Bereich der Spannplatten nur geringfügige Ausbrüche, keine zusätzlichen Maßnahmen. Die geringfügigen Sicherungsmaßnahmen können vom Nachläufer aus, d.h. hinter der Vortriebsmaschine, eingebracht werden.

>c) Mehrere Ausbrüche im Maschinenbereich, die, wenn keine Stützmaßnahmen erfolgen würden, die Querschnittsform gefährden würden. Die geringen Ausbrüche bei den Verspannplatten erfordern noch keinen Einbau von druckverteilenden Elementen. Die Sicherungsmaßnahmen durch eine größere Anzahl Anker oder ähnliches können hinter der Maschine vom Nachläufer aus eingebracht werden. Sie können über einen größeren Teil des Umfanges erforderlich werden.

Gebirgsgüteklasse 2: Ein Einfluß durch die Stütz- bzw. Sicherungsmaßnahmen auf den Fräsfortschritt ist feststellbar, sie behindern teilweise in unterschiedlichem Ausmaß den Fräsbetrieb, d.h. sie zwingen zu Maschinenstillständen. Für das kennzeichnende Gebirgsverhalten und die dadurch bedingten Maßnahmen können 3 Gruppen unterschieden werden.

a) Die nach dem Fräsen entstandenen Ausbrüche müssen bereits im Maschinenbereich gesichert werden, um weitere Nachbrüche zu vermeiden. Bei den Verspannplatten vorhandene Ausbrüche müssen durch mäßige Verstärkungsmaßnahmen bzw. Ersatz durch geeignete Einbauten bereinigt werden. Die Sicherungs- bzw. Stützmaßnahmen im Maschinenbereich sind auf einen Teil des Umfanges verteilt.

b) Das kennzeichnende Gebirgsverhalten entspricht etwa a), das Ausmaß der Arbeiten ist jedoch vergrößert und die Stütz- und Sicherungsmaßnahmen müssen über den größten Teil des Umfanges erfolgen. Die Maßnahmen erfordern über Anker und Netzung hinaus einen verstärkten Einbau (Spritzbeton, Tunnelbleche, Tunnelbögen, u.ä.)

c) Wegen Ausbrechens von Gestein im Bereich des Fräskopfes sind Sicherungsmaßnahmen unmittelbar hinter dem Bohrkopf erforderlich, da ansonsten eine akute Verbruchgefahr besteht. Im Bereich der Verspannplatten sind druckverteilende Elemente zur Erzielung einer ausreichenden Verspannung notwendig. Die Sicherungs- und Stützmaßnahmen müssen daher unmittelbar hinter dem Fräskopf ausgeführt werden. Eine größere Anzahl von Ankern und stärkeren Einbauten (Tunnelbögen, Tunnelbleche, Spritzbeton usw.) ist in den Ulmen und in der Kalotte erforderlich.

Gebirgsgüteklasse 3: Der Einfluß durch die Stütz- bzw. Sicherungsmaßnahmen auf den Fräsfortschritt ist bedeutend, und zwar dadurch, daß diese Arbeiten vor dem Bohrkopf, d.h. nach dem Rückzug der Maschine, ausgeführt werden müssen. Kennzeichnend ist ein sehr gebräches Verhalten während des Fräsens oder eine beginnende plastische Verformung des Gebirges. Bei den Verspannplatten ist der Einbau von druckverteilenden Elementen bei jedem Hub erforderlich. Die Stütz- bzw. Sicherungsmaßnahmen vor dem Bohrkopf können aus Ankern, Spritzbeton, Tunnelbögen o.ä. bestehen. Ein konventioneller Nachbruch zur Einbringung dieser Stützmaßnahmen wird oftmals erforderlich werden.

Gebirgsgüteklasse 4 ist dadurch gekennzeichnet, daß ein Fräsbetrieb nicht mehr möglich ist bzw. die Gebirgsverhältnisse so ungünstig sind, daß die Maßnahmen nach Gebirgsgüteklasse 3 einen derartigen Umfang annehmen würden, daß eine unwirtschaftliche Arbeitsweise beim maschinellen Vortrieb gegeben wäre.

Es soll erwähnt werden, daß bei Schrägschächten eine etwas strengere Beurteilung im Hinblick auf die Gebirgsgüteklasse angebracht ist, da unkontrolliert herausbrechende bzw. nachbrechende Gesteinspartien zu ganz anderen Folgeerscheinungen als bei Horizontalstollen führen würden.

Eine Reihe von Problemen wie Bewältigung von Wasserandrang, Versetzen von Fertigteilen, Richtungskontrolle für die Maschinensteuerung usw. wurde im vorstehenden nicht behandelt. Diese Punkte sind meistens sehr speziell auf das jeweilige Bauvorhaben abzustimmen und deshalb nach Meinung des Verfassers nicht geeignet, bei Überlegungen im Hinblick auf Standardisierung von Bauverträgen in Betracht gezogen zu werden.

Die von mir angestellten Betrachtungen mögen als Anstoß für die zuständigen Gremien aufgefaßt werden, jene Schritte zu unternehmen, die zu einer Vereinheitlichung von Vertragswerken führen. Beim 4. Internationalen Kongreß für Felsmechanik in Montreux wurde vom Generalberichterstatter *Prader* zum

Hauptthema III, das sich mit modernen Bauverfahren befaßte, festgestellt, daß sich überraschenderweise von 32 abgegebenen Beiträgen nur einer, und zwar jener von Prof. *Müller,* wenigstens teilweise mit der Frage von Bauverträgen befaßte. Diese Aussage bestätigt, daß es richtig war, diesen Themenkreis auf die Tagesordnung des diesjährigen Geomechanik-Kolloquiums in Salzburg zu setzen und dadurch die Gespräche und Diskussionen über die Zweckmäßigkeit von Normierungen in Bauverträgen für den maschinellen Tunnelvortrieb in Gang zu bringen.

Anschrift des Verfassers: Direktor Prok. Ing. *Kurt Rienössl,* Tauernkraftwerke AG, Rainerstraße 29, A-5020 Salzburg, Österreich.

Rock Mechanics, Suppl. 10, 113–125 (1980)

Rock Mechanics
Felsmechanik
Mécanique des Roches
© by Springer-Verlag 1980

Leistungsbeeinflussung von Tunnelbohrmaschinen in flachgelagerten, häufig wechselnden Sedimentgesteinen

Von

H. Simons und U. Beckmann

Mit 9 Abbildungen

Zusammenfassung – Summary

Leistungsbeeinflussung von Tunnelbohrmaschinen in flachgelagerten, häufig wechselnden Sedimentgesteinen. Die detailliert erfaßten Vortriebsdaten aus insgesamt ca. 40 km Vortrieb mit Tunnelbohrmaschinen wurden mit Hilfe eines Rechenautomaten ausgewertet und analysiert. Alle wesentlichen felsmechanischen und maschinentechnischen Einflußgrößen auf die Leistung der TBM werden als Grundlage für Gebirgsklassifizierung und Leistungsvorermittlung beim Einsatz von TBM zusammengefaßt dargestellt.

Die Erfahrungen aus der Datenauswertung werden wiedergegeben. Die Ergebnisse werden mit der aufgenommenen Geologie und den vereinbarten Gebirgsklassen verglichen. Es wird nachgewiesen, daß nur selten ein Zusammenhang zwischen der Maschinenleistung und den Gebirgsklassen besteht.

Ferner wird gezeigt, daß die Nettobohrgeschwindigkeit allein kein Maß für die Vortriebsleistung der Maschinen war, sondern der Ausnutzungsgrad eine wichtigere Rolle spielte. Er wurde sehr stark von den häufig wechselnden Gebirgsverhältnissen beeinflußt. Die Auswirkungen der verschiedenen Gebirgslagerungen werden beschrieben.

Performance Control of Tunnelling Machines in Subhorizontal, Frequently Alternating Sediments. Carefully registered performance data of 40 km drivage with tunnel boring machines have been evaluated and analyzed by the aid of a computer. All important rock mechanical and machine-technical parameters influencing the performance of a tunnel boring machine are shown in a comprehensive form as a base for rock classification and performance calculation.

The experiences with the evaluation of the data are presented. The results have been compared with the agreed rock classifications. It is shown that the interrelation between the machine performance and the rock classes is very rare.

Furthermore it is shown that the penetration rate alone is not a sufficient indication for the machine performance and that the utilization plays a far more important roll. It is influenced considerably by the frequently alternating rock conditions. The effect of the different strata at the tunnel face is described.

0080-3375/80/Suppl. 10/0113/$ 02.60

1. Einleitung

Im Laufe seiner Geschichte war der Mensch stets bemüht, sich von der Last der Arbeit zu befreien. Der Tunnelbau stellt darin keine Ausnahme dar, aber ohne Zweifel sind die Bemühungen hier noch nicht so weit gediehen wie auf anderen Gebieten der Technik. Eine wesentliche Ursache dafür liegt in der Tatsache, daß der Tunnelbau ein außergewöhnlich schwieriges Gebiet für die Mechanisierung ist. Die Arbeitsaufgabe kann nicht mit einem beliebig frei wählbaren Baustoff gelöst werden, sondern das Bauwerk ist in einem von der Natur zur Verfügung gestellten Material — dem Gebirge — zu errichten, das voller, zum Teil äußerst feindlicher Überraschungen steckt.

In dieser im allgemeinen komplizierten Umgebung gibt es aber bestimmte Gesteine, die sich gut für ein mechanisches Lösen eignen, z.B. die meisten Lockergesteine, bei denen sich dafür das große Problem der Stützung und Sicherung des Hohlraumes ergibt.

Im Festgestein ist es die relativ weiche und homogene Kohle, deren Massengewinnung zur verstärkten Mechanisierung geradezu aufforderte. Aber auch die leicht bearbeitbaren Kalke der Kreidezeit, wie wir sie z.B. unter der Straße von Dover finden, eignen sich gut für ein mechanisches Lösen. Deswegen ist es nicht verwunderlich, daß speziell für sie die ersten Tunnelbohrmaschinen schon vor 100 Jahren entwickelt wurden und auch kurze Strecken — bis zu 1 Meile — erfolgreich auffuhren. Spätere Einsätze in Gebirgen, die nicht so ideal für einen mechanischen Tunnelvortrieb waren, führten zwangsläufig zu erheblichen Fehlschlägen, die eine weitere Entwicklung stark verzögerten.

Erst in der Tunnelbau-Renaissance nach dem 2. Weltkrieg wurde 1957 die erste erfolgreich arbeitende Tunnelbohrmaschine von der Firma Robbins in Amerika gebaut (*Robbins* 1979). Der wesentliche Schlüssel zum Erfolg dieser

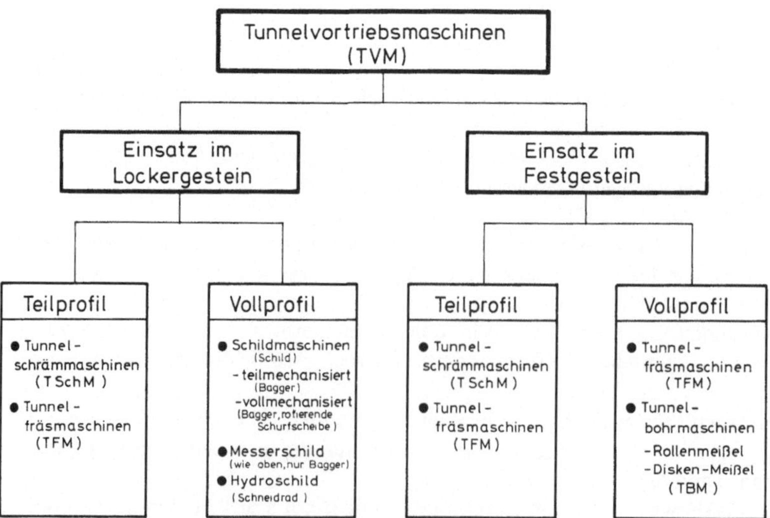

Abb. 1. Möglichkeiten des Maschineneinsatzes beim Tunnelvortrieb
Possibilities of machine using in tunnelling

Maschine lag darin, daß die Aufgabe des Gebirgslösens allein Diskenmeißeln zugewiesen worden war und man auf die bislang üblichen, starren Lösungsvorrichtungen verzichtete. 1965 erfolgte der erste ROBBINS-Einsatz in der Schweiz (*Frey-Baer* 1965) und ein Jahr später der erste Einsatz einer Tunnelbohrmaschine — diesmal einer DEMAG-Maschine — in der Bundesrepublik Deutschland (*Trösken* 1970).

Heute gibt es für alle vorhandenen geologischen Verhältnisse und Auffahrtmethoden Tunnelvortriebsmaschinen (Abb. 1). In unseren Ausführungen beschränken wir und ausschließlich auf Erfahrungen mit Tunnelbohrmaschinen, die mit Disken-Meißeln bestückt sind. Die gleichen Maschinen werden in zunehmendem Maße auch im Bergbau eingesetzt und dort als Streckenvortriebsmaschinen bezeichnet.

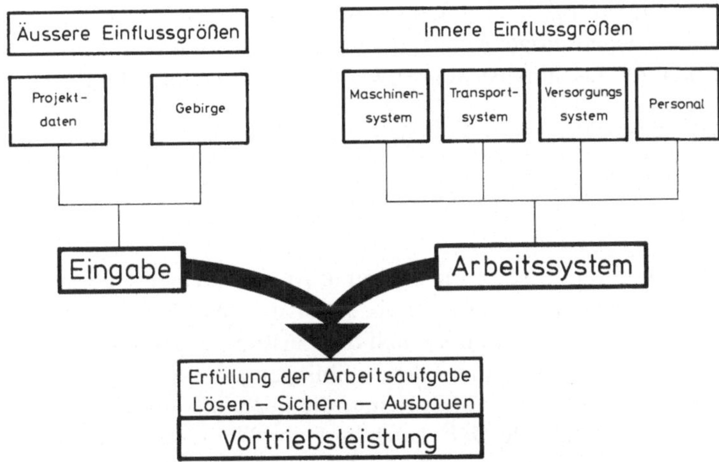

Abb. 2. Einflußgrößen auf die Vortriebsleistung beim maschinellen Tunnelvortrieb
Influence factors in the performance of tunnel boring machines

2. Die TBM als Teil eines Arbeitssystems

Viele der Probleme, die der Einsatz dieser Maschinen mit sich bringt, sind in den vergangenen zwanzig Jahren wenigstens teilweise gelöst worden, aber es sind noch genügend verblieben. Das liegt auch an dem relativ komplizierten Maschinensystem selbst. Eine ganze Reihe von inneren Einflußgrößen beeinflußt dessen Leistung, wie die Geometrie des Bohrkopfes und die Art der Meißel, z.B. Einfach-, Zweifach- oder Dreifach-Diskenmeißel. Das Drehmoment und die Drehgeschwindigkeit spielen eine gewisse Rolle, außerdem die Hublänge sowie der Anpreßdruck gegen die Ortsbrust und gegen die Tunnellaibung zum Verspannen der Maschine. Nicht unerheblich ist auch die Art der Abförderung des Bohrgutes von der Ortsbrust bis hinter die Maschine.

Aber das Maschinensystem ist bei der Erfüllung der Arbeitsaufgabe Tunnelbau nur ein Teilsystem (Abb. 2). Weitere notwendige Teilsysteme sind das Transportsystem und das Versorgungssystem. Ein Schalsystem gehörte eigentlich auch dazu, nur läuft dies heute i.a. noch zeitlich und räumlich getrennt.

Die entscheidende Abrundung des gesamten Arbeitssystems ist der Mensch. Mensch und Betriebsmittel wirken in einem sozio-technischen System zusammen.

Das Zusammenwirken wird von äußeren Randbedingungen beeinflußt, die ab einem bestimmten Planungsstand kaum noch verändert werden können. Dies sind die spezifischen Projektdaten, wie Auffahrlänge, -durchmesser, Neigung, Kurvenradien usw.

Kompliziert aber wird das Zusammenwirken von Mensch und Maschine dadurch, daß es in einem gegebenen, weitgehend nicht veränderbaren und auch zum großen Teil nicht oder nur unvollständig bekannten Material stattfinden muß, dem Gebirge, das mit einer verschwenderischen Vielfalt von noch dazu häufig wechselnden Eigenschaften ausgestattet ist.

Alle genannten sechs Einflußgrößen stehen nicht für sich allein, sondern besitzen eine weitgehende, gegenseitige Abhängigkeit. Sie ist besonders groß zwischen dem Personal und Maschinensystem sowie dem Gebirge und Maschinensystem.

3. Einfluß des Gebirges

Das Gebirge spielt also beim Einsatz von Tunnelbohrmaschinen eine herausragende Rolle, mehr noch als beim Sprengvortrieb. Je besser dieser komplizierter „Werkstoff" bekannt ist, desto genauer lassen sich die Leistungen der Maschine kalkulieren. Häufig beschränkt man sich in Ausschreibungen jedoch auf die Angabe der Druckfestigkeit der anstehenden Gesteine, die über ihre Bohrbarkeit nicht mehr aussagen, als die Angabe des Jahrgangs für einen Wein: vieles, aber bei weitem nicht alles!

Petrographische Beschreibungen von Mineralbestand und -eigenschaften sowie Mikrogefüge fehlen häufig völlig, Hinweise auf das Makrogefüge und die Lagerungsverhältnisse sind meist sehr pauschal und grob. Beim vollmechanischen Tunnelvortrieb können sich aus diesen Einflußgrößen sehr schnell Änderungen der Leistung und damit Kosten um hundert oder sogar mehrere hundert Prozent ergeben, während sie den Sprengvortrieb nur in relativ engen Grenzen beeinflussen.

Unzureichende Leistungsbeschreibungen und das damit verbundene hohe Risiko für Unternehmer sind auch heute noch große Hemmnisse für den Einsatz von Tunnelbohrmaschinen. Auch fehlt für sie eine allgemeingültige Einteilung in Gebirgsgüteklassen, durch die eine leistungsgerechte Bezahlung ermöglicht wird. Die herkömmlichen Klasseneinteilungen, ausnahmslos für den Sprengvortrieb entwickelt, genügen dem vollmechanischen Tunnelvortrieb nicht (Abb. 3).

Denn neben der Standfestigkeit des Gebirges im First und der dadurch bestimmten Sicherung beeinflussen die Standfestigkeit in Ulme und Sohle, die erzielte Nettobohrgeschwindigkeit und der erreichte Ausnutzungsgrad den wirtschaftlichen Erfolg ganz erheblich, ebenso die Meißelkosten, die weit mehr streuen können als die Sprengstoffkosten beim Sprengvortrieb und die zwischen

4,– DM bis über 200,– DM/m³ im Extremfall liegen können. Eine zufrieden-
stellende Klasseneinteilung müßte alle diese Einflußgrößen – allerdings nur,
soweit ihr Einfluß direkt aus dem Gebirge hergeleitet werden kann – beinhalten.
Nur dann kann sie ihren Sinn, eine angemessene Bezahlung für eine zufrieden-
stellende Leistung zu sein, erfüllen.

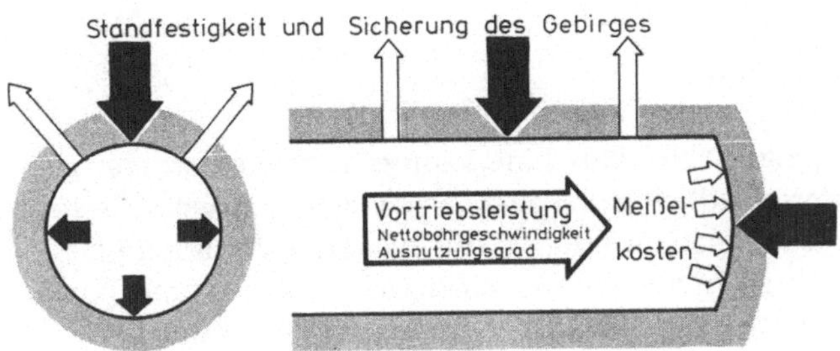

Abb. 3. Die wichtigsten Einflußgrößen auf die Vortriebskosten
Most important economic factors in machine tunnelling in hard rock

4. Datenerfassung und -darstellung

Die durchgeführten Untersuchungen umfassen eine aufgefahrene Tunnellänge von knapp 40 km, davon etwa 30 km in flachgelagerten Sedimenten
des Oberkarbon. Sie stützen sich auf eine sorgfältige, manuelle Datenerfassung
an vier verschiedenen Einsatzorten, zwei davon mit einer ROBBINS-Maschine,
zwei mit DEMAG-Maschinen. Bis zu 27 verschiedene Daten wurden täglich erfaßt. Ihre laufende Kontrolle und periodische Zusammenfassung ist eine un-
bedingte Notwendigkeit für den wirtschaftlichen Erfolg eines Tunnelbohrmaschi-
neneinsatzes. Neben der Vortriebsleistung sowie der Arbeits- und Bohrzeit wurden alle Arbeitszeitanteile wie z.B. Wartungsarbeiten, Meißelwechsel und die
Stillstände der Maschine – unterteilt nach Ursache – detailliert erfaßt. An einer
Maschine wurde der Anpreßdruck, die Stromaufnahme und die Bohrzeit selbst-
schreibend registriert. Sämtliche Daten wurden in einen Rechner eingegeben und
von ihm verarbeitet. Die Ergebnisse konnten in beliebiger Zusammensetzung
maschinell aufgezeichnet werden (Abb. 4).
In diesem Beispiel wurden zunächst die Soll- und Ist-Klassen gegenübergestellt, danach folgt die tägliche Vortriebslänge und die Nettobohrgeschwindigkeit.
In Prozenten der täglichen Arbeitszeit erscheint dann der Ausnutzungsgrad und
der Stillstand infolge Sicherungsarbeiten.
Auf unseren Baustellen wurden diese Werte teilweise noch manuell ermittelt,
erst später haben wir sie auf dem Rechner ausgewertet. Auf ähnlichen Baustellen
der nahen Zukunft wird diese Aufgabe aber ein Tischrechner sofort übernehmen
und die Verantwortlichen von zeitraubender Routinearbeit befreien. Wir haben
an unserem Lehrstuhl für einen HP 9825 bereits ein entsprechendes Programm
für die Praxis erarbeitet.
Es ist wichtig, daß die Bauleitung ständig und ohne großen Arbeitsaufwand
Zugriff zu sämtlichen Vortriebsdaten, Mittelwerten und Hochrechnungen hat.

Die verschiedenen Aufzeichnungen zeigen sehr deutlich, daß einmal die erwartete Soll-Klasse übereinstimmt, und daß zum anderen die hier gewählte klassische Gebirgseinteilung mit der Leistung der Maschine in keinerlei Zusammenhang zu bringen ist, sondern lediglich annähernd mit dem Sicherungstillstand. Hingegen ist die Wechselbeziehung zwischen Gebirge und Nettobohrgeschwindigkeit am deutlichsten zu erkennen.

5. Eine Gesteinsart an der Ortsbrust

Die Nettobohrgeschwindigkeit der Maschine kann selbst innerhalb der gleichen Gesteinsart sehr unterschiedlich sein, auch wenn maschinenspezifische Leistungsunterschiede ausgeklammert werden. Häufig sind Gesteinsarten nicht so gleichförmig wie sie ausgeschrieben werden. Bei einem mit vielen dünnen Tonlagen durchsetzten und auch in sich sehr feingeschichteten, mürben Sandstein war eine Nettobohrgeschwindigkeit um 4,5 m/h die Regel. Sie sank aber nur einige Meter weiter auf unter die Hälfte ab, weil hier infolge eines Störung-Versatzes über fast den ganzen Querschnitt ein sehr harter, wenig geschichteter und geklüfteter Sandstein anstand, er blieb lediglich im First mürbe.

Kurz darauf stieg die Nettobohrgeschwindigkeit infolge aufsteigender Tonzwischenlagen unterschiedlicher Stärke in dem dickbankigen, sehr fein-

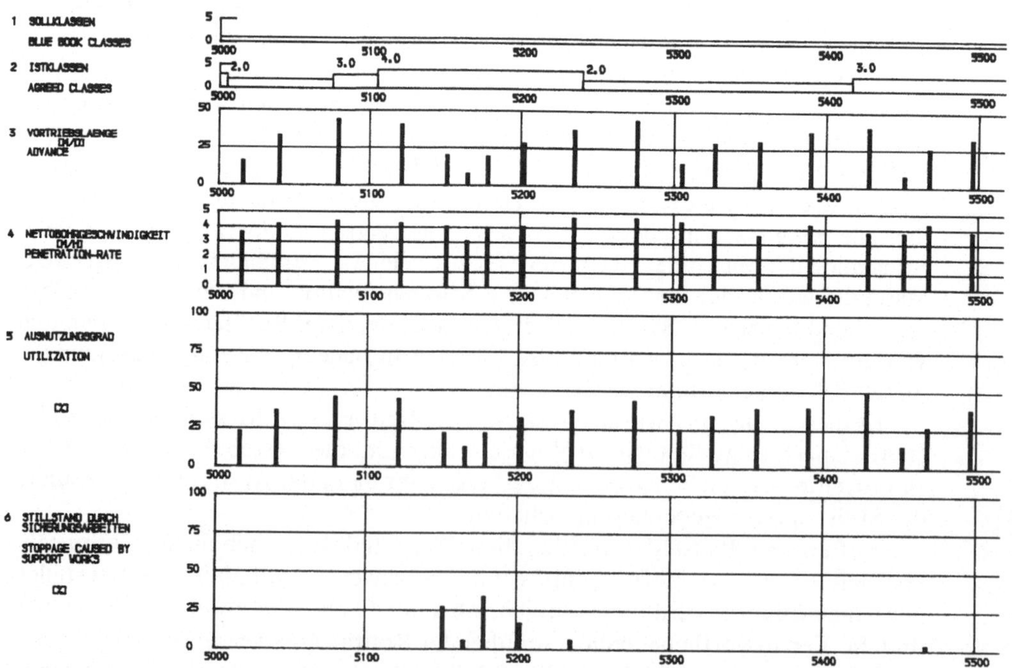

Abb. 4. Beispiel für die maschinelle Aufzeichnung verschiedener Leistungsdaten. Jeder Tag ist durch einen Strich dargestellt
Example for a plot of different performance data. Every line stands for one day

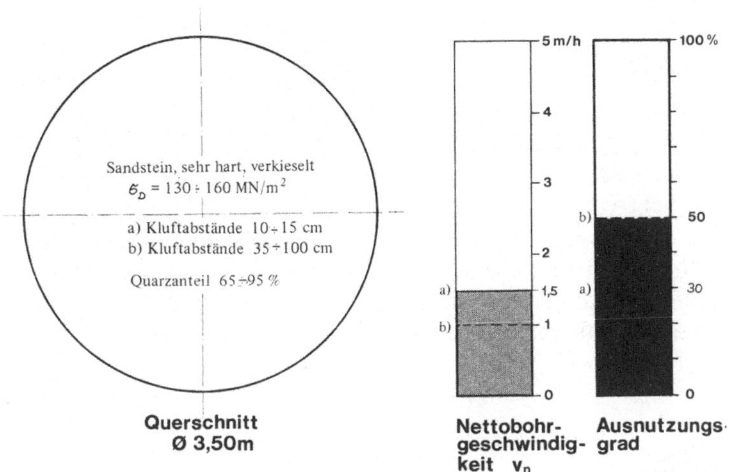

$\sigma_D = 130 \div 160 \text{ MN/m}^2$

Abb. 5. Beispiel für Einfluß der Klüftung auf Nettobohrgeschwindigkeit und Ausnutzungsgrad
Example for the joint influence on penetration rate and utilization

geschichteten — teilweise auch kreuzgeschichteten — Sandstein wieder auf etwa 3 m/h an.

Nach einem weiteren Rückfall erreichte der Sandstein fast wieder die Ausgangsgüte und damit auch die gleiche Nettobohrgeschwindigkeit.

An den Störungen und dahinter kam es infolge der Nachbrüchigkeit der in der Firste verbliebenen, mürben und zerklüfteten Schichten zu Nachbrüchen, die zu Stillständen führten. Außerdem traten Probleme mit dem durch die intensive Zerklüftung verursachten größeren Wasserzufluß auf. Der Ausnutzungsgrad sank und die tägliche Leistung wurde so praktisch nochmals vermindert.

Während die Nettobohrgeschwindigkeit in einem anderen, harten Sandstein mit sehr wenig Klüften lediglich etwa 1 m/h betrug, konnte sie nur wenige Meter weiter infolge größerer Klüftigkeit bei 1,5 m/h, d.h. um 50% höher liegen (Abb. 5). Der Ausnutzungsgrad lag im ersten Fall bei 50%, der im zweiten Fall bei 30%. Die Ursache ist im höheren Quarzanteil zu finden, der hier bei 90% lag, während er vorher nur 65% betrug. Dieser höhere Quarzanteil führte zu einem höheren Meißelverschleiß und -wechsel, aber auch zu einigen Problemen mit dem Kettenförderer der Maschine.

Ähnliche Unterschiede wie beim Sandstein gab es z.B. auch im Tonstein, in dem je nach Feinsandanteil, Kalkgehalt, Schichtung und Klüftung deutlich abweichende Leistungen erzielt wurden. Aufgrund einer sehr weitständigen Gebirgserkundung wurden diese Unterschiede erst beim Auffahren erkannt.

6. Mehrere Gesteinsarten an der Ortsbrust

Die Strecken mit *einem* Gestein an der Ortsbrust stellten aber nur etwa 25% der Gesamtstrecke dar. Die restlichen Strecken hatten mindestens zwei, oft sogar drei oder vier verschiedene Gesteinsarten im Querschnitt. Diese noch dazu ständig wechselnden, besonderen Verhältnisse des Karbons, erschwerten das vollmechanische Auffahren sehr. Die Bohrwerkzeuge mußten in einer ständig wechselnden Folge Gesteine mit den unterschiedlichsten Härtegraden, die von weichen Tonschiefern bis zu härtesten, schleißenden Sandsteinen reichten, durchbohren.

Die Wechsel in der Geologie lassen sich direkt an der Nettobohrgeschwindigkeitskurve ablesen. Aber auch der Ausnutzungsgrad wird gleichzeitig beeinflußt. In dem gezeigten Beispiel (Abb. 6) war der Tonstein, der direkt über dem kompakten Kalkstein lag, stark zerschert, mit Harnischen an den Schichtflächen. Ein Verband war praktisch nicht mehr gegeben. Der Kalkstein kam zum Teil koksstückartig z. T. in plattigen Ablösungen herunter, der Sicherungsaufwand war groß, der Ausnutzungsgrad entsprechend klein.

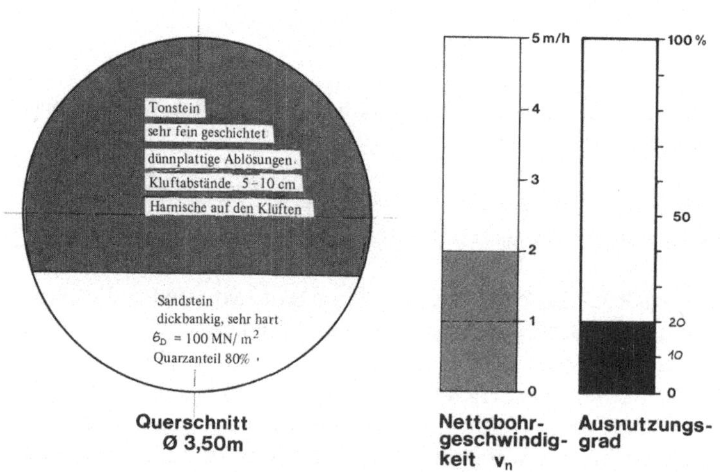

Abb. 6. Beispiel für Einfluß zweier verschieden harter Gesteinsarten an der Ortsbrust
Example for the influence of two different rocks on the face

Aber auch in Bereichen, in denen der Tonstein über dem Kalkstein durch einen gewissen Kalkgehalt eine größere Festigkeit zeigte, auch einen besseren Verband besaß, und teilweise durch das schonende Auffahren gut stand, litt er seitlich unter dem Verspanndruck und brach aus. Durch die dünnschichtige Lagerung kam es im First zu plattigen und in der oberen Ulme zu Eckausbrüchen.

Die erreichte Nettobohrgeschwindigkeit in diesem und in ähnlichen Fällen liegt unter dem Mittelwert der Bohrgeschwindigkeiten beider Gesteine; da eine gewisse Reduzierung des Anpreßdrucks der Maschine gegen die Ortsbrust erforderlich ist, um die schlagartige Beanspruchung der Meißel, die auch auf die Tunnelbohrmaschine selbst übertragen wird, zu vermindern und die dadurch verursachten Schäden in Grenzen zu halten. Auch ein Auto verträgt es nicht, wenn man mit ihm ständig über die Bürgersteigkante fährt; dies ist ein in etwa vergleichbarer Vorgang.

Selbst bei einem auf diese weich-hart Gegensätze rücksichtnehmenden Bohrbetrieb ergibt sich ein höherer Meißelverschleiß und längere Stillstände durch

Meißelwechsel und Maschinenausfälle. Ein geringerer Ausnutzungsgrad ist zwangsläufig die Folge (Abb. 6).

Wenn die Härteunterschiede der beiden Gesteine geringer werden, verringert sich auch die dynamische Belastung der Maschine, der Anpreßdruck kann erhöht werden, die Nettobohrgeschwindigkeit und der Ausnutzungsgrad nehmen zu.

Der Ausnutzungsgrad verbessert sich ebenfalls sofort, wenn die harte Schicht oben liegt — bei sonst ähnlichen Verhältnissen — weil die Stillstände infolge Sicherungsarbeiten weitgehend entfallen, diejenigen infolge Meißelwechsel und Maschinenausfälle bleiben in gleichem Umfang bestehen.

Eine mehrfach schlagende Wirkung für die Meißel erzeugt eine Ortsbrust mit mehrfach wechselnden Härteunterschieden. Der Grad der Härteunterschiede bestimmt die Reduzierung des Anpreßdruckes und damit die Nettobohrgeschwindigkeit, aber auch über Meißelwechsel und Maschinenstillstände den Ausnutzungsgrad.

Zusammenfassend kann festgestellt werden, daß mehrere Gesteinsschichten unterschiedlicher Härte an der Ortsbrust heute durchaus bohrbar sind und nicht mehr — wie noch vor nur 12 Jahren — zur Aufgabe des Maschineneinsatzes zwingen. Sie wirken sich aber in der Praxis mehr oder weniger stark auf die Vortriebsleistung auf den Meißelverschleiß und damit auf die Kosten aus. Diese Tatsache muß in Beschreibung und Abrechnung der Leistung berücksichtigt werden.

Die entscheidende Frage bei der Ausarbeitung eines Angebots ist: „Wie schnell ist das anstehende Gestein zu bohren und welche Verschleißkosten ergeben sich?" Sie kann selbst mit sehr großer Erfahrung nur annähernd genau beantwortet werden, wenn eine exakte Gebirgsbeschreibung über die *gesamte* Tunnellänge vollständig vorliegt, denn das Gebirge kann sich innerhalb von nur wenigen Metern sehr schnell ändern.

Diese laufenden Veränderungen stören auch den Routinearbeitsablauf der Mannschaft. Ständig sind neue Handgriffe und Tätigkeiten erforderlich, ständig muß umgedacht werden. Dies steht im Gegensatz zu einer effektiven maschinellen Produktion und vermindert zusätzlich den Wirkungsgrad des Arbeitssystems.

Weitere Einflüsse auf den Vortrieb ergaben sich bei dickbankigen Gesteinen mit dünnen, weichen Zwischenlagen, die außerdem eine ausgeprägte, weitständige Klüftung im Winkel von ca. 45° zur Vortriebsachse aufwiesen. Trotz des schonenden Auffahrens durch die Maschine kam es zu blockartigen Ausbrüchen im oberen Ulmenbereich. Diese Blöcke wurden teilweise zwischen der Brust und dem Bohrkopf oder an der Einlaufschurre eingeklemmt und führten zu beträchtlichen Stillständen, da sie manuell zerkleinert werden mußten.

7. Verspannbarkeit und Richtungsstabilität

Eine wichtige Rolle für die Vortriebsleistung spielt die gute Verspannbarkeit der Maschine, die daher ihre Kraft nimmt, mit der sie an der Brust auf das Gebirge wirkt. Ohne Halt der Verspannpratzen an der Tunnellaibung ist eine Tunnelbohrmaschine lediglich eine immobile Stahlmasse. Diesen Halt sucht sie meist in der Querschnittmitte, da dies der Bereich ist, in dem das Gebirge i.a. am wenigsten zum Ausbruch neigt.

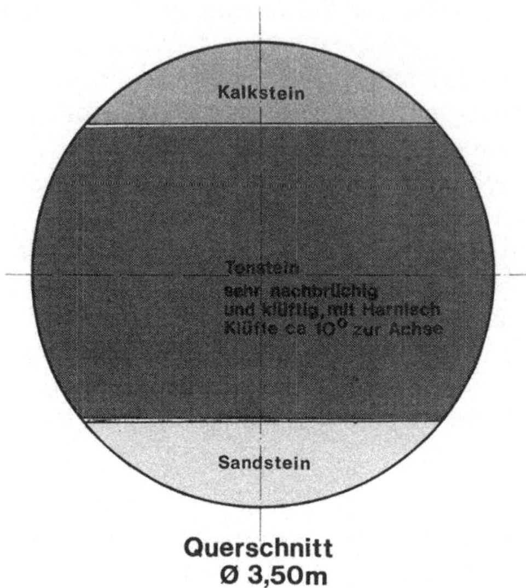

Querschnitt
Ø 3,50m

Abb. 7. Eine weiche oder parallel geklüftete Gesteinsschicht im Strossenbereich erschwert das Verspannen
A weak or parallel jointed rock at the side walls makes the bracing of the machine more difficult

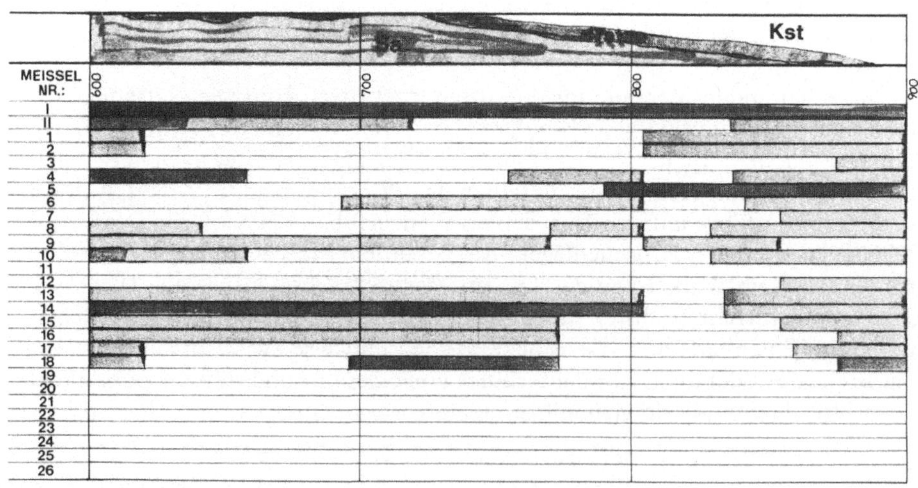

Abb. 8. Häufigkeit der Meißelwechsel
Frequency of cutter changes

Der Verspanndruck stellt eine räumlich begrenzte, aber außerordentlich hohe Belastung des Gebirges dar. In den horizontal gelagerten Sedimentgesteinen sind es vor allem ausgeprägte Schichtfugen, eine achsparallele Klüftung und Verwitterungen, die die Verspannbarkeit der Maschine herabsetzen können. Sie führen dazu, daß die Abstützelemente nicht mehr voll zur Wirkung kommen. Dies führt mindestens zu einer Reduzierung des Anpreßdrucks und damit auch der Nettobohrgeschwindigkeit (Abb. 7).

Bei sehr geringer Festigkeit können die Ulmenablösungen einen größeren Umfang annehmen. Hierdurch wird die Firste ihres Widerlagers beraubt und es kommt zu zusätzlichen Firstniederbrüchen.

Der Sicherungsaufwand ist beträchtlich und führt zu Stillständen.

Auch die Richtungsstabilität der Tunnelbohrmaschine wird vom Gebirge beeinflußt. Die Steuerung wird schwierig, wenn an der Ortsbrust das anstehende Gestein Festigkeitsunterschiede aufweist. In solchen Fällen neigt die Maschine zum Verschwenken in Richtung des weicheren Materials. In diesen unerwünschten Mulden sammelt sich auch das abfließende Wasser und erschwert den Transportbetrieb, wenn es nicht ständig abgepumpt wird.

8. Meißelkosten

Noch ein Wort zu den Meißelkosten, die i.a. zwischen 10 und 30 DM/m^3 schwanken. Wegen der sich ständig ändernden Gebirgsverhältnisse an der Ortsbrust ist eine exakte Zuordnung der entstehenden Meißelkosten zu bestimmten Gebirgsverhältnissen nicht möglich. Es lassen sich lediglich die schon bei den einzelnen Beispielen erwähnten qualitativen Aussagen machen (Abb. 8). Während einer Einsatzdauer rollt ein Meißel über eine Fülle verschiedener, ständig wechselnder Gesteine. Seine Abrolldistanz und -geschwindigkeit ist von seiner Position auf dem Bohrkopf abhängig. Die Ursache für das vorläufige Ende seines Einsatzes kann ein Lagerschaden, der Verschleiß seiner Schneide oder ein Schaden an einem seiner 21 anderen Teile sein. Er wird dann wieder instandgesetzt und erneut eingebaut, meist auf einer anderen Position auf dem Bohrkopf als vorher. Häufig ist auch das Gebirge inzwischen wieder völlig anders. Inwieweit der zu seiner nächsten Einsatzunterbrechung führende Schaden jetzt schon in dem Meißel steckt und anteilig von dem vorhergehenden Einsatz verursacht wurde, läßt sich nicht zuverlässig bewerten. Anhand der Häufigkeit der Meißelwechsel, die ja Kosten und Stillstände verursachen, und einer geschätzten Verteilung der Reparaturkosten kommt man zu einer groben Zuordnung.

9. Ausnutzungsgrad

Wie schon erwähnt, ist die Standzeit des Gebirges eine wesentliche Einflußgröße auf den Ausnutzungsgrad und damit auf die Vortriebsleistung einer Tunnelbohrmaschine. Andererseits beeinflußt deren Nettobohrgeschwindigkeit wiederum die Standzeit eines Gebirges; je größer sie ist, desto länger die Standzeit.

Bei Gebirge mit kurzen Standzeiten sollte die Sicherung kurz hinter dem Bohrkopf durchgeführt werden können und nicht hinter der Maschine. Wird dieser Vorteil allerdings damit erkauft, daß die Maschine während der Sicherungsarbeiten – z.B. aus Sicherheitsgründen – nicht bohrt, führt dies ebenfalls zu einem schlechten Ausnutzungsgrad.

Die Bindung großer Kapitalmengen für eine teure Tunnelbohrmaschine erfordert eine intensive Ausnutzung möglichst vieler der 365 Tage eines Jahres. Wir haben 2016 Kalendertage ausgewertet, die 48 384 Arbeitsstunden ermöglicht hätten. Die effektive Arbeitszeit betrug 29 929 Stunden plus 2 762 vorbeugende Wartungsstunden, insgesamt macht dies 68% der Gesamtzeit aus. Die Maschinen waren während 49% der Zeit betriebsbereit, ihre Verfügbarkeit war also recht

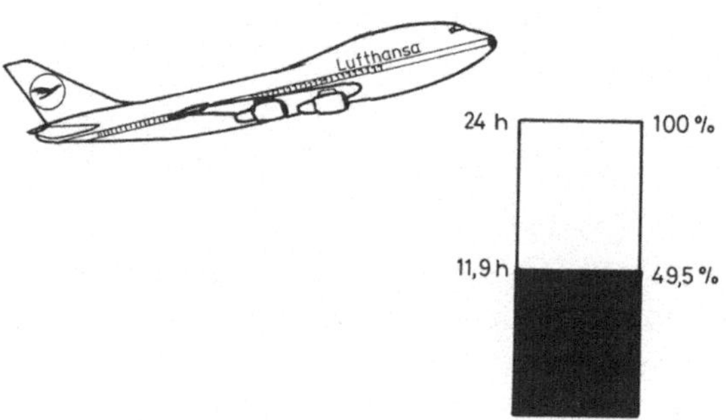

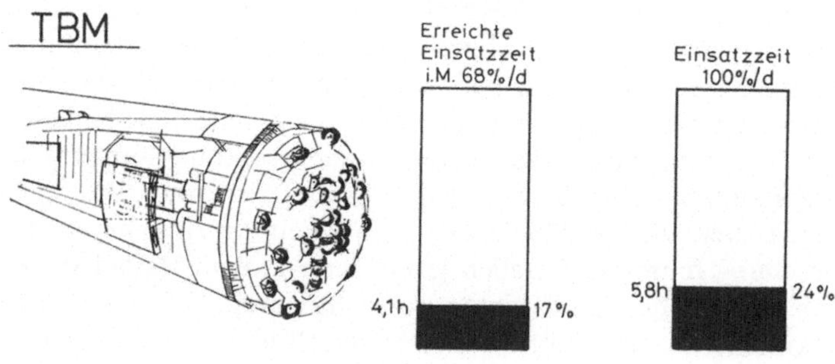

Abb. 9. Vergleich der Ausnutzungsgrade einer Boeing 747 und einer TBM
Comparison of the utilization of a Boeing 747 and a TBM

hoch. Sie bohrten aber nur während 13% der Gesamtzeit. Auf die effektive Arbeitszeit bezogen betrug die Betriebsbereitschaft 80%, die Bohrzeit – d.h. also der Ausnutzungsgrad – 22%.

Die Probleme beim Einsatz von Tunnelbohrmaschinen liegen also nicht mehr in der Technik des Maschinensystems, sondern in der Differenz zwischen der Betriebsbereitschaft und der Bohrzeit. Diese Differenz wird zu einem großen Teil vom Gebirge verursacht. Ein Teil wird heute häufig noch durch die anderen – zu Beginn erwähnten – Einflußgrößen des Arbeitssystems verursacht. Die diskontinuierliche Verladung und Abförderung eines kontinuierlich geförderten Bohrgutes z.B. muß zwangsläufig zu Stillständen führen.

Bei dem – zugegeben – etwas diametralen Vergleich zwischen einem Jumbo Jet und einer Tunnelbohrmaschine (Abb. 9) schneidet letztere noch zu schlecht ab. Ein Lufthansa Jumbo ist jeden Tag seines zehnjährigen Lebens 11,9 Stunden in der Luft, bzw. rollt er zum Start. Die beobachteten Tunnelbohrmaschinen bohrten jeden Tag 4,1 h, das Umsetzen wurde als Ausgleich der Rollzeit mit in diese Ausnutzungszeit hineingenommen.

Hochgerechnet auf eine zur Kalenderzeit 100%ige Einsatzzeit würde dies 24% bedeuten, also weniger als die Hälfte eines Jumbos. In Wirklichkeit ist es noch weniger, da unsere Zahlen aus einem laufenden Einsatz ermittelt wurden und nicht aus dem Gesamtleben einer Tunnelbohrmaschine, in dem auch noch Stillliegezeiten z.B. wegen fehlender Einsatzmöglichkeiten verkraftet werden müssen; der Gesamtausnutzungsgrad einer TBM verringert sich also weiter gegenüber dem Vorhalteausnutzungsgrad.

Für diesen sind allerdings die Zahlen eines Jumbo Jets nicht so utopisch wie es scheinen mag. Dies beweisen Zahlen vom maschinellen Auffahren von Schrägschächten, wo sie wegen nicht bestehender Abförderprobleme häufiger schon erreicht worden sind.

Es erscheint sinnvoller, die Anstrengungen auf dieses Ziel mehr zu richten als auf höhere Nettobohrgeschwindigkeiten, weil so eine höhere Gesamtleistung erzielt wird.

Die Zukunft wird von uns eine höhere Ausnutzung des Untergrundes erfordern. Neben den Tunneln für den Personennahverkehr werden Tunnel für den Fernschnellverkehr und Stollen für Versorgungsleitungen verstärkt gebaut werden müssen. Das zwingt zu einer Reduzierung der hohen Kosten, insbesondere auch zu reduziertem Personaleinsatz. Dies ist nur mit Hilfe eines technischen Systems möglich, das sicher, schnell und wirtschaftlich ist und es vor allem ermöglicht, auch in Zukunft noch Menschen zu finden, die mit diesem System zu arbeiten bereit sind. Denn ohne erfahrene Tunnelbauer, die das Gebirge gefühlvoller beurteilen und behandeln als es eine Maschine je vermag, wird es auch in Zukunft nicht gehen.

Literatur

Frey-Baer, O.: Ein neuer Schritt in der Mechanisierung des Stollen- und Tunnelbaus. Schweiz. Bauztg. *83*, 665–670 (1965).
Robbins, R. J.: Mechanized Tunnelling – Progress and Expectations, Tunnelling '79, The Institution of Mining and Metallurgy, S. XI – XX.
Trösken, K.: Stand und Entwicklung des vollmechanischen Auffahrens söhliger Grubenbaue. Glückauf *106*, 283–288 (1970).

Anschrift der Verfasser: O. Prof. Dr.-Ing. *Hanns Simons*, und Dipl.-Ing. *Uwe Beckmann*, Lehrstuhl für Grundbau und Bodenmechanik, Technische Universität Braunschweig, Gaußstraße 2, D-3300 Braunschweig, Bundesrepublik Deutschland.

Rock Mechanics, Suppl. 10, 127–154 (1980)

Rock Mechanics
Felsmechanik
Mécanique des Roches
© by Springer-Verlag 1980

Erfahrungen im Fräsvortrieb bei der Kraftwerksgruppe Sellrain-Silz

Von

W. Pircher

Mit 23 Abbildungen

Zusammenfassung — Summary

Erfahrungen im Fräsvortrieb bei der Kraftwerksgruppe Sellrain-Silz. Beim Bau dieser neuen Kraftwerksgruppe der Tiroler Wasserkraftwerke Aktiengesellschaft (TIWAG) wurden in den Jahren 1977 bis 1979 zwei Druckschächte, ein Druckstollen und ein Beileitungsstollen mit einer Gesamtlänge von 13 km im Ötztaler Kristallin mechanisch aufgefahren.

Der Beitrag behandelt die für die Bevorzugung des Fräsvortriebes maßgeblichen Gründe und Überlegungen, die Ausschreibung nach Gebirgsklassen und ihre Bewährung bei der Baudurchführung, die erzielten Vortriebsleistungen im Zusammenhang mit den Gebirgsverhältnissen, sowie besondere Vorfälle und Maßnahmen während des Vortriebes.

Experience with Mechanised Tunnelling for the Sellrain-Silz Hydropower Scheme. For the construction of this new hydropower scheme of the Tiroler Wasserkraftwerke Aktiengesellschaft (TIWAG), in the years from 1977 to 1979 two pressure shafts, one pressure tunnel and one adduction gallery with a total length of 13 km have been driven in hard rock with full face machines.

The paper explains the reasons and considerations which gave preference to mechanised tunnelling, reviews the rock classification system adopted in the tender documents and its later verification in construction practice, summarises the advance rates achieved in rock of different type and quality, and reports on some incidents and difficulties encountered during construction or measures taken to overcome them.

1. Einleitung

Die Kraftwerksgruppe Sellrain-Silz der Tiroler Wasserkraftwerke Aktiengesellschaft (TIWAG) ist ca. 30 km westlich von Innsbruck gelegen und seit 1977 in Bau. Mit zwei Kraftstufen von 287 und 489 Megawatt sowie einem ausgedehnten Beileitungssystem erfordert sie unter anderem den Bau von insgesamt 40 Kilometern an Stollen und Schächten, deren Vortrieb bereits abgeschlossen

Tab. 1. *Fräsvortriebe für Sellrain-Silz (Hauptdaten)*
Mechanised Tunnel Drives for the Sellrain-Silz scheme (Main Data)

Bauabschnitt	gefräster Durchmesser	gefräste Länge	Fräsentyp	Vortriebszeit
1. Druckschacht Unterstufe Silz	3,20 m	2002 m, 39° geneigt	Wirth TB II E	18. 8. 1977 bis 6. 7. 1978
2. Druckschacht Oberstufe Kühtai	4,80 m	327 m horizontal 876 m, 21° geneigt	Wirth TB IV H	29. 8. 1977 bis 17. 7. 1978
3. Druckstollen Unterstufe Silz	3,90 m	317 m Fensterstollen 3867 m Nordturm 650 m Südturm	Robbins Serie 120	16. 11. 1977 bis 5. 9. 1978
4. Überleitungsstollen Horlachbach	2,70 m	4979 m	DEMAG TVM 24–27 H	28. 6. 1978 bis 24. 11. 1979

werden konnte. Davon sind rund 13 km mechanisch aufgefahren worden, nämlich die Druckschächte der Ober- und Unterstufe, der Druckstollen der Unterstufe — praktisch also der gesamte Triebwasserweg — sowie der Stollen der Horlachbach-Überleitung, der als letzter am 24. November 1979 durchgeschlagen worden ist (Abb. 1, Tab. 1).

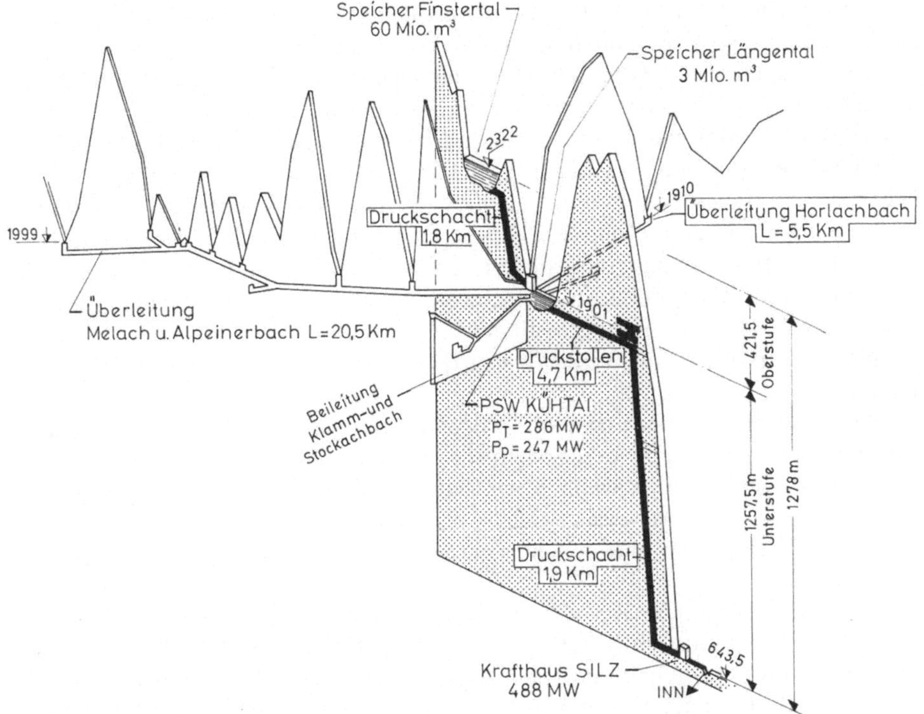

Abb. 1. Kraftwerksgruppe Sellrain-Silz — Höhenplan
Sellrain-Silz Hydropower Scheme — Profile Diagram

Zeitweise standen bis zu vier Vollschnittmaschinen gleichzeitig im Einsatz. Das signalisiert den breiten Durchbruch der Frästechnik auch im österreichischen Kraftwerksbau und läßt keinen Zweifel daran, daß ihr auch dort die Zukunft gehört. Gerade weil aber diese Entwicklung so schnell vor sich gegangen ist, bereitet es vorläufig noch immer beträchtliche Schwierigkeiten, den Zeit- und Kostenaufwand eines Fräsvortriebes richtig vorauszusagen und damit auch die Frage zu beantworten, ob man überhaupt fräsen *soll*, ja in einzelnen Fällen sogar ob man fräsen *kann*.

Derzeit hat bekanntlich der Anwendungsbereich des Fräsvortriebes noch längst nicht die Breite des Sprengvortriebes erreicht, weil ein ungünstiges Standfestigkeitsverhalten des Gebirges für den Fräsvortrieb wesentlich folgenreicher und problematischer ist als für den sehr viel anpassungsfähigeren Sprengvortrieb. Andererseits liefert das Standfestigkeitsverhalten beim Fräsvortrieb (im Gegensatz zum konventionellen) nur einen Teil der kostenbestimmenden Einflüsse. Der andere Teil stammt aus dem gesteinsabhängigen Widerstand des Gebirges gegen den mechanischen Abbau und äußert sich im erzielbaren Netto-Bohrfortschritt, im spezifischen Energieverbrauch und im Meißelverschleiß viel gewichtiger und zugleich auch viel differenzierter als dies etwa über den Bohraufwand und Sprengstoffverbrauch des konventionellen Vortriebes der Fall ist. Dem Mineralbestand, dem Mikrogefüge sowie der Häufigkeit, Richtung und Art der Diskontinuitäten kommt für die Beurteilung der Fräskosten eine Bedeutung zu, die für den Sprengvortrieb auch nicht annähernd gegeben ist.

Dies führt natürlich zu gesteigerten Ansprüchen an die Genauigkeit und Ausführlichkeit der geologischen Prognose. Sie ist stets auch durch eine Reihe felsmechanischer Kennwerte zu ergänzen, die allerdings angenehmerweise (und für diesen Zweck sogar ohne Nachteil) fast ausschließlich nur an Gesteinsproben im Labor bestimmt werden können. Neben der einachsigen Druckfestigkeit, deren lange Zeit dominierende Rolle heute nicht mehr so unumstritten ist, sind dies etwa Scherfestigkeit, Spaltzugfestigkeit, Abrasion, Verformungsmodul, Eindrückwiderstand oder Rückprallhärte. Der Einfluß all dieser zunächst nur beschreibend verwendeten Daten und Kenngrößen auf die Fräsbarkeit ist der Tendenz nach bekannt und erwiesen, aber seine Quantifizierung ist schwierig und im Grund noch ungelöst. Es fehlt zwar nicht mehr an Versuchen, daraus Bohrbarkeitsindizes zu definieren oder Formeln für den Nettobohrfortschritt bzw. die Penetration anzugeben, aber sie berücksichtigen meistens nur einen oder zwei Parameter und passen daher entweder nur für ungeklüftetes Gebirge oder nur für den Fall, aus dessen Meßwerten sie abgeleitet worden sind, nicht jedoch für die sehr komplexen Verhältnisse, mit denen es der alpine Kraftwerksbau im allgemeinen zu tun hat.

Hier wird wohl auf längere Zeit der übliche Weg zur Beurteilung von Durchführbarkeit und voraussichtlichem Aufwand einer Fräsarbeit in der Heranziehung jener Erfahrungen bestehen, die mit Fräsen möglichst desselben Typs in ähnlichen Gebirgsverhältnissen gemacht worden sind. Dabei sollte ein möglichst kompletter Satz von begleitenden Angaben den jeweiligen Grad dieser Ähnlichkeit erkennen und den Einfluß der Abweichungen abschätzen lassen.

Die folgenden Ausführungen versuchen, in dieser Richtung einen kleinen Informationsbeitrag zu leisten — wenn auch nur als eine erste, summarische Baustellenbetrachtung, da für eine intensive, auch statistische Bearbeitung der an sich reichlich vorhandenen Aufzeichnungen in der üblichen Turbulenz des laufenden Baugeschehens bisher die Zeit gefehlt hat.

2. Die Entscheidung zum Fräsvortrieb

Zunächst einige Bemerkungen über die Gründe, die jeweils zur Wahl des Fräsvortriebes geführt hatten.

Beim *Druckschacht Silz* (Abb. 3) der Unterstufe waren die technischen Vorteile eines schonend aufgebohrten Kreisprofiles für einen derart hoch beanspruchten, durch Injektionen vorzuspannenden Druckschacht ebenso von Anfang an

klar gewesen wie die bereits 1974/75 an etlichen Beispielen deutlich erkennbare
wirtschaftliche Überlegenheit gefräster Schächte. Er war deshalb auch nur für
Fräsvortrieb ausgeschrieben worden, und keiner der vierzehn Bieter hat von der
Möglichkeit eines konventionellen Alternativangebotes Gebrauch gemacht. Die
Fräsbarkeit war nach genauer geologischer Erkundung durch drei Sondierstollen,
zusätzliche Bohrungen, in-situ-Versuche sowie Untersuchungen an Gesteinsproben in den Labors von drei der bekanntesten Fräsenhersteller frühzeitig bewiesen
worden.

Beim *Druckschacht Kühtai* (Abb. 8) der Oberstufe war es etwas schwieriger
gewesen. Auch hier hatten dieselben technischen Vorteile wie beim Druckschacht
Silz und die ohne Wasserschloß ideal kurze Schrägverbindung von Anfang an
einen Fräsvortrieb nahegelegt. Zur Zeit der Ausschreibung, 1975, stand jedoch
keine geeignete Maschine zur Verfügung, und so wurde der Druckschacht mit
entsprechend geändertem Längsprofil (Abb. 8) für Sprenvortrieb ausgeschrieben
und anfangs 1977 auch zunächst so vergeben. Erst kurz danach bot sich plötzlich eine Maschine an, und das Baulos konnte mit neuem Leistungsverzeichnis
bei grundsätzlich gleicher Auftragssumme als Fräsvortrieb in Angriff genommen
werden.

Beim *Druckstollen Hemerwald* (Abb. 18) der Unterstufe mit seiner nach dem
TIWAG-Spaltinjektionsverfahren vorzuspannenden Betonauskleidung verlockten
die Qualitäten einer glatten Felsröhre natürlich gleichfalls zum Fräsen, es war
aber anfangs 1975 für österreichische Verhältnisse noch zweifelhaft, ob das
auch kostenmäßig vertretbar sein würde. Geotechnisch gab es dafür, gestützt auf
die Gesteinskennwerte der beiden benachbarten Druckschächte, keinerlei Bedenken. Die Ausschreibung sah daher beide Vortriebsmethoden wahlweise vor, ergab schon 1975 praktisch Preisgleichheit und führte zur Anschaffung der zweiten
Vollschnittmaschine durch österreichische Baufirmen.

Im 5,5 km langen Stollen der *Horlachbach-Überleitung* (Abb. 22) kam der
Fräsvortrieb für den Bauherrn eigentlich überraschend. Zur Zeit der Ausschreibung und noch bei der Vergabe galt nach allgemeiner Ansicht der mechanische
Vortrieb eines nicht ausgekleideten Beileitungsstollens gegenüber Sprengvortrieb als nicht konkurrenzfähig, weil hier die Mehrkosten des Ausbruches nicht
durch eine entsprechende Betonersparnis bei der Auskleidung kompensiert
werden. Der Stollen wurde daher konventionell ausgeschrieben, vergeben und
470 m weit aufgefahren. Erst dann kam von der Unternehmerseite der Vorschlag
zur Umstellung auf Fräsvortrieb, verbunden mit einer Pauschalierung in Höhe der
alten Auftragssumme. Das geologische Risiko war dabei trotz großer Überlagerung
dank der nahezu senkrecht stehenden Schichtfugen gering und wurde durch die
Limitierung der im Pauschale miterfaßten schwierigsten Gebirgsklasse noch
weiter gemildert.

Daß dieser Fräsvortrieb eines bis auf die Sohle unverkleideten Beileitungsstollens kein Einzelfall war, sondern schon 1977 einem allgemeinen Umschwung
in der Wirtschaftlichkeitsbeurteilung entsprach, bestätigte der wenig später an
den Bauherrn herangetragene Wunsch einer anderen Arbeitsgemeinschaft, auch
den 11,7 km langen *Nordabschnitt der Melach-Beileitung* (Abb. 1) nach rd. 2 km
konventionellem Vortrieb noch auf Fräsbetrieb umzustellen. In diesem Fall wurde aber aus Gründen des zeitlichen Risikos bei einem so langen Vortrieb in wech-

selhaftem Gebirge der flexiblere Sprengvortrieb beibehalten. Auch war dem Bauherrn daran gelegen, im Falle von Schwierigkeiten bei den verschiedenen Fräsvortrieben eine für Sprengvortrieb ausgerüstete Eingreif-Mannschaft in der Nähe zu haben, und schließlich haben dann die Erfahrungen mit einer 700 m langen Strecke starker Konvergenzen (bis über 40 cm) die ablehnende Haltung des Bauherrn auch aus dieser Sicht nachträglich bestätigt.

3. Erfahrungen mit der Art der Ausschreibung nach Gebirgsklassen

In der seit 1958 an die Gebirgsklassifizierung nach *Lauffer* gewöhnten TIWAG lag es natürlich nahe, sich auch für die Abwicklung der in Aussicht genommenen Fräsvortriebe unter Übernahme des geologischen Risikos ein ähnliches Klassifizierungssystem zu schaffen. 1974, zum Zeitpunkt der ersten Ausschreibung, gab es dafür noch recht wenig Orientierungshilfen. *Detzlhofer* hat es damals unternommen, für fräsbares Gebirge ein Schema mit sieben Klassen aufzustellen. Dementsprechend wurden — wegen der bekannten Gesteinsabhängigkeit der Penetration bzw. des Nettobohrfortschrittes — in den Leistungsverzeichnissen jedem Gesteinsbereich sieben Preispositionen zugeordnet.

Die Klassifizierung hängt, wie das stark vereinfachte Grundschema der Tab. 2 zeigt, einerseits vom Standfestigkeitsverhalten des Gebirges im aufgefahrenen Hohlraum ab und vom Ort und Ausmaß des dadurch erforderlichen Sicherungseinbaues, sowie andererseits vom Gebirgsverhalten unter den Platten der Ver-

Tab. 2. *Gebirgsklassifizierung für Fräsvortrieb (vereinfachtes Grundschema)*
Rock Classification System for Mechanised Tunnelling (Basic Principles)

Klassen-Einteilung 3)	2)	1)	Kennzeichnendes GEBIRGSVERHALTEN und dadurch bedingte Maßnahmen — im aufgefahrenen Hohlraum (Firste)	und/oder im Bereich der Verspannplatten	Ort und Umfang der erforderlichen SICHERUNGS-Maßnahmen	Einfluß auf den Fräsfortschritt
1 a	I	I	standfest	keine Ausbrüche	zunehmende Sicherung von einem Nachläufer aus (hinter dem Führerstand)	keine oder geringe Behinderung, Sicherungseinbau in der Regel zwischen den Hüben
b	II	II	zunehmend nachbrüchig, aber ausreichende Standzeit	Ausbrüche zunehmend, aber gering, noch keine Verstärkungen erforderlich		
		III				
c	III	IV				
2 a	IV	V	Zunehmende Verbruchgefahr im Maschinenbereich	Zunehmend Einbau druckverteilender Elemente erforderlich	Sicherung schon im Maschinenbereich bzw. direkt hinter Fräskopf	Zunehmend Sicherung während Hub, zunehmend Stillstände
b						
c	V	VI				
3	VI	VII	Sehr gebräch, sofort zu sichern	Druckverteiler bei jedem Hub nötig	Rückzug der Fräse, Sicherung vor Fräskopf	Sehr geringe Vortriebsleistung
4	VII	VIII	Fräsvortrieb unmöglich ⟶ konventioneller Ausbruch			

1) TIWAG-Ausschreibung Sellrain-Silz (Detzlhofer 1974)
2) Neufassung von 1) unter Berücksichtigung der Erfahrungen beim Bau von Sellrain-Silz (Detzlhofer 1979)
3) Vorschlag einer allg. Einteilung in 4 Gebirgsgüteklassen mit Untergruppen (Rienössl 1979)

spannungseinrichtung und den dort zu treffenden Maßnahmen. Daraus resultieren die Beeinträchtigung des Fräsfortschrittes, der Sicherungsaufwand und letztlich die Kosten.

Diese erste Fassung der Detzlhofer'schen Gebirgsklassifikation hat sich bei der praktischen Handhabung in den vier Fräsvortrieben von Sellrain-Silz im allgemeinen gut bewährt und auf den Baustellen wenig Anlaß zu Meinungsverschiedenheiten bei der einvernehmlichen Festlegung der jeweiligen Klasse gegeben. Eine zweite, später auch veröffentlichte Fassung (*Detzlhofer* 1979) konnte bereits die Baustellenerfahrungen berücksichtigen.

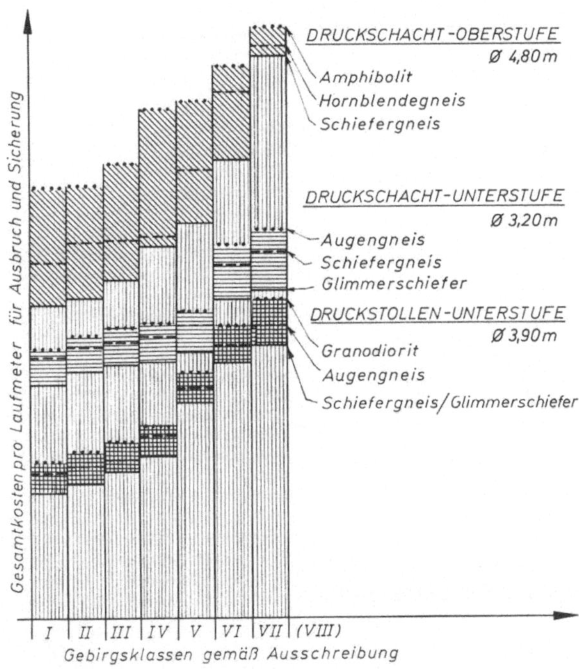

Abb. 2. Kostenvergleich für Ausbruch und Sicherung
Comparative Cost of Excavation and Support

So hatte es sich wiederum gezeigt, daß es weitgehend vom Maschinentyp, ja vom ganzen Vortriebssystem abhängt, mit welchen Schwierigkeiten die Sicherungsmaßnahmen in verschiedener Entfernung vom Bohrkopf, besonders aber im eigentlichen Maschinenbereich vor dem Führerstand verbunden sind. Der Sicherungsausbau kann wohl am besten, zugleich aber auch spätestens, von einer hinter dem Führerstand zwischengeschalteten und mit allem erforderlichen Gerät ausgestatteten Arbeitsplattform aus angebracht werden. Hinter dem ganzen Vortriebssystem kann man ja wegen der Kreisform und der dichten Zugsfolge in einem Stollen nicht einmal gehen und stehen und nur bei Vortriebsunterbrechungen arbeiten. Jener Standfestigkeitsbereich, der noch mit Sicherung hinter dem Führerstand und ohne Einbau druckverteilender Elemente bei der Verspannung auskommt,

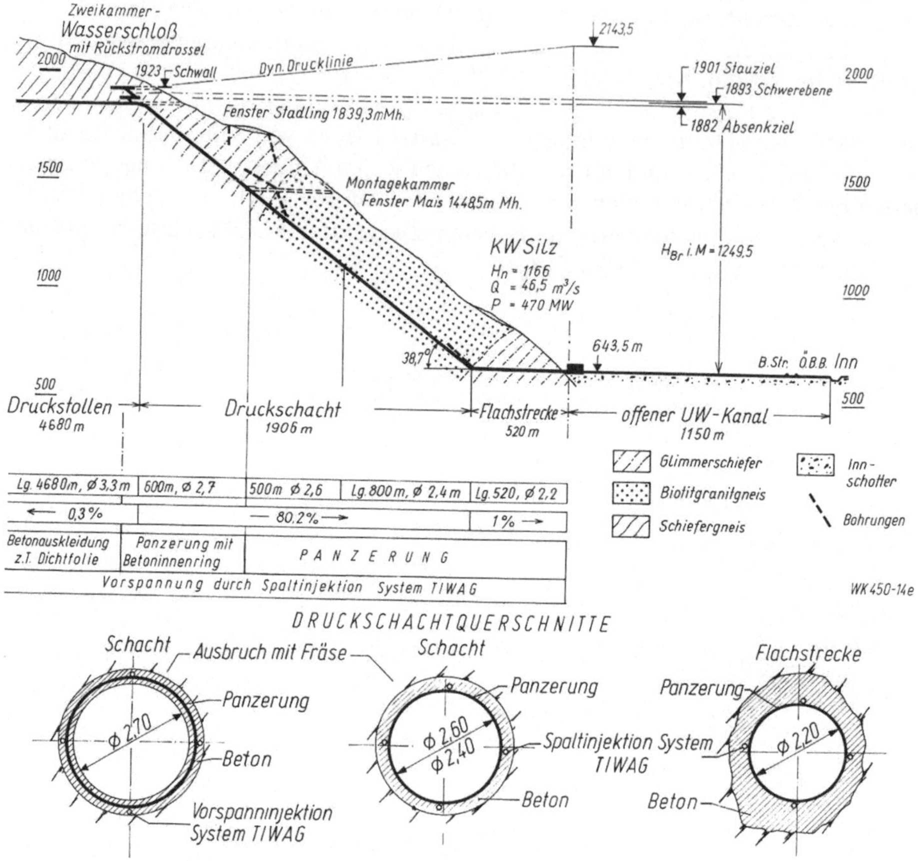

Abb. 3. Druckschacht Silz — Geologie und Schachtquerschnitte
Silz Pressure Shaft — Geological Profile and Shaft Cross-Sections

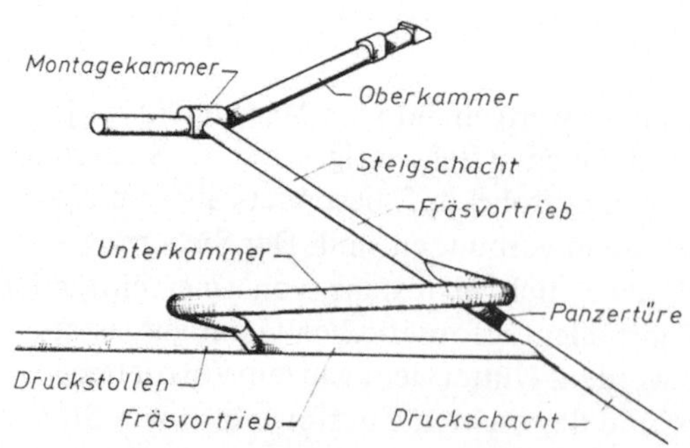

Abb. 4. Wasserschloß
Surge Tank

kann daher sicherlich auch mit drei Gebirgsklassen ausreichend differenziert beschrieben werden.

Ferner verlangte die schwierigste noch fräsbare Gebirgsklasse — in der Erstfassung VII, in der Zweitfassung VI — eine etwas geänderte Definition, da es bei sehr gebrächem oder mylonitisiertem Gestein erforderlich sein kann, *vor* dem Bohrkopf nach entsprechendem Rückzug der Fräse um zwei bis drei Hübe zu sichern.

Im Bestreben nach einem möglichst allgemein anwendbaren Schema könnte man den fräsbaren Bereich auch in nur drei Gebirgsklassen einteilen, innerhalb dieser Klassen aber dann die Definition von Unterklassen mit einer gewissen Flexibilität an die Besonderheiten des Gebirges, des Bauwerkes und eventuell auch der vorgesehenen Fräse anpassen (*Rienößl* 1979).

Eine Betrachtung der Kostenstruktur (Abb. 2), die sich aus der Ausschreibung nach sieben fräsbaren Gebirgsklassen ergab, muß sich natürlich der verschiedenen spekulativen Einflüsse auf die Preisrelationen bewußt sein. Im großen und ganzen aber dürfte dieses Bild aus drei Baulosen dreier verschiedener Arbeitsgemeinschaften doch irgendwie typisch sein:

— Solange man mit Sicherungsarbeiten *hinter* dem Führerstand und *ohne* Hilfen bei der Verspannung auskommt, steigen die Kosten nur wenig, daher sind vier Klassen für diesen Bereich eher zuviel gewesen.

— Erst Sicherung *vor* dem Führerstand und Schwierigkeiten bei der Verspannung (in den Klassen V und VI), sowie schließlich Fräsenrückzug und Sicherung vor dem Kopf (in der Klasse VII), treiben die Einheitspreise stark in die Höhe.

— Der erwartete Gesteinseinfluß auf die Penetration kommt in der Bandbreite der dunkel schraffierten Bereiche zum Ausdruck und brachte vor allem für den ob seiner Zähigkeit gefürchteten Amphibolit mit über 70% Hornblendegehalt erhebliche Mehrkosten.

— Von solchen Sonderfällen vielleicht abgesehen, erschiene es durchaus sinnvoll, bei einer Ausschreibung jedem Gesteinsbereich nur eine Preisposition für den Vortrieb in der Klasse I zuzuordnen, die schwierigeren Klassen aber durch gesteinsunabhängige, einheitliche Zuschläge zu berücksichtigen.

4. Druckschacht Silz

Ausführung: Arbeitsgemeinschaft Druckschacht Silz (STUAG/Wien, Kunz & Co./Bludenz)

Als erster Fräsvortrieb wurde der Druckschacht Silz in Angriff genommen, der wegen seiner Länge im Bauzeitplan der Unterstufe kritisch erschien (Abb. 3). Er hat eine schräge Länge von 1906 m; da man durch einen Trick (Abb. 4) den die beiden Wasserschloßkammern verbindenden 126 m langen Steigschacht einfach in der Verlängerung des Druckschachtes anordnen konnte, betrug die gesamte gefräste Länge abzüglich Startröhre 1995 m (die bogenförmige Wasserschloß-Unterkammer zweigt vom Druckstollen ab, und unterhalb ihrer mit einer

Drossel versehenen Einmündungsstelle in den schrägen Verbindungsschacht zur
Oberkammer trennt ein Schott diesen vom Druckschacht).

In Anbetracht der hohen Beanspruchung dieses Druckschachtes — er über-
windet ja 1258 m Rohfallhöhe — hatte man die Gebirgsverhältnisse schon frühzeitig durch drei Sondierstollen und davon ausgehende Bohrungen erkundet
(Abb. 3).

Gleich nach der noch im Glimmerschiefer gelegenen Startröhre hatte der
Fräsvortrieb 1204 m im Biotitgranitgneis zu durchfahren, der im allgemeinen
standfest und trocken war, aber einige Störungen mit zerbrochenem Gestein und
Lettenklüften aufwies. Darauf folgten 533 m Glimmerschiefer und schließlich,
mit lagenweisem Übergang, ziemlich fester Schiefergneis. Die Schichtung verläuft
über die ganze Länge mehr oder weniger senkrecht zur Schachtachse.

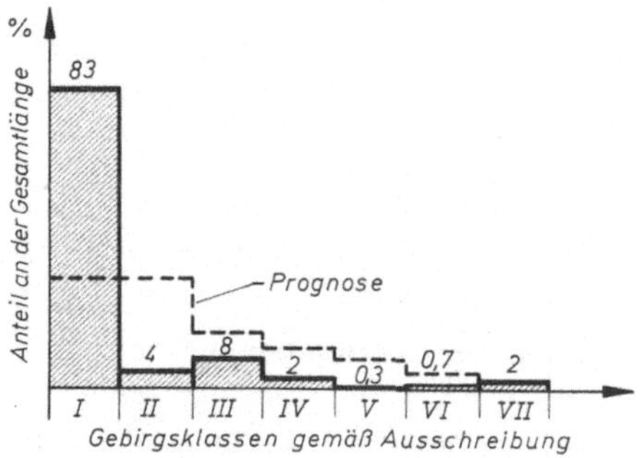

Abb. 5. Druckschacht Silz — Gebirgsklassenverteilung
Silz Pressure Shaft — Distribution of Rock Classes

Drei Radialpressenversuche in situ lieferten die zur Bemessung der Panzerung
nötigen Arbeitslinien und Verformungsmoduln. An 20 Proben aus den Sondierstollen oder von benachbarten Baustellen mit ähnlichem Gestein wurden u.a. die
einachsige Druckfestigkeit, die Spaltzugfestigkeit sowie der Mineralbestand und
das Mikrogefüge bestimmt. Diese Kennwerte wurden während der Bauzeit
laufend durch die Ergebnisse der in der TIWAG-eigenen Baustoffprüfstelle durchgeführten Untersuchungen ergänzt. Ihre auszugsweise Wiedergabe in Tab. 3 läßt
auch innerhalb gleicher Gebirgseinheiten eine erhebliche Streuung erkennen, die
zum Teil auf den festigkeitsmindernden Einfluß von Haarrissen zurückzuführen ist.
Sie zeigt auch, wie gefährlich es wäre, eine Vortriebsprognose nur auf die Meß-
werte vereinzelter Proben abstützen zu wollen.

Eingesetzt war eine WIRTH-Fräse vom Typ TB II-300E für einen Bohrdurchmesser von 3,20 m, also schon ein älteres Modell, das bereits fünf Schächte im
Hartgestein mit zusammen fast 5 km Länge erfolgreich hinter sich gebracht
hatte. Der Kopf war mit 21 Warzenmeißeln ausgerüstet, auf die eine mittlere Vorschubkraft von 148 kN brutto pro Meißel oder 390 kN/m² Querschnitt aufgebracht
werden konnte (Abb. 6).
Im Hinblick auf die bei einem so langen Schacht erforderliche Teleskopierung
der Panzerung geriet man übrigens hier durch das Auffahren mit nur einem Querschnitt ziemlich an die Grenze des Ausführbaren.

Tab. 3. *Felsmechanische Kennwerte (auszugsweise)*
Mechanical Properties of Rock (in Extracts)

Gestein – Entnahmeort der Probe (aus Stollen,Schacht oder Bohrloch)	Einachsige Druckfestigkeit N/mm2 x)	Spalt-Zugfestigkeit N/mm2 x)	Scherfestigkeit (Restscherfestigkeit) N/mm2 xx)	E-Modul N/mm2 x)
Glimmerreicher Schiefergneis:				
– Flachstrecke Druckschacht Silz			$\tau = 2.22 + 0.57\sigma_N$ $(0.83 + 0.37\sigma_N)$	
– Schachtkraftwerk Kühtai			$\tau = 2.60 + 1.18\sigma_N$ $(1.27 + 0.32\sigma_N)$	
– Horlachbach-Überleitung	12 $\parallel$s	4.8 $\parallel$s, 4.7∡s	$\tau = 3.10 + 2.19\sigma_N$ $(1.12 + 0.60\sigma_N)$	
Schiefergneis:				
– Druckschacht Silz, Fenster Stadling	80 $\parallel$s,65∡s,90$\perp$s			13 900 $\parallel$s, 14 100$\perp$s
– Druckschacht Silz, Fenster Mais	51 - 94	13.4 - 20.2		
– Druckschacht Kühtai		14.9-15.3$\parallel$s; 17.9-20.6$\perp$s		
– Schachtkraftwerk Kühtai	(29) - 161			13 900 - 25 000
– Schachtkraftwerk Kühtai			$\tau = 7.4 + 1.23\sigma_N$ $(0.15+ 0.40\sigma_N)$	
– Schachtkraftwerk Kühtai	99 - 118	3.4 - 5.0		
– Schachtkraftwerk Kühtai		4.7 - 7.5		
– Horlachbach-Überleitung		6.5 $\parallel$s; 12.4$\perp$s	$\tau = 8.5 + 1.81\sigma_N$ $(0.96+ 0.49\sigma_N)$	
Biotitgranitgneis:				
– Druckschacht Silz, Fenster Mais	52 - 155$\parallel$s; 65∡s;47$\perp$s			39 700 $\parallel$s, 40 600$\perp$s
– Druckschacht Silz, Fenster Mais	97 - 140			
– Druckschacht Silz, Fenster Mais	124 - 170	7.2 - 11.7		
– Druckschacht Silz, Fenster Mais	42 - 65	7.3 - 12.3		
– Druckschacht Silz, Fenster Mais	71		$\tau = 3.50 + 1.93\sigma_N$ $(0.10 + 0.57\sigma_N)$	18 430
– Druckschacht Silz, Fenster Mais	74			26 600
Muskowitgranitgneis:				
– Druckstollen Hemerwald	105 - 158 $\parallel$s			22 400 - 23 100 $\parallel$s
– Entwässerungsstollen Längental	81$\parallel$s;67∡s;90$\perp$s			
– Druckschacht Silz, Flachstrecke	87			14 750
Granodioritgneis:				
– Horlachbach-Überleitung	97 $\parallel$s	7.7$\parallel$s, 13.3$\perp$s	$\tau = 18.20 + 1.50\sigma_N$ $(3.34 + 0.17\sigma_N)$	63 600 $\parallel$s
– Beileitung Melach-Nord	214$\parallel$s			
– Steinbruch Finstertal	(49) $\parallel$s; 102$\perp$s	9.4$\parallel$s, 13.0$\perp$s		15 100$\parallel$s, 34 000 - 48 750$\perp$s
Amphibolit:				
– Druckschacht Kühtai		16.0 - 22.1		
– Druckschacht Kühtai		5.4-16.3$\parallel$s; ;14.7-30.1$\perp$s		
– Schachtkraftwerk Kühtai	193 - 330			
– Schachtkraftwerk Kühtai	272 - 304	6.3 - 9.4		
– Schachtkraftwerk Kühtai	71 - 120	8.9 - 15.8		20 300 - 34 000
– Schachtkraftwerk Kühtai	(34)- 150			
– Schachtkraftwerk Kühtai	62	10.8 - 24.9		
– Schachtkraftwerk Kühtai			$\tau = 6.4 + 1.64\sigma_N$ $(0.25+ 0.80\sigma_N)$	
Hornblendegneis:				
– Druckschacht Kühtai, Schieberkammer	73-184$\parallel$s, 88$\perp$s			41 500-55 080$\parallel$s; 40 800$\perp$s

x) Lastrichtung parallel ($\parallel$s), senkrecht ($\perp$s) oder unter 45° (∡) zu s. Wenn nicht angegeben, entweder unbekannt oder ohne Einfluß.

xx) Scherfestigkeit immer parallel zu s.

Der Glimmerschiefer am Schachtfuß hatte im darüberliegenden Biotitgranitgneis das Wasser rückgestaut, das zum Teil schon beim Ausbruch der Startröhre
angefahren wurde. Beim ersten Hineinfräsen in den Biotitgranitgneis kamen dann
noch zusätzliche 100 Liter pro Sekunde auf die Maschine und verursachten trotz
aller Plastikverpackung mehrfach Motorausfälle und sonstige Behinderungen
(Abb. 7).

Einen Monat später ergaben sich unerwartete Schwierigkeiten in stark klüftigen
Gesteinszonen, wo sich einzelne Brocken von solcher Größe aus der Brust lösten,
daß sie zum Teil nicht einmal mehr unter der Maschine durchkamen, spätestens
aber am Steinfänger liegenblieben. Dort mußten sie dann soweit zerkleinert werden, daß sie durch die Rinne abgefördert werden konnten, die aus einem auf dem
Fels der Schachtsohle befestigten, 27 auf 50 cm messenden Blechkasten in Form
eines umgekehrten U bestand. Eine Zeitlang gab es somit die groteske Situation,
daß der Arbeitsfortschritt des ganzen 90 t schweren und mit allen Schikanen des
späten 20. Jahrhunderts ausgestatteten Vortriebssystems von der Muskelkraft
zweier altägyptischer Steinklopfer bestimmt wurde. Die Arbeitsgemeinschaft
STUAG-KUNZ reagierte aber sehr schnell und baute als letzten Nachläufer
einen Backenbrecher ein, der sich sehr gut bewährte und insgesamt 800 Stunden
im Einsatz war.

Abb. 6. Druckschacht Silz — Fräskopfmontage (Wirth TB II-300E), D = 3,20 m
Silz Pressure Shaft — Assembly of Cutter Head (Wirth TB II-300E), D = 3,20 m

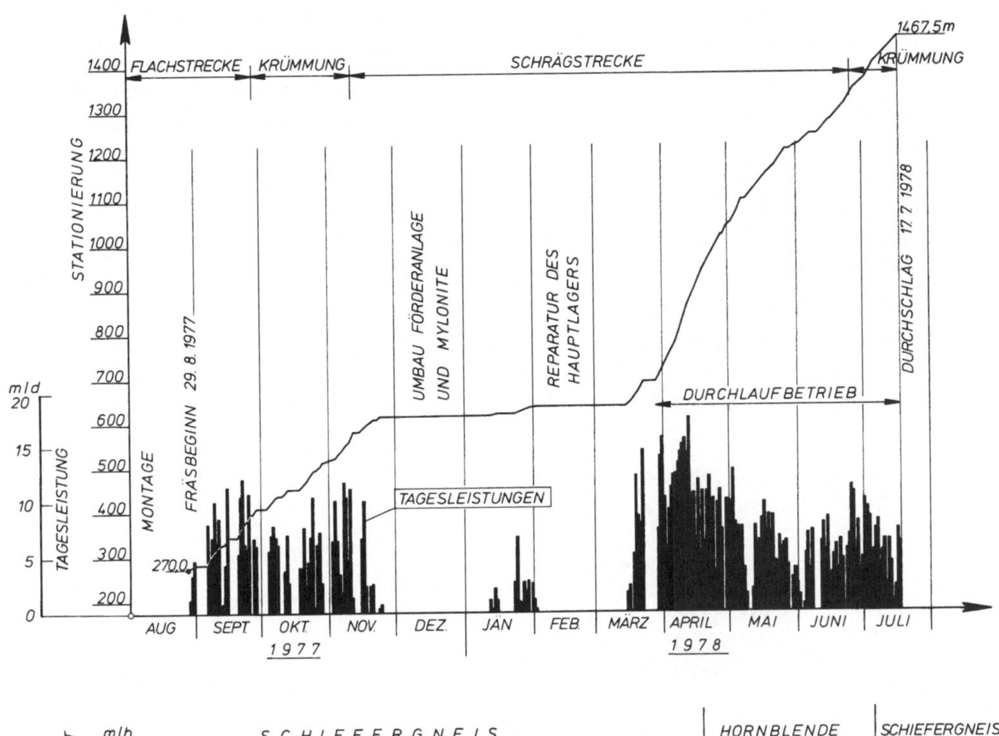

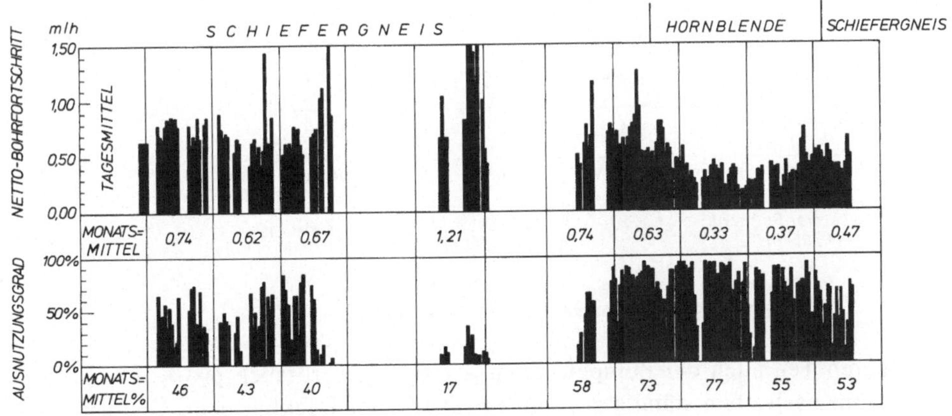

Abb. 7. Druckschacht Silz — Vortriebsverlauf
Silz Pressure Shaft — Progress Chart

Danach und gesamthaft betrachtet lief der Vortrieb recht gut und konnte den verspäteten Beginn und die Verzögerung durch Wasser, Brechereinbau und Durchfahrung der Montagekammer Mais mehr als einholen (Abb. 7). 83% der Gesamtstrecke fielen in die Gebirgsklasse I (Abb. 5), und es war schon aus diesem Grund unmöglich, einen Zusammenhang zwischen Nettobohrfortschritt oder Tagesleistung einerseits und Gebirgsklassen andererseits zu erkennen. Auch eine quantifizierbare Abhängigkeit vom Zerlegungsgrad (ein durch Punktebewertung von Schieferung, Klüftung und Kluftbelag von der TIWAG zum internen Gebrauch definierter Kennwert) ließ sich nicht ableiten, wozu sowohl die einflußmildernde Schichtung und Schieferung normal zur Stollenachse als auch die vorsichtige Fahrweise wegen der bald einmal gegebenen Standfestigkeitsprobleme beigetragen haben.

Der Ausnützungsgrad der Maschine, d.h. die Nettobohrzeit in Prozent der Arbeitszeit an Frästagen, nahm nach oben hin ab, was der Tendenz nach durch das zunehmend schwierigere Nachbauen der Hilfseinrichtungen begründet ist und dem Absolutwert nach von der Qualität der Baustellenorganisation abhängt. Ebenso nahm pro Gestein auch der Nettobohrfortschritt nach oben zu etwas ab, offenbar weil man mit dem Meißelwechseln ziemlich sparsam war, insgesamt nur zwei Garnituren verbrauchte und die Zentralmeißel überhaupt nicht austauschte. Bedingt durch den zunehmenden Bedarf der Winde und zu einem klei-

Tab. 4. *Druckschacht Silz − Vortriebsleistungen*
Silz Pressure Shaft − Advance Rates

DRUCKSCHACHT SILZ
$\varnothing$ 3,20m ; l = 1995m ; $\sphericalangle$ = 39°

Gestein	Nettobohrgeschwindigkeit (m/h) (gemittelt über 1 Tag)		Tagesleistung (m/d)	
	Mittel	Max.	Mittel	Max.
Biotitgranitgneis (1204 m)	1,24	2,14	11,57	22,40
Glimmerschiefer (533 m)	1,40	1,67	10,26	18,40
Schiefergneis (258 m)	1,20	1,50	8,70	16,90
Gesamter Schacht (1995 m)	1,28	2,14	10,61	22,40

spez. Energieverbrauch: 47 kWh/m³

neren Teil auch der Pumpen nahm der Energieverbrauch pro Kubikmeter Hohlraum nach oben ständig zu, mit einem kleinen Rückfall beim Übergang vom Biotitgranitgneis zum Glimmerschiefer.

Die pro Gesteinsbereich erzielten mittleren Nettobohrfortschritte lagen durchaus im Rahmen der von vergleichbaren Baustellen her bekannten Werte (Tab. 4). Die auf den gesamten Schacht bezogene mittlere Tagesleistung von 10,61 m und der spezifische Energieverbrauch von 47 kWh/m³ können als Ausdruck im ganzen günstiger Verhältnisse auf einer gutgeführten Baustelle gewertet werden.

5. Druckschacht Kühtai

Ausführung: Arbeitsgemeinschaft Kühtai (Universale/Wien, Mayreder/Innsbruck, IL-Bau/Spittal, Innerebner/Innsbruck)

Der Fräsvortrieb im Druckschacht Kühtai der Oberstufe wurde als zweiter in Angriff genommen, nachdem der Kraftwerksschacht abgeteuft, ein zwei Jahre früher aufgefahrener Sondierstollen ausgeweitet und eine Montagekammer ausgebrochen worden war (Abb. 8). Insgesamt waren 327 m horizontal und 876 m

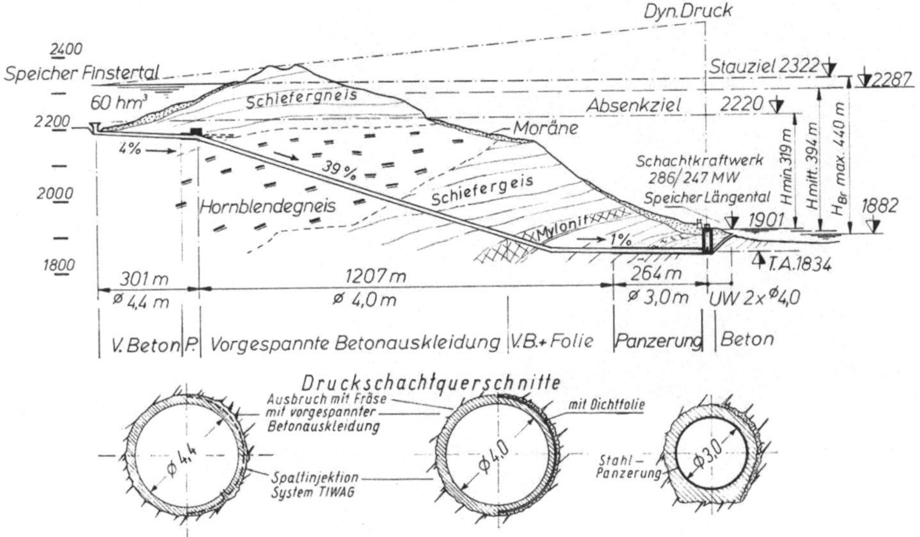

Abb. 8. Druckschacht Kühtai – Geologie und Schachtquerschnitte
Kühtai Pressure Shaft – Geological Profile and Shaft Cross-Sections

unter 21° Neigung mit 4,80 m Durchmesser zu fräsen, davon 60% in fein- bis mittelkörnigem, mäßig klüftigem Schiefergneis, dessen Schieferungsflächen nur 5 bis 20° zur Schachtachse geneigt sind, während die Klüftung fast senkrecht darauf steht. Die restlichen 40% entfielen auf eine Linse aus feinkörnigem, wenig geschiefertem Hornblendegneis, der im allgemeinen mittelklüftig, stellenweise aber auch fast kluftfrei war. Sein Hornblendegehalt – im Mittel etwa 20 bis 35% – erreichte stellenweise bis zu 70%, wo dann die bis zu 1 cm langen Hornblendestengel das Gefüge förmlich zusammennagelten. Wiederum lag eine Reihe von Versuchen an Gesteinsproben vor, die während der Bauausführung noch ergänzt worden sind.

Zum Einsatz kam eine ältere WIRTH-Fräse vom Typ TB IV-H, die bereits 7 km im Hartgestein aufgefahren hatte. Der Bohrkopf war bei 4,8 m Durchmesser mit 30 Warzenmeißeln bestückt, auf die eine mittlere Vorschubkraft von je 163 kN brutto pro Meißel oder 271 kN/m² Querschnitt aufgebracht werden konnte (Abb. 9).

Beim Vortrieb machte man schon beim Schiefergneis der Flachstrecke die unangenehme Erfahrung, daß die vielzitierte Regel, wonach der schonende Vorgang des Fräsens die Gebirgsklassen von selber um ein bis zwei Stufen zum Günstigen verschiebe, auch sehr deutliche Ausnahmen kennt.

Abb. 9. Druckschacht Kühtai — Fräskopf Wirth TB IV-H, D = 4,80 m
Kühtai Pressure Shaft — Cutter Head Wirth TB IV-H, D = 4,80 m

Abb. 10. Druckschacht Kühtai — Ausbrüche im Bereich der oberen Verspannungseinrichtung
Kühtai Pressure Shaft — Overbreak in the Region of the Upper Anchor Pads

Vorgezeichnet durch ein ungünstiges Gefüge, lösten sich unter der Wechsellast der Verspannungseinrichtung am linken oberen Ulm laufend größere Gesteinskörper (Abb. 10), die entweder in der Enge des Maschinenbereiches mühsam gesichert (Abb. 11) oder nach Absturz abtransportiert werden mußten. Bei Sprengvortrieb wäre das meiste schon beim Abschlag heruntergekommen und hätte nach der Lauffer-Klassifizierung ein billiges „b" oder „c" gegeben, beim Fräsvortrieb ergab es die teuersten Gebirgsklassen V bis VII. Später lieferte der Hornblendegneis und Amphibolit ein weiteres Beispiel dafür, daß bei gewissen

Abb. 11. Druckschacht Kühtai — Sicherung der Firste im Maschinenbereich
Kühtai Pressure Shaft — Temporary Support of the Crown between Cutter Head and Driver's
Stand

Gesteinsverhältnissen, die bei der Entscheidung zwischen Fräs- und Sprengvortrieb wohl zu bedenken sind, der Fräsvortrieb unverhältnismäßig teuer sein kann. Der Hornblendegneis, mit bis zu 70% Hornblendegehalt am Übergang zum Amphibolit, war durchwegs standfest (Abb. 12) und entsprach damit der Klasse I. Anders als beim Sprengvortrieb, der nur nach der Standfestigkeit klassiert und nicht nach Gestein, war beim Fräsen der erhöhte Widerstand des Hornblendegneises und Amphibolites gegen den mechanischen Abbau zu berücksichtigen und ergab gegenüber Schiefergneis einen um 40% höheren Preis, der in der 40% kleineren mittleren Bohrgeschwindigkeit und dem 66% höheren spezifischen Energieverbrauch durchaus seine Rechtfertigung hatte.

Der im ganzen nicht vom Glück begünstigte Vortrieb hatte auch zwei Zwischenfälle zu meistern, die sehr störend waren, aber überall vorkommen können.

Abb. 12. Druckschacht Kühtai — Brust und Ulm in festem Hornblendegneis
Kühtai Pressure Shaft — Face and Wall in competent Hornblendegneiss

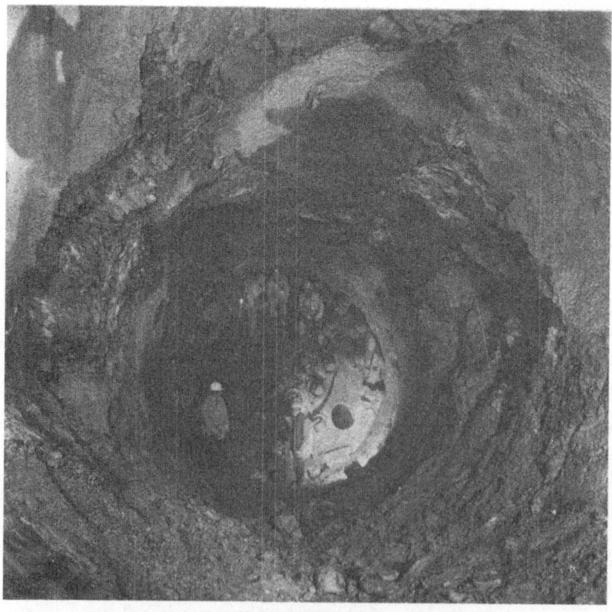

Abb. 13. Druckschacht Kühtai — Mylonitstrecke, nach Rückzug der Fräse
Kühtai Pressure Shaft — Section in Extremely Microbrecciated Rock, after Withdrawal of the Fullface Machine

Der erste bestand, knapp nach dem unteren Krümmer, in einer Schar 1 bis 2 m breiter Mylonite (Abb. 8), die im spitzen Winkel zu durchfahren war. Sie erforderte auf fast 40 m Länge umfangreiche Sicherungsarbeiten vor dem Fräskopf. Nach einem durch den Umbau der Fördereinrichtung und den Weihnachtsabgang erzwungenen längeren Stillstand (Abb. 16) war sogar ein Rückzug der Fräse um 16 m und der Bau einer Umgehungsnische um den Fräskopf herum zum Abtransport des heruntergebrochenen Materiales notwendig. Abb. 13 zeigt diese arg zusammengeflickte Schachtstrecke.

Der zweite Zwischenfall ergab sich kurz darauf durch einen Schaden des 18 t schweren Hauptlagers, der nicht im Schacht behoben werden konnte. Der dreiteilige Bohrkopf wurde demontiert und verankert, die Fräse anschließend um 50 m zurückgezogen und das Lager in einer dafür ausgebrochenen Grube in der Sohle versenkt (Abb. 14). Die Fräse rückte dann wieder vor, bis das Lager hinter ihr aus der Grube abtransportiert werden konnte. Nach der Reparatur im

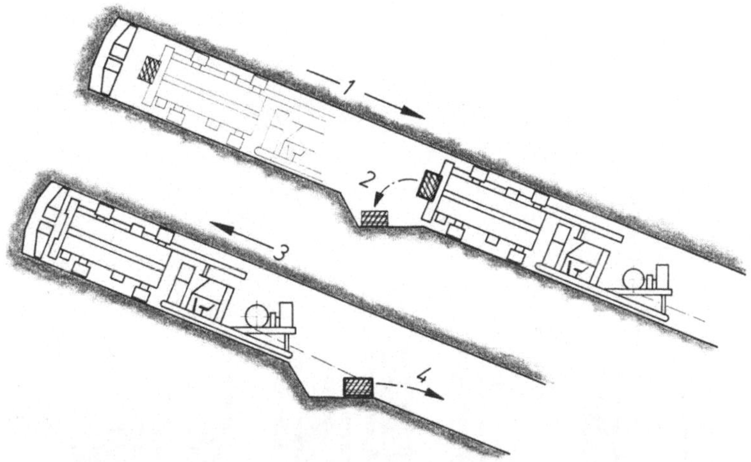

Abb. 14. Druckschacht Kühtai — Ausbau des beschädigten Hauptlagers
Kühtai Pressure Shaft — Removal of the Damaged Main Bearing

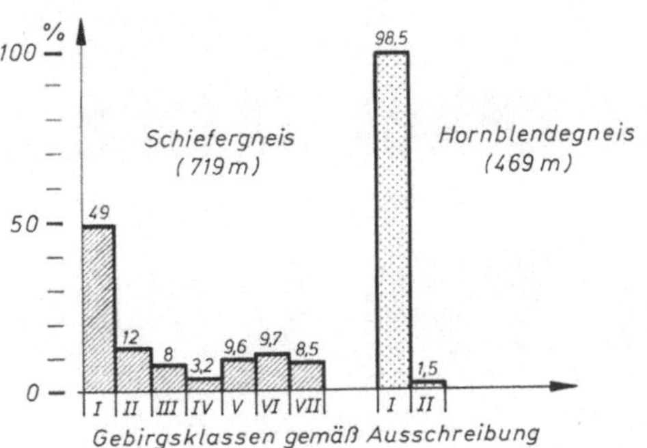

Abb. 15. Druckschacht Kühtai — Gebirgsklassenverteilung
Kühtai Pressure Shaft — Distribution of Rock Classes

Werk erfolgte der Wiedereinbau in umgekehrter Reihenfolge. Die ganze Prozedur verursachte 5 1/2 Wochen Stillstand.

Das Durchfahren der Krümmungen war bei guter Verspannbarkeit problemlos. Unten hatte man wegen der Mylonite zwischen Flach- und Schrägstrecke noch je einen horizontalen und vertikalen Bogen von 300 m Radius hintereinandergeschaltet, während man oben einen richtigen Raumkrümmer fuhr.

Eine vorausberechnete Kurve auf der Zielmarke wurde auf den etwa alle 3 m nachjustierten Laserstrahl eingestellt, und der Durchbruch in die Schieberkammer gelang präzis innerhalb der knappen Aussparung in der Betonverkleidung.

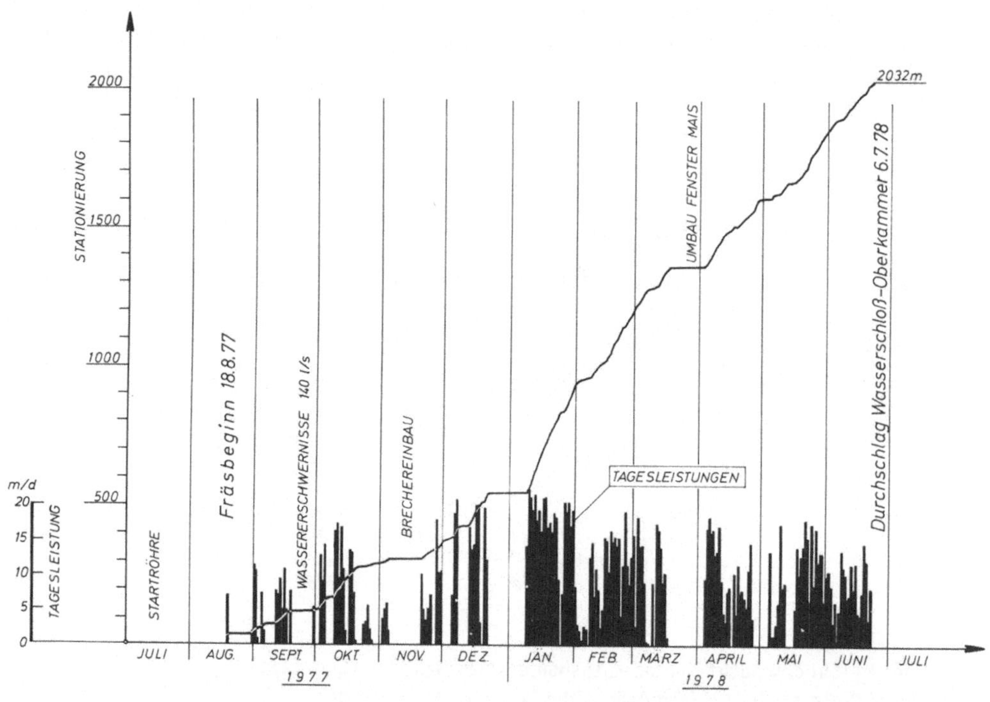

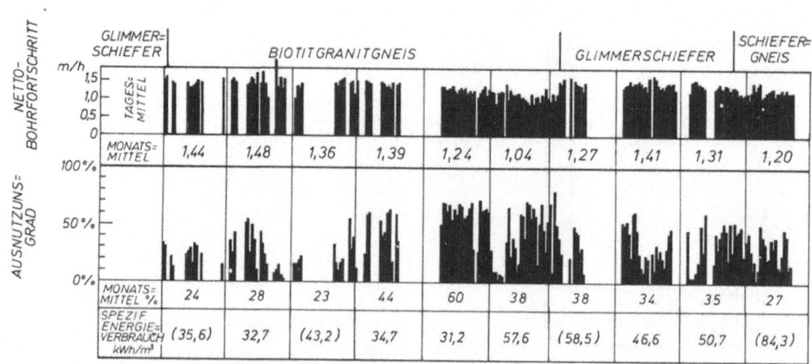

MONATS=MITTEL	1,44	1,48	1,36	1,39	1,24	1,04	1,27	1,41	1,31	1,20
MONATS=MITTEL %	24	28	23	44	60	38	38	34	35	27
SPEZIF ENERGIE=VERBRAUCH kWh/m³	(35,6)	32,7	(43,2)	34,7	31,2	57,6	(58,5)	46,6	50,7	(84,3)

Abb. 16. Druckschacht Kühtai – Vortriebsverlauf
Kühtai Pressure Shaft – Progress Chart

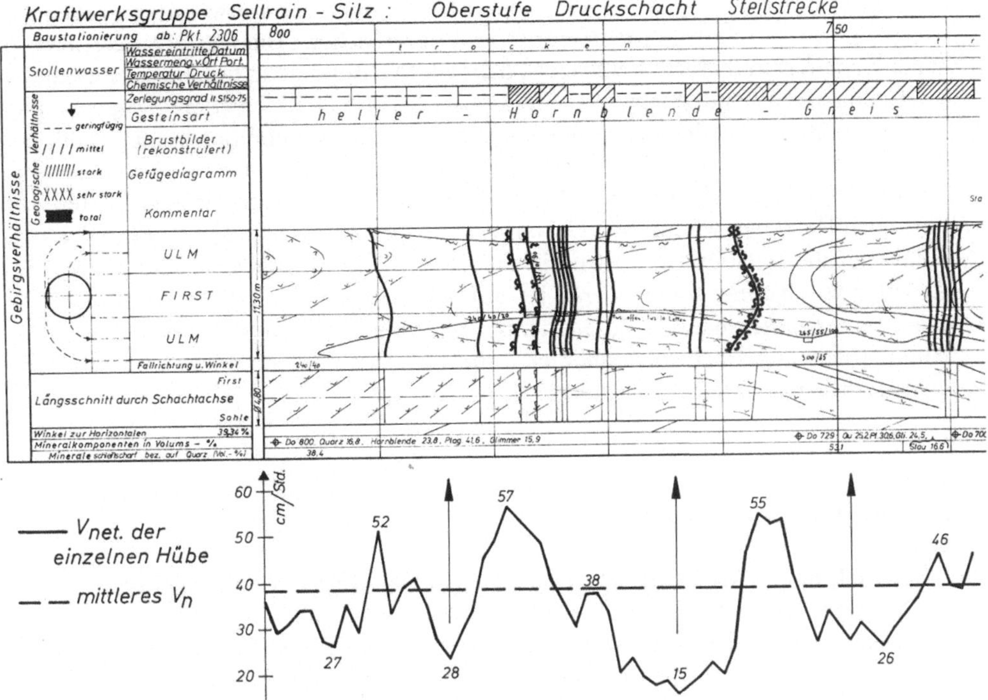

Abb. 17. Druckschacht Kühtai — Einfluß der Klüfte auf die Nettobohrgeschwindigkeit
Kühtai Pressure Shaft — Influence of Joints on Net Advance Rate

Tab. 5. *Druckschacht Kühtai — Vortriebsleistungen*
Kühtai Pressure Shaft — Advance Rates

DRUCKSCHACHT KÜHTAI

Ø 4,80m   Flachstrecke 327m
Schrägstrecke 876m, ∢=21° } gefräst

Gestein	Nettobohrgeschwindigkeit (m/h) (gemittelt über 1 Tag)		Tagesleistung (m/d)	
	Mittel	Max.	Mittel	Max.
• Schiefergneis				
Flachstrecke	0,66	0,90	5,90	11,40
Schrägstrecke	0,66	1,27	6,10	17,65
Gesamt	0,66	1,27	6,00	17,65
• Hornblendegneis (nur Schrägstrecke)	0,39	0,81	6,20	13,05
Gesamter Schacht	0,52	1,27	6,10	17,65

spez. Energieverbrauch: 80 kWh/m³
davon Fräse + Fördereinrichtung   66 kWh/m³
Kompressoren, Pumpen, Ladestat. ect.   14 kWh/m³

Die Vortriebsdaten (Abb. 16, Tab. 5) zeigen den schon erwähnten großen Unterschied von Nettobohrfortschritt und spezifischem Energieverbrauch zwischen Schiefer- und Hornblendegneis, dem ein fast doppelt so hoher Ausnutzungsgrad beim Hornblendegneis aber entgegensteht, so daß die mittlere Tagesleistung hier mit 6,20 m trotzdem sogar noch leicht höher lag als beim Schiefergneis mit 6,0 m.

Der Vergleich zwischen dem Stollenband und den Nettobohrfortschritten der einzelnen Hübe ließ wie im Beispiel der Abb. 17 immer wieder den Einfluß der Klüfte auf die Nettobohrgeschwindigkeit erkennen, ein Einfluß, der durch die Arbeiten von *Wanner* und *Aeberli* (1975 und 1979) ja schon lange bekannt ist. Ein direkter zahlenmäßiger Zusammenhang ließ sich daraus bisher noch nicht ableiten, ebenso war es infolge anderer Einflüsse nicht möglich, eine Abhängigkeit vom Hornblendegehalt festzustellen.

6. Druckstollen Hemerwald

Ausführung : Arbeitsgemeinschaft Hemerwald (Porr/Wien – Innsbruck, Union/Wien, Rella/Wien)

Beim Vortrieb des Druckstollens Hemerwald der Unterstufe war zunächst ein 300 m langer Fensterstollen aufzufahren, der mit einem Krümmer von nur 120 m Radius in das 3867 m lange Nordtrum einschwenkte. Nach dessen Fertigstellung

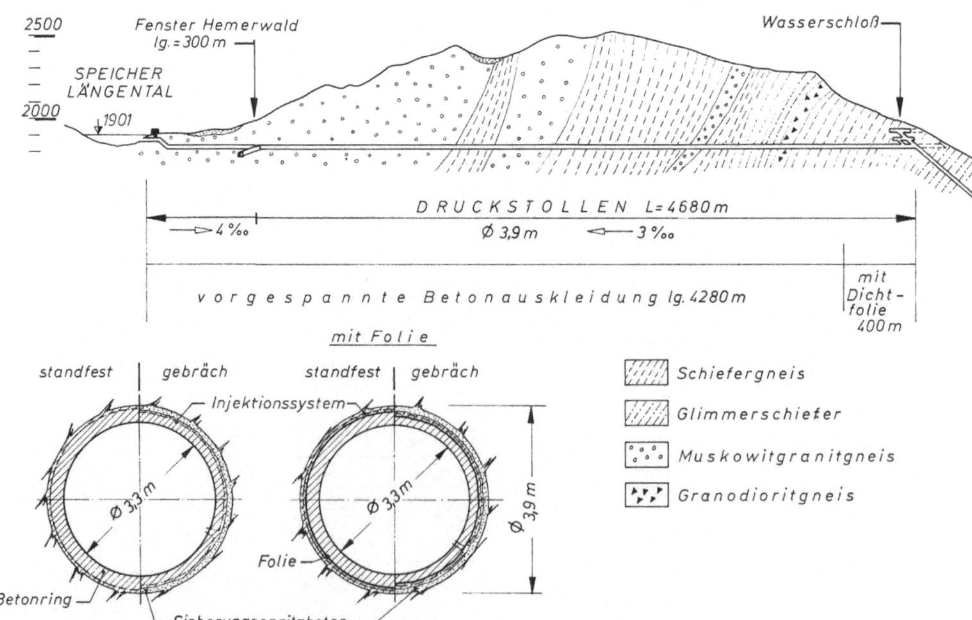

Abb. 18. Druckstollen Hemerwald – Geologie und Stollenquerschnitte
Hemerwald Pressure Tunnel – Geological Profile and Tunnel Cross-Sections

wurde die Fräse ins Freie gebracht und umgekehrt wieder eingefahren zum Vortrieb des 650 m langen Südtrums.

Der Stollen durchfährt (Abb. 18), durchwegs senkrecht zur Schichtung, in mehrfachem Wechsel in der Hauptsache einerseits Muskowitgranitgneis, andererseits Schiefergneis. Der Muskowitgranitgneis, mittel- bis grobkörnig, mit 1 1/2 cm

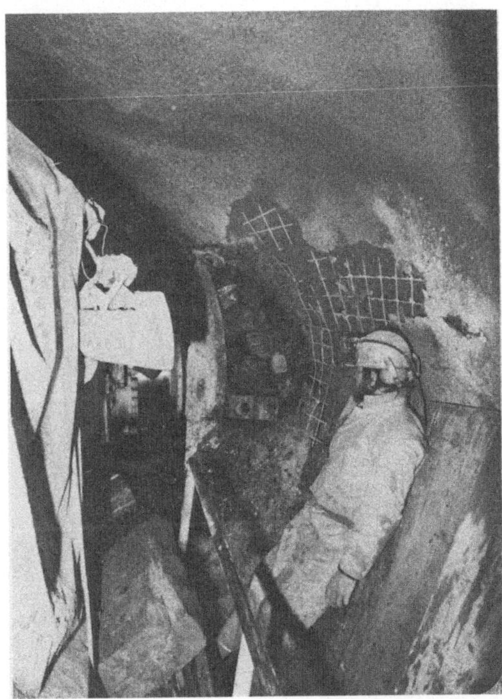

Abb. 19. Druckstollen Hemerwald — mit Holz unterlegte Verspannvorrichtung
Hemerwald Pressure Tunnel — Space between Anchor Pad and wall packed with Timbers

großen Feldspataugen und bis zu 55% Quarz, war deutlich geschiefert, aber meist wenig geklüftet. Vereinzelte, 1 bis 2 m dicke Mylonitzonen konnten ziemlich problemlos durchfahren werden. Mehr Schwierigkeiten machten Wassereintritte bis zu 80 1/s in einzelnen stark geklüfteten Bereichen. Es kam zu Schlammablagerungen, die kübelweise durch die Maschine getragen werden mußten und an den Einbau einer Schlammpumpe in die Maschine denken ließen.

Der Schiefergneis, ein mittel- bis feinkörniger Paragneis, ging durch zunehmenden Glimmergehalt streckenweise in Glimmerschiefer über oder war mit ihm wechselgelagert. Eine kurze Strecke stark zerlegten Granodiorites war gegen Ende des Nordtrums sehr zeitraubend und erforderte Sicherungsmaßnahmen vor dem Kopf sowie Hilfe bei der Verspannungseinrichtung (Abb. 19). Einmal wurde dort der Bohrkopf aus einem stark wasserführenden Kamin auch regelrecht ver-

Tab. 6. *Druckstollen Hemerwald – Vortriebsleistungen und Energieverbrauch*
Hemerwald Pressure Tunnel – Advance Rates and Energy Consumption

DRUCKSTOLLEN HEMERWALD
∅ 3,90 m ; L = 4517m + 317m

Gestein	Nettobohrgeschwindigkeit (m/h) (gemittelt über 1 Tag)		Tagesleistung (m/d)	
	Mittel	Max.	Mittel	Max.
Muskowitgranitgneis	1,30	2,40	19,18	35,0
Schiefergneis	3,20	4,20	22,70	51,0
Wechsellagerung Schiefergneis und Glimmerschiefer 1:1 bis 3:1	2,80	~ 6,00	35,00	~67,00
Gesamtstollen	~ 2,50	~ 6,00	21,70	67,00

spez. *Energieverbrauch* in kWh/m³

Gestein	Bohrkopf allein	Vortriebssystem	Gesamte Stollenbaustelle
Muskowitgranitgneis	11,9		
Schiefergneis	8,0	12,6	24,2
Schiefergneis Glimmerschiefer	6,2		
Glimmerschiefer	7,9		

Abb. 20. Druckstollen Hemerwald – Fräskopf der Robbins 120, D = 3,90 m
Hemerwald Pressure Tunnel – Cutter Head of Robbins 120, D = 3,90 m

schüttet und verklemmt, wobei sich die gute Zugänglichkeit des eigentlichen Maschinenbereiches besonders bewährte.

Die Fräse kam übrigens fabriksneu von *Robbins* und gehörte zur Serie 120. Der Bohrkopf für 3,90 m Durchmesser war mit 32 Diskenmeißeln ausgerüstet, auf die eine Vorschubkraft von je 147 kN pro Meißel oder 420 kN pro m² Querschnitt übertragen werden konnte (Abb. 20). Die Maschine zeichnete sich durch sehr kurze Baulänge, Steuerbarkeit während des Hubes und wie gesagt besonders gute Zugänglichkeit im Maschinenbereich aus.

Mit Ausnahme der geschilderten Schwierigkeiten am wasserschloßseitigen Ende des Nordtrums nahm die Arbeit insgesamt einen sehr günstigen Verlauf. Über 90% der gefrästen Strecke entfielen auf die Gebirgsklassen I und II und erlaubten einen durchschnittlichen Ausnutzungsgrad der Maschine von 77% (Abb. 21). Da auch die mittlere Nettobohrgeschwindigkeit mit 2,5 m/h sehr hoch war, führte das zu einer sehr hohen mittleren Tagesleistung von 21,70 m (Tab. 6). Eine Spitzenleistung von 67 m/Tag in einer Wechsellagerung Glimmerschiefer/Schiefer-

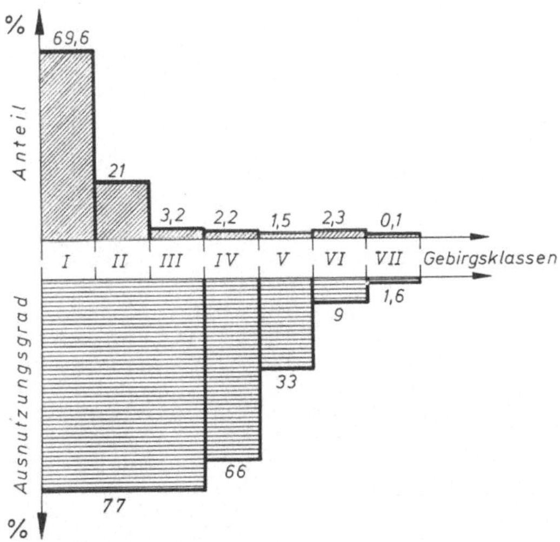

Abb. 21. Druckstollen Hemerwald – Gebirgsklassenverteilung und Ausnutzungsgrad
Hemerwald Pressure Tunnel – Distribution of Rock Classes and Utilization Factors

gneis war eigentlich nur durch die Förderleistung begrenzt und mit 64% Ausnutzungsgrad erzielt worden. Sie war umgeben von Tagesleistungen über 50 m und lag in einem Vierteljahr, dessen mittlere Tagesleistung 42 m betrug.

Der Anteil des Meißelverbrauches belief sich nur auf etwa 7% der Ausbruchskosten. Der spezifische Energieverbrauch der ganzen Stollenbaustelle betrug 24,2 kWh/m³, lag also erheblich niedriger als die 40 bis 60 kWh/m³, mit denen beim Sprengvortrieb zu rechnen gewesen wäre. Davon entfielen nur 9 kWh/m³ auf den Fräskopf selber, im Muskowitgranitgneis übrigens rund doppelt soviel als in der Wechsellagerung von Glimmerschiefer und Schiefergneis.

7. Überleitungsstollen Horlachbach

Ausführung: Arbeitsgemeinschaft Kühtai (Universale/Wien, Mayreder/Innsbruck, IL-Bau/Spittal, Innerebner/Innsbruck)

Der erst nach 470 m Sprengvortrieb auf Fräsvortrieb umgestellte Vortrieb des Stollens für die Horlachbach-Überleitung (Abb. 22) verlief vorwiegend in dem schon beim benachbarten Druckschacht Kühtai aufgefahrenen Schiefergneis, nur eben diesmal senkrecht zur Schichtung. Zwischengelagert sind etwa 650 m massiger, wenig klüftiger Granodiorit, sowie zwei besonders glimmerreiche Zonen.

Tab. 7. *Überleitungsstollen Horlachbach – Vortriebsleistungen und Energieverbrauch*
Horlachbach Adduction Gallery – Advance Rates and Energy Consumption

ÜBERLEITUNGSSTOLLEN HORLACHBACH
Ø 2,70 m ; 4976 m gefräst

Gestein	Nettobohrgeschwindigkeit (m/h) (gemittelt über 1 Tag)		Tagesleistung (m/d)	
	Mittel	Max.	Mittel	Max.
• Schiefergneis				
glimmerreich (>30%)	1,45	2,35	25,80	36,90
glimmerarm (<30%)	1,08	1,74	17,70	26,60
• Hornblendegneis	0,89	1,28	13,40	23,00
• Granodiorit	0,56	1,14	9,70	18,00
Gesamtstollen	1,05	2,35	16,60	36,90

spez. Energieverbrauch:

Schiefergneis, glimmerreich	16 kWh/m³	
—"—"— glimmerarm	20 kWh/m³	
Hornblendegneis	25 kWh/m³	Vortriebs=
Granodiorit	39 kWh/m³	system ohne
Gesamtstollen	31 kWh/m³	Förderband

63 kWh m³ Ges. Baustelle

Gefräst wurde mit einer sieben Jahre alten, aber vorher noch nie eingesetzten DEMAG-Maschine vom Typ TVM 24–27 H mit 2,70 m Bohrdurchmesser. Auf die 13 Dreifachdisken kann eine Vorschubkraft von je 151 kN aufgebracht werden, das sind 343 kN pro m² (Abb. 23).

Von der gefrästen Strecke entfielen 93% auf die Gebirgsklasse I, was einerseits gleichmäßig hohe Ausnutzungsgrade von 65 bis 80% ergab, andererseits aber auch den Einfluß des Gesteinswiderstandes auf die Nettobohrgeschwindigkeit und – gegenläufig dazu – auf den spezifischen Energieverbrauch deutlich erkennen läßt (Tab. 7). Da dieser Stollen, bis auf die Sohle aus Fertigteilen, unverkleidet bleibt, wird man diesen Beziehungen bis zur Inbetriebsetzung noch etwas weiter nachgehen können durch die Entnahme von Gesteinsproben an jenen Stellen, wo die Stollenbänder und die laufend registrierten Werte von Anpreßdruck, Leistungsaufnahme und Hub dies interessant erscheinen lassen.

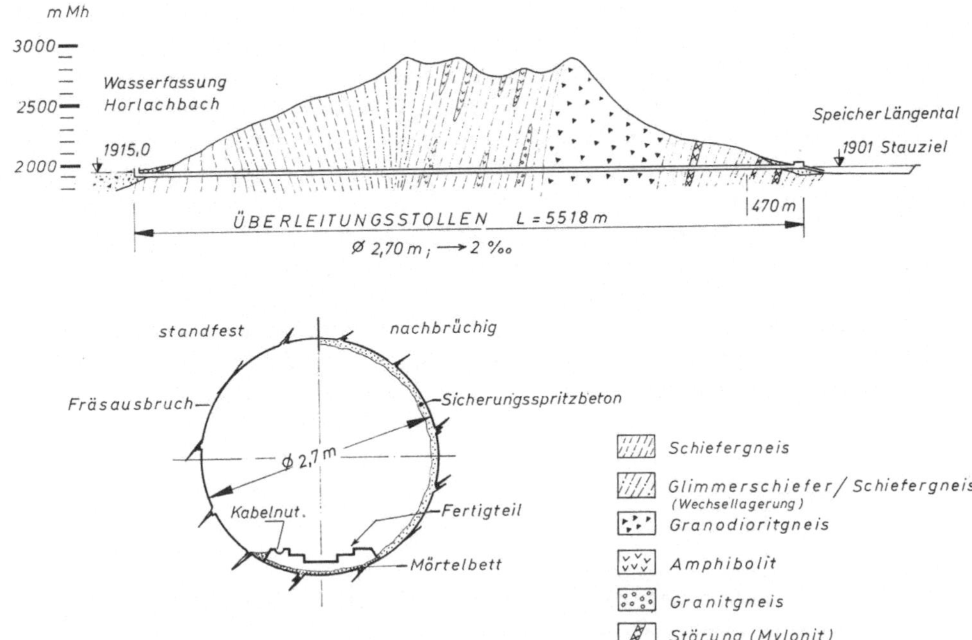

Abb. 22 Überleitungsstollen Horlachbach – Geologie und Stollenquerschnitte
Horlachbach Adduction Gallery – Geological Profile and Tunnel Cross-Sections

Abb. 23. Überleitungsstollen Horlachbach – Fräskopf der DEMAG TVM 24–27 H,
D = 2,70 m
Horlachbach Adduction Gallery – Cutter Head of DEMAG TVM 24–27 H, D = 2,70 m

Ähnliches geschieht derzeit wohl auf vielen Baustellen in der Welt, und es wäre zu begrüßen, wenn sich einmal ein Gremium der Internationalen Gesellschaft für Felsmechanik damit beschäftigen würde, die vielen dabei gewonnenen Erfahrungen und Erfahrungswerte in ähnlicher Weise zu sammeln, auszuwerten und zugänglich zu machen, wie das im bescheidenen regionalen Rahmen vor kurzem der Arbeitskreis „Fräsvortrieb" der österreichischen Kraftwerksgesellschaften begonnen hat. Bei der dann mit der Zeit sicherlich immer besser möglichen Aufstellung von Wechselbeziehungen zwischen Gebirge, Maschine und Vortriebserfolg wird allerdings nicht zu übersehen sein, daß dem menschlichen Faktor, nämlich dem Geschick der ganzen Mannschaft, die Fahrweise dieses schönen neuen Arbeitsgerätes optimal an das unaufhörlich wechselnde Gebirge anzupassen und zügig mit den nötigen Versorgungs- und Sicherungsmaßnahmen zu begleiten, auch beim sogenannten „mechanischen Vortrieb" nach wie vor ein bedeutender Einfluß zukommt.

Literatur

Detzlhofer, H.: 25 Jahre Gebirgsklassifizierung nach „Lauffer" im Wandel der Stollenbautechnik. Österreichische Wasserwirtschaft *31*, 181 ff. (1979).

Rienößl, K.: Normierungen in Bauverträgen für maschinellen Tunnelvortrieb. Rock Mechanics, Suppl. 10 (XXVIII. Geomech. Kolloquium, Salzburg 1979). Wien – New York: Springer 1980.

Wanner, H.: Einsatz von Tunnelvortriebsmaschinen im kristallinen Gebirge. Diss.Nr. 5594 ETH Zürich, 1975.

Wanner H, Aeberli, U.: Tunnelling Machine Performance in Jointed Rock, Proceedings of the 4th International Congress on Rock Mechanics, Montreux, Sept. 1979, Vol. I, S. 573 ff.

Anschrift des Verfassers: Dipl. Ing. Dr. techn. *Wolfgang Pircher*, Vorstandsmitglied der Tiroler Wasserkraftwerke Aktiengesellschaft, Landhausplatz 2, A-6020 Innsbruck, Österreich.

Rock Mechanics, Suppl. 10, 155—169 (1980)

Rock Mechanics
Felsmechanik
Mécanique des Roches
© by Springer-Verlag 1980

Klüftigkeit und Gesteins-Anisotropie beim mechanischen Tunnelvortrieb

Von

H. Wanner

Mit 15 Abbildungen

Zusammenfassung — Summary

Klüftigkeit und Gesteins-Anisotropie beim mechanischen Tunnelvortrieb. Aufgrund theoretischer Ansätze kann die Penetration eines einzelnen Meißels berechnet werden, z.B. durch eine an der Colorado School of Mines entwickelte Formel, welche explizit erläutert wird. Versuche mit dem linearen Schneidgerät bestätigen die Richtigkeit der Berechnungen.

In der Praxis zeigt sich, daß die errechneten Werte meist von den Effektivwerten abweichen. Wir schreiben dies hauptsächlich dem Einfluß der Klüftigkeit und der Gesteins-Anisotropie zu.

Die Klüftigkeit des Gebirges kann in bestimmten Fällen eine beträchtliche Verbesserung der Netto-Vortriebsleistung bewirken, in anderen untersuchten Beispielen ist kein Einfluß nachzuweisen. Nach den bisherigen Ergebnissen scheinen Klüfte (allgemeiner: Störungsflächen), welche durch *Zugspannungen* im Gebirge entstanden sind, den maschinellen Vortrieb nicht wesentlich zu beeinflussen. Durch *Schubspannungen* entstandene Störungsflächen bewirken eine Verbesserung der Vortriebsleistungen bis zu 100%. Mit Hilfe des Schmidt-Prallhammers kann der Einflußbereich einer Störungsfläche im Gebirge nachgewiesen werden, was Rückschlüsse erlaubt auf die Beeinflussung des mechanischen Vortriebs.

In Gesteinen mit gneisiger bis schiefriger Textur spielt die Richtung der Anisotropie-Ebenen bezüglich der Tunnelachse eine wesentliche Rolle. Im ungünstigsten Fall liegt die Tunnelachse parallel zu den Schieferungsflächen. Aufgrund eines richtungsabhängigen Meißel-Eindringversuchs kann der Einfluß der Gesteins-Anisotropie abgeschätzt werden.

Es ist nicht möglich, generelle Korrekturfaktoren für Klüftung und Anisotropie anzugeben zur Ergänzung der eingangs erwähnten Formel. Einzig durch sorgfältiges Abwägen aller relevanter Gesteins-, Gebirgs- und Maschinenparameter kann der Geologe die theoretisch errechneten Werte korrigieren. Es versteht sich, daß dies weitgehend von der persönlichen Erfahrung des Bearbeiters abhängt.

Jointing and Rock Anisotropy at Tunnel Driving with Machines. The problem of predicting the advance rates of tunnel boring machines is not yet solved satisfactory. By means of theoretical reflections the penetration of a single cutter can be calculated, e.g. by a formula developed at the Colorado School of Mines, which is explained in detail. The results are confirmed by tests with the linear cutting device.

0080-3375/80/Suppl. 10/0155/$ 03.00

In practice the calculated values often differ widely from the effective values. We conclude that this is mostly due to the influence of joints and of anisotropic rock.

In particular cases the jointing of the rock mass causes a considerable improvement of the net penetration, in other examined cases no influence can be found. It is postulated, that joints (generally: discontinuity planes), originated by tensile stresses in the rock mass, do not influence the mechanical tunnel excavation, except for stability problems, which are not considered in the present investigation. Discontinuities caused by shear stresses improve the penetration rates up to 100%. By means of the Schmidt-rebourd hammer the range of influenced (weakened) rock beside a discontinuity can be shown. This allows conclusions on its influence on the tunnelling machine. The readings of the rebound hardness are only used as relative values, the absolute values are considered insufficient for predicting net penetration rates.

For gneissic or schistous rock the orientation of the anisotropy-planes towards the tunnel axis is an important factor. A tunnel axis parallel to the schistosity planes is most unfavourable. By means of an oriented wedge-indentation test the influence of rock anisotropy can be estimated.

It is impossible to give general correcting factors for the mentioned formula for the influence of jointing and anisotropy of the rock. Only considering carefully all the relevant parameters of the machine, the rock and the rock mass enables the geologist to correct the theoretical calculated values. It goes without saying that this depends widely on the personal experience of the consultant.

Einführung

In den letzten Jahren ging die Entwicklung von Vollschnitt-Vortriebsmaschinen in zwei Richtungen: Erstens wurden die Einbaumöglichkeiten direkt hinter dem Bohrkopf verbessert, so daß auch Gebirge mit schlechter Standfestigkeit durchfahren werden können. Zweitens wurden Rollmeissel und vor allem Rollenlager entwickelt, die bedeutend höhere Vorschubkräfte der Maschine ermöglichen. Damit können auch sehr harte Gesteine wirtschaftlich abgebaut werden.

Es hat sich gezeigt, daß besonders in hartem Gestein die Klüftung und die Anisotropie die Vortriebsgeschwindigkeit wesentlich beeinflussen können. Durch theoretische Überlegungen und durch Beispiele aus der Praxis soll dies im folgenden erläutert werden.

Wenn wir von Vortriebsleistungen und Vortriebsgeschwindigkeiten sprechen, so interessieren in diesem Zusammenhang die Netto-Zahlen, also vorgetriebene Strecke pro Laufzeit der Maschine. Die Gesteins- und Gebirgseigenschaften beeinflussen die Stillstandszeiten ebenfalls, zum Beispiel bei Niederbrüchen oder wenn in abrasivem Gestein überdurchschnittlich viele Rollen ausgewechselt werden müssen. Diese Zusammenhänge sollen jedoch hier nicht weiter diskutiert werden.

Der Einfluß der Klüftung

Aussagen über den Einfluß der Klüfte sind nur zuverlässig möglich, wenn Vergleichswerte aus ungeklüfteten Gesteinen vorliegen. Solche Zahlen können theoretisch hergeleitet werden. Laborversuche bestätigen die Richtigkeit der getroffenen Annahmen. Im folgenden wird eine Formel zur Bestimmung der Netto-

Vortriebsleistung erläutert. Sie geht zurück auf Untersuchungen von *Roxborough* an der University of Newcastle upon Tyne. An der Colorado School of Mines wurde sie weiterentwickelt von *Ozdemir, Miller* und *Wang.* An der E.T.H. in Zürich wurde sie in die vorliegende Form gebracht und bei verschiedenen Maschineneinsätzen in der Praxis verifiziert.

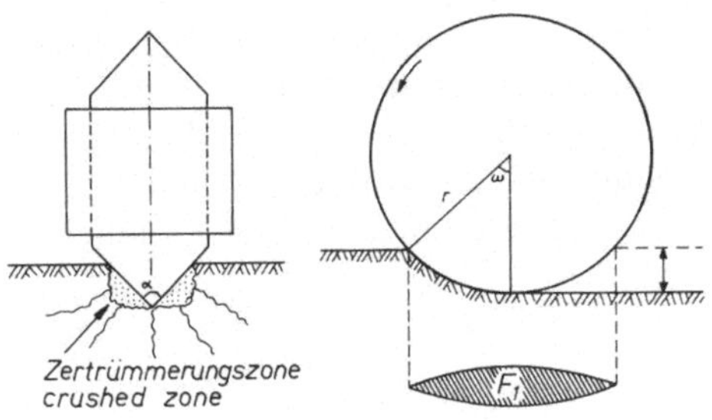

$$F_1 = 2r^2\left[\omega - \frac{\sin 2\omega}{2}\right]\tan\frac{\alpha}{2}$$

Abb. 1. Bildung der Zertrümmerungszone unter der Meißelschneide
Formation of the crushed zone under the disc cutter

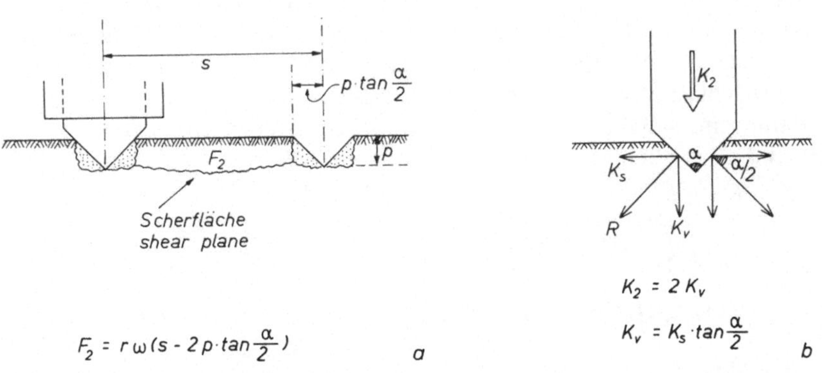

$$F_2 = r\,\omega\,(s - 2p\cdot\tan\frac{\alpha}{2})$$

$$K_2 = 2\,K_v$$

$$K_v = K_s\cdot\tan\frac{\alpha}{2}$$

Abb. 2a. Bildung eines Gesteinssplitters durch Abscherung
Chip formation by shearing

Abb. 2b. Kräfte unter dem eindringenden Keil
Forces under the indenting wedge

Wir gehen davon aus, daß beim Eindringen der keilförmigen Disken-Schneide das Gestein unmittelbar unter der Schneide über seine Druckfestigkeit hinaus beansprucht wird. Es entsteht die in Abb.1 punktierte Zertrümmerungszone. Ihre Größe F_1 ergibt sich aus der Geometrie der Diske.

Die Gesteinssplitter, die sogenannten „Chips", werden von der Diske seitlich abgeschert gegen die Furche des Nachbarmeißels hin. Daß hier ein Scherbruch erfolgt (und nicht ein Zugbruch) geht hervor aus Hochgeschwindigkeits-Filmaufnahmen der Colorado School of Mines.

Die Scherfläche F_2 errechnet sich nach der in Abb.2 angegebenen Formel. Dabei wird vorerst ein isotropes Gestein vorausgesetzt. Die Zertrümmerungzone unter der Meißelschneide muß nicht mehr durchschert werden, da die Scherfestigkeit des zerdrückten Gesteinsmaterials vernachlässigbar klein ist.

Wir gehen also davon aus, daß eine Zertrümmerungszone entsteht und daß durch Abscherung Gesteinssplitter abgelöst werden. Somit können wir die dazu benötigten Meißel-Eindringkräfte berechnen.

Die Zertrümmerungszone wird gebildet, indem das Gestein unter der Kontaktfläche F_1 über seine Druckfestigkeit hinaus beansprucht wird. Durch die rollende Fortbewegung der Diske steht diese jedoch nur auf der halben Fläche F_1 wirklich in Kontakt mit dem Gestein. Die benötigte Kraft K_1 wird somit halbiert (Formel (1)). Setzt man für F_1 die vorher gefundene geometrische Beziehung ein, so ergibt sich Formel (2).

$$K_1 = \sigma_d \cdot \frac{F_1}{2} \tag{1}$$

$$K_1 = \sigma_d \cdot r^2 \left(\omega - \frac{\sin 2\omega}{2} \right) \tan \frac{\alpha}{2} \tag{2}$$

$$F_2 = r \cdot \omega \cdot \left(s - 2p \cdot \tan \frac{\alpha}{2} \right) \tag{3}$$

$$K_s = \tau_t \cdot F_2 \tag{4}$$

Für das Abscheren der Chips muß die Scherfestigkeit τ_t des Gesteins überschritten werden (Formel (4)). Die dazu benötigte Scherkraft K_s wird aufgebracht durch die vertikale Meißel-Anpreßkraft K_2, wobei die Reibung zwischen Gestein und Meißel vernachlässigt wird. Dieses Vernachlässigen der Reibung könnte mit ein Grund dafür sein, daß die errechneten, theoretischen Vortriebsleistungen eher größer sind als die beim Laborversuch gefundenen Werte.

$$K = K_1 + K_2 \tag{5}$$

$$K = \sigma_d \cdot r^2 \left(\omega - \frac{\sin 2\omega}{2} \right) \tan \frac{\alpha}{2}$$
$$+ 2\tau_t \, r\omega \left(s - 2p \cdot \tan \frac{\alpha}{2} \right) \tan \frac{\alpha}{2} \tag{6}$$

Die auf den Meißel aufzubringende Anpreßkraft zur Erreichung der Penetration p kann als Formel (6) zusammengefaßt werden. Dies sieht ziemlich kompliziert aus, doch das Gewirr von Ausdrücken läßt sich erheblich vereinfachen.

Den Praktiker interessiert nicht die Kraft K, die aufgebracht werden muß, um eine bestimmte Eindringtiefe zu erreichen. Er möchte wissen, welche Penetration p mit seiner Maschine, also bei gegebener Vorschubkraft, zu erwarten ist. Also versuchen wir, Formel (6) nach p aufzulösen. Das ist nicht so einfach, da der Zentriwinkel Omega ebenfalls von p abhängig ist.

Formel (6) läßt sich jedoch vereinfachen, zum Beispiel durch Einsetzen der Sehne anstelle des Bogens im berührenden Kreissegment der Diske. Nach einigen Umformungen erhalten wir Gl. (7).

$$K = D^{1/2} p^{3/2} \left[\frac{4}{3} \sigma_d + 2\tau_t \left(\frac{s}{p} - 2 \tan \frac{\alpha}{2} \right) \right] \tan \frac{\alpha}{2} \tag{7}$$

Gl.(7) ist nun kubisch in p und läßt sich leicht nach p auflösen. Führen wir jetzt den Tunneldurchmesser T, die Drehgeschwindigkeit U und die Anzahl Meißel N ein, so erhalten wir abschließend Formel (8). Diese liefert uns die Netto-Vortriebsgeschwindigkeit V in Zentimetern pro Minute.

$$V = U \cdot \left(\sqrt[3]{X - \frac{B}{2}} - \sqrt[3]{X + \frac{B}{2}} \right)^2 \tag{8}$$

$$X = \sqrt{\frac{B^2}{4} + \frac{A^3}{27}}$$

$$A = \frac{\tau_t \cdot T}{N \cdot C}$$

$$B = \frac{P/N}{C\sqrt{D} \cdot \tan \alpha/2}$$

$$C = \frac{4}{3} \sigma_d - (4\tau_t \tan \alpha/2)$$

V = Netto-Bohrgeschwindigkeit $\qquad$ [cm/min]

U = Bohrkopf-Drehzahl $\qquad$ [min^{-1}]

D = Disken-ϕ $\qquad$ [cm]

T = Tunnel-ϕ $\qquad$ [cm]

P = Maschinen-Vorschubkraft $\qquad$ [kp]

N = Anzahl Disken

σ_d = einachsige Druckfestigkeit $\qquad$ [kp/cm^2]

τ_t = Scherfestigkeit $\qquad$ [kp/cm^2]

α = Disken-Keilwinkel

Wir haben stillschweigend vorausgesetzt, daß jeder Meißel in einer eigenen Bahn läuft, daß alle Meißel gleichen seitlichen Abstand haben und daß alle Rollen mit der gleichen Vorschubkraft belastet werden. Dies sind einige „wunde Punkte" der Formel. Da deren Diskussion nicht zum engeren Thema dieses Aufsatzes gehört, wird jetzt nicht weiter darauf eingegangen.

Von der Maschinenseite her gehen somit folgende Parameter in die Formel ein: Bohrkopf-Drehzahl, Disken-Durchmesser, Tunnel-Durchmesser, Anzahl Disken, Disken-Keilwinkel. Ferner die Vorschubkraft der Maschine, und zwar nur der auf den Bohrkopf wirkende Anteil. Reibungsverluste und die Kräfte für das Nachziehen des Nachläufers müssen abgezogen werden. Im Schrägschacht müssen wir auch die entsprechende Gewichtskomponente des Rotors subtrahieren.

Von der Gesteinsseite her gehen zwei Parameter in die Formel ein, nämlich die einachsige Druckfestigkeit und die Scherfestigkeit. Daß die Druckfestigkeit nicht immer leicht zu bestimmen ist, ist bekannt. Die Anforderungen an die Probenvorbereitung, Behandlung der Stirnflächen und so weiter sind sehr hoch, und trotzdem ergibt sich oft eine beträchtliche Streuung der Ergebnisse.

Die Scherfestigkeit kann nach den Normen der Internationalen Gesellschaft für Felsmechanik bestimmt werden, indem eine Gesteins-Scheibe von einem Stem-

pel durchstoßen wird. Sofern jedoch die Zugfestigkeit des Gesteins bekannt ist,
läßt sich die Scherfestigkeit berechnen über μ, den Winkel der inneren Reibung
(Formel (9)). Die Zugfestigkeit des Gesteins wird häufig ermittelt, da sie zur
Bestimmung der Verschleißzahl nach *Schimazek* und *Knatz* benötigt wird.

$$\tau_t = \frac{\sigma_d}{2} \left(\sqrt{\mu^2 + 1} - \mu \right) \tag{9}$$

$$\mu = \frac{\sigma_d - \sigma_z}{2\sqrt{\sigma_d\, \sigma_z}}$$

σ_d = einachsige Druckfestigkeit
σ_z = Zugfestigkeit

Wir haben bisher nur scharfkantige Diskenmeißel betrachtet. Es ist jedoch
möglich, durch ein Iterationsverfahren auch die Wirkung eines abgestumpften
Meißels zu berücksichtigen, was für die Praxis sehr wichtig ist. Auch für Warzenmeißel besteht ein entsprechender Rechenansatz. Allerdings ist dieser noch um
einiges komplizierter.

Durch Versuche mit dem linearen Schneidgerät ist nachgewiesen worden, daß
die hergeleitete Formel unter Laborbedingungen verifizierbar ist (Abb. 3). Das
heißt, sie trifft zu für homogenes, isotropes und ungeklüftetes Gestein.

Wir haben nun versucht, die Formel auf verschiedene praktische Maschineneinsätze anzuwenden. Dabei zeigte sich, daß die berechneten Werte in der Regel
zu pessimistisch sind. Wir schreiben dies mindestens teilweise einem günstigen
Einfluß der Klüftung zu.

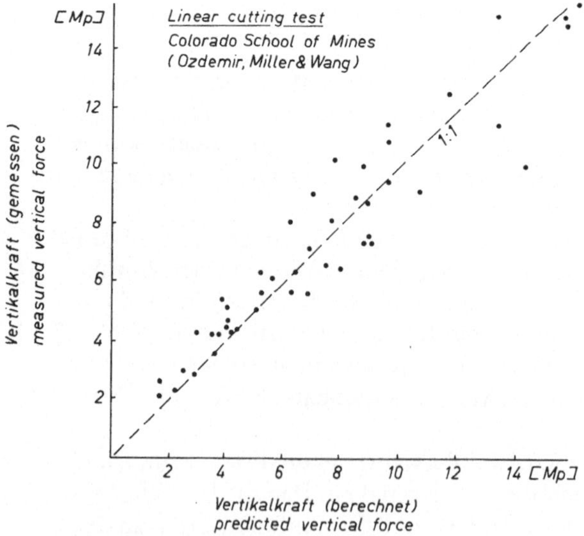

Abb. 3. Berechnete Anpreßkräfte (für verschiedene Eindringtiefen und Gesteine), verglichen
mit den Ergebnissen des linearen Schneidversuchs
Calculated thrust (for various penetration depths and various rock types) compared with
results from linear cutting tests

Abb. 4 zeigt, daß besonders bei geringen Vortriebsleistungen ein großer Einfluß der Klüftung angenommen werden muß. Die am meisten abweichenden Werte stammen alle aus einem detailliert beobachteten Sondierstollen und zwar (7) Kössener Schichten, (8) Plattenkalk und (9) Hauptdolomit.

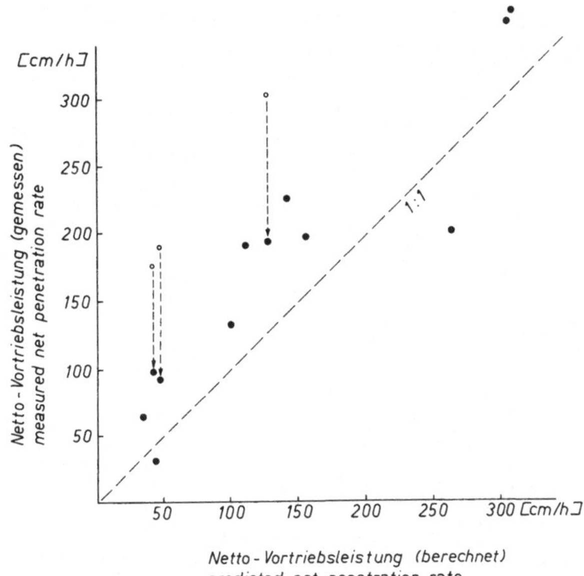

Abb. 4. Berechnete und gemessene Netto-Vortriebsleistungen (gestrichelt: Korrektur für den Einfluß starker Klüftung)
Predicted versus measured net penetration rates (dashed lines: correction for influence of jointing)

Quantitative Untersuchungen zum Einfluß der Klüftung

Sehr detaillierte Studien liegen vom NAST-Tunnel in Colorado vor. Er führt von Leadville nach Basalt und dient zur Überleitung von Wasser von der feuchten West- zur trockenen Ostseite der östlichsten Rocky-Mountain-Kette. Es wurden hauptsächlich homogene, grobkörnige Granite durchfahren.

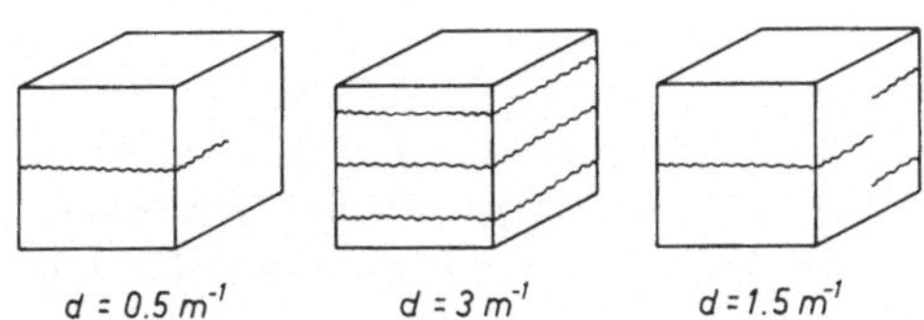

Abb. 5. Klüftigkeit: d = Kluftfläche pro Volumen (Quadratmeter Kluftfläche pro Kubikmeter Gestein)
Joint density: d = joint area per volume (m^2 of joint per m^3 of rock)

In diesem Stollen wurden sieben verschiedene Arten von Störungsflächen oder Trennflächen mit und ohne Füllmaterial unterschieden. Zunächst versuchten wir, die Größe der Kluftkörper zu bestimmen. In einem kreisrunden Profil bietet das jedoch einige Schwierigkeiten. Mit besserem Erfolg verwendeten wir das in Abb. 5 dargestellte Verhältnis Kluftfläche pro ausgebrochenes Gesteinsvolumen, also Quadratmeter Kluftfläche pro Kubikmeter Gestein. Da oft nur ein Teil einer Störungsfläche während einer Schicht aufgefahren wurde, war auch diese Berechnungsart ziemlich kompliziert (Abb. 6 und 7).

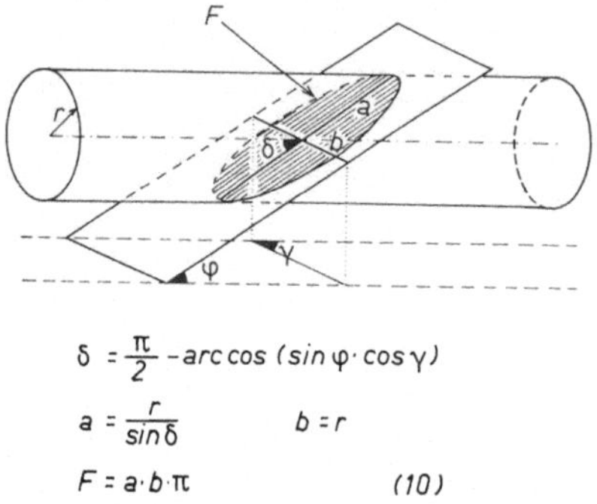

$$\delta = \frac{\pi}{2} - arc\,cos\,(sin\,\varphi \cdot cos\,\gamma)$$

$$a = \frac{r}{sin\,\delta} \qquad b = r$$

$$F = a \cdot b \cdot \pi \qquad\qquad (10)$$

Abb. 6. Kluftfläche F im kreisrunden Tunnel
Joint area F in circular tunnel

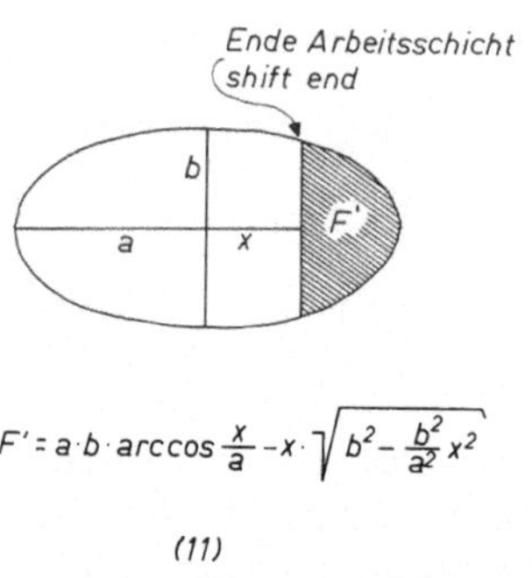

$$F' = a \cdot b \cdot arc\,cos\,\frac{x}{a} - x \cdot \sqrt{b^2 - \frac{b^2}{a^2}x^2}$$

$$(11)$$

Abb. 7. Fläche einer nur teilweise aufgefahrenen Kluft
Area of partially excavated joint

Einige Arten von Störungsflächen schienen den Vortrieb überhaupt nicht zu beeinflussen, andere dagegen sehr. In Abb. 8 ist die spezifische Penetration, also die Eindringtiefe pro Tonne Vorschubkraft pro Meißel aufgezeichnet. Wir sehen, daß sich bei einer Klüftigkeit von 2 Quadratmetern in einem Kubikmeter Gestein die Vortriebsleistung verdoppeln kann gegenüber dem ungeklüfteten Gebirge. Bei noch größerer Klüftigkeit traten in der Regel Stabilitätsprobleme auf.

Untersuchen wir nun, welche *Art* von Störungsflächen einen Einfluß hat und welche nicht: Verheilte Klüfte, die meist mit Kalzit oder anderen Kluftmineralien gefüllt sind, scheinen keinen Einfluß zu haben, ebenso Risse, welche durch Zugspannungen im Gebirge entstanden sind. Alle jene Störungsflächen, die auf Scherbeanspruchung zurückzuführen sind, verbessern jedoch die Vortriebsleistung be-

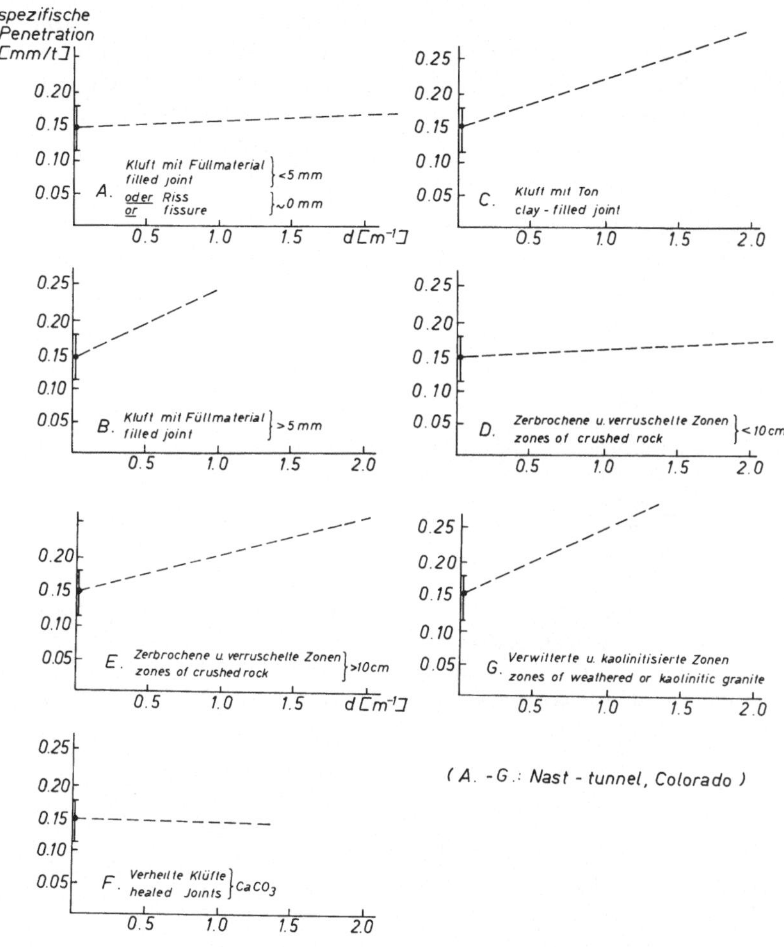

Abb. 8. Einfluß verschiedener Kluftarten auf die spezifische Penetration im NAST-Tunnel, Colorado
Influence of different joint types on the specific penetration in the NAST-Tunnel, Colorado

trächtlich. Dazu gehören besonders auch die Mylonite im weiteren Sinne des Wortes. Wir erklären uns das so, daß bei Zugspannungen eine Kluft aufreißt, ohne das Gestein unmittelbar neben der Störungsfläche zu verändern. Scherbrüche jedoch sind in der Regel von feinen Rissen begleitet, welche den mechanischen Abbau begünstigen.

Mit einem registrierenden Prallhammer wurden diese Zusammenhänge überprüft (Abb. 9). Bei Zugbrüchen sind die Ablesungen (mit der üblichen Streuung)
mehr oder weniger konstant. Bei Scherbrüchen jedoch zeigt sich bei Annäherung
an die Störung ein deutlicher Abfall der Prallhärte des Gesteins. Wir schreiben
diesen Effekt den bereits erwähnten Mikrorissen zu, welche die Störungsfläche
beidseits begleiten. Die Ausdehnung der gestörten Zone kann so abgeschätzt
werden. Sie kann bis mehrere Zentimeter ins Nebengestein reichen. Untersuchungen in dieser Richtung sind noch im Gange, und wir können daher erst
diese vorläufigen Ergebnisse vorlegen.

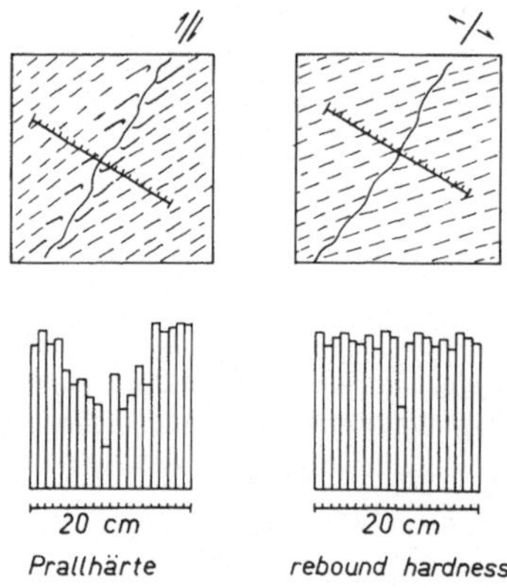

Abb. 9. Prallhammer-Ablesungen quer über Störungsfläche; rechts: Nebengestein ungestört,
links: Nebengestein von Mikrorissen durchsetzt
Readings of rebourd hardness across a discontinuity; right: adjacent rock undisturbed,
left: adjacent rock influenced by microcracks

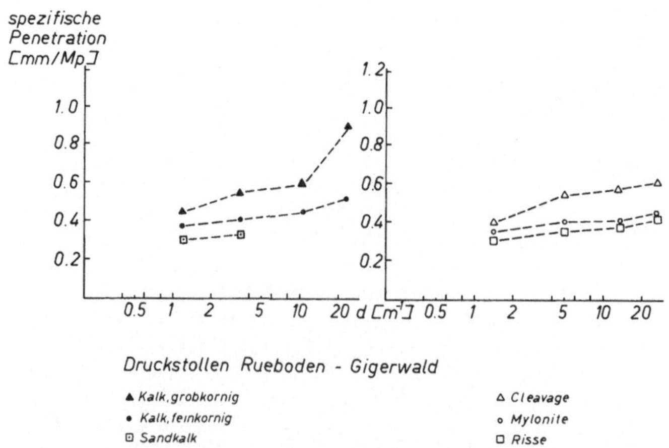

Abb. 10. Links: Einfluß der Klüftigkeit d in verschiedenen Gesteinen, rechts: Einfluß verschiedener Kluftarten in feinkörnigem Kalkstein (nach *U. Aeberli*, 1978)
Left: influence of joint density d in various rock types, right: influence of different joint
types in fine grained limestone (after *U. Aeberli*, 1978)

Im erwähnten Tunnel konnten nur die Verhältnisse in einem grobkörnigen Granit untersucht werden. Weitere Ergebnisse liegen jedoch vor aus dem Druckstollen Rueboden-Gigerwald der Kraftwerke Sarganserland AG (Abb. 10). Die Bearbeitung erfolgte durch *U. Aeberli* an der ETH in Zürich.

Dieser Stollen durchfährt Sedimente des „Infrahelvetikums" nördlich von Vättis in der Ostschweiz. Die linke Abbildung zeigt, daß der Klufteinfluß stark gesteinsabhängig ist. Er war am größten in grobkörnigem Kalkstein, etwas weniger ausgeprägt in feinkörnigem Sandstein und am geringsten in sandigem Kalkstein.

Im feinkörnigen Kalkstein dieses Stollens konnten drei Arten von Störungsflächen auseinandergehalten werden: Cleavageflächen, Mylonite und Risse. Ihr Einfluß ist in Abb. 10 rechts gezeigt. Es erstaunt nicht, daß die Cleavageflächen den mechanischen Vortrieb am stärksten beeinflussen.

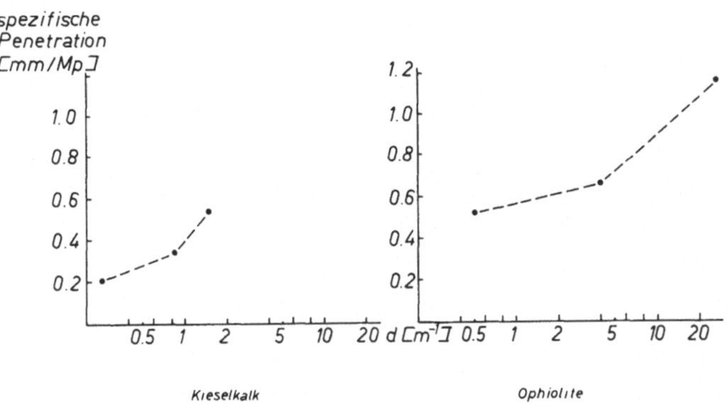

Abb. 11. Einfluß der Klüftigkeit *d*, links: Versuchsstollen Schwybogen (nach *U. Aeberli*, 1978), rechts: Ophiolite, Zermatt
Influence of joint density *d*, left: experimental tunnel Schwybogen (after *U. Aeberli*, 1978), right: Ophiolites of Zermatt

Weitere Ergebnisse liegen vor aus einem Versuchsstollen am Vierwaldstättersee im Kieselkalk sowie aus dem Schrägschacht Sunnegga bei Zermatt, wo Ophiolite durchfahren wurden (Abb. 11). Sie bestätigen, was wir zusammenfassend festhalten können:

Zerrklüfte beeinflussen die Netto-Vortriebsleistung nicht wesentlich.

Durch Scherspannungen entstandene Störungsflächen verbessern die Netto-Vortriebsleistung je nach ihrer Art und nach der Art des Gesteins bis zu 100% gegenüber ungeklüftetem Gebirge.

Der Einfluß der Gesteins-Anisotropie

Maschineneinsätze in anisotropem Gestein haben gezeigt, daß die Vortriebsleistung stark vom Winkel zwischen Tunnelachse und Anisotropie-Ebene abhängt. Für den häufigsten Fall eines geschieferten Gesteins ist eine Orientierung der Tunnelachse parallel zu den Schieferungsebenen am ungünstigsten.

Mit dem in Abb. 12 und Formel 10, 11 und 12 dargestellten Rechenansatz wurden angenäherte quantitative Aussagen versucht. Dabei stützten wir uns auf die von *Donath* für Martinsburg-Schiefer ermittelten richtungsabhängigen Festigkeitswerte.

$$R = \frac{K_{1+2}}{2} \cdot \tan \frac{\alpha}{2} \tag{10}$$

$$K_m = R \cdot \cos (45° - \varphi) \tag{11}$$

$$K_p = R \cdot \sin (45° - \varphi) \tag{12}$$

Für isotropes Gestein wurde vorher angenommen, daß Chips längs der kürzesten Strecke zur benachbarten Furche hin abscheren. Für anisotropes Gestein wurde in einem ersten Ansatz (Fall A in Abb. 13) gleich gerechnet, doch wurde

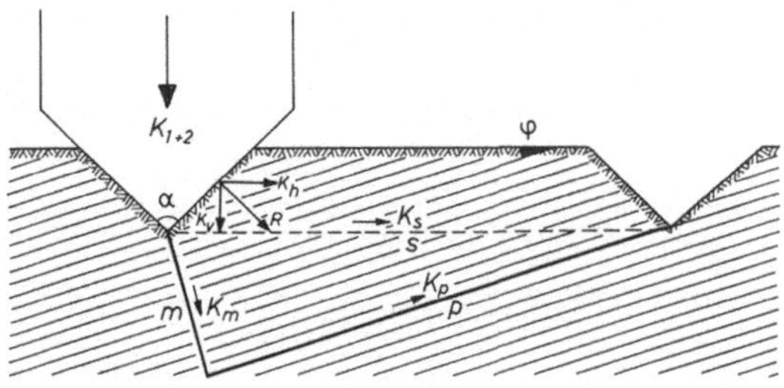

Abb. 12. Verteilung der Kraft in anisotropem Gestein
Force distribution in anisotropic rock

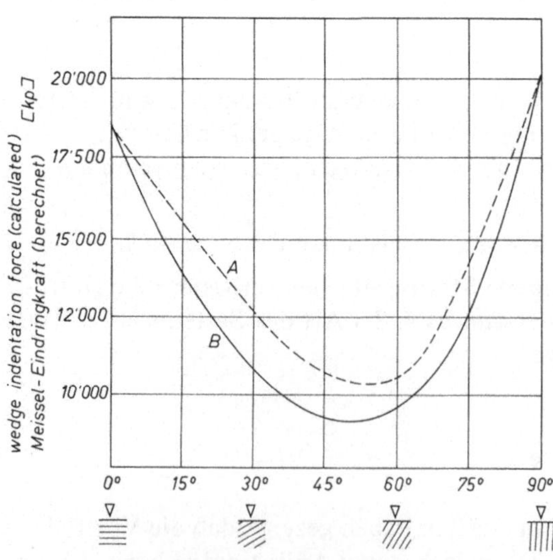

Abb. 13. Berechnete Vertikalkraft für 5 mm Meißel-Eindringung
Calculated thrust for 5 mm wedge indentation

die Scherfestigkeit parallel zur Schieferung als halb so groß angenommen wie
normal zur Schieferung, mit linearer Abnahme bei abnehmendem Anstellwinkel.
Für eine Eindringtiefe von 5 Millimetern und einen Keilwinkel von 90° ist die
benötigte Meißel-Eindringkraft im Diagramm rechts aufgezeichnet. Als Fall B
wurde angenommen, daß die Abscherung möglichst weit längs einer Schieferungs-

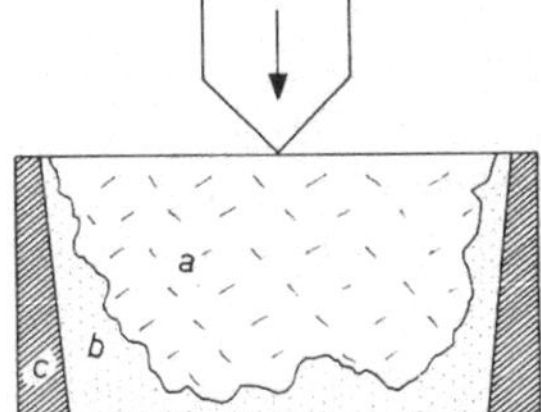

Abb. 14. Meißel-Eindringversuch, a = Gesteinsprobe, b = Einbettungsmittel, c = konischer
Stahlzylinder
Wedge indentation test, a = rock sample, b = hydrostone, c = conical steel ring

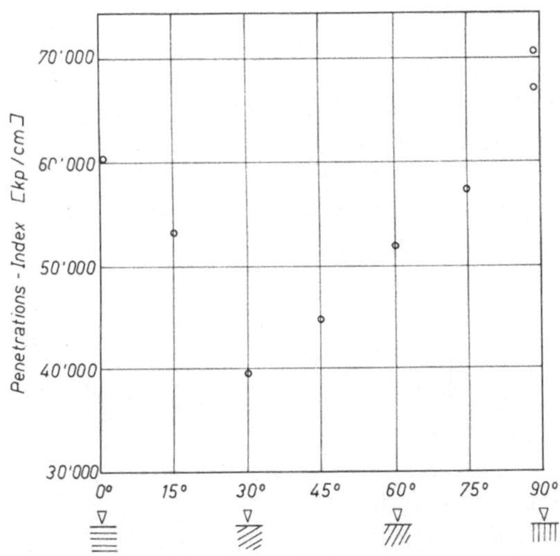

Abb. 15. Meißel-Eindringversuch in anisotropes Gestein (Hornblende-Gneis, Tucker Gulch,
Colorado)
Wedge indentation into anisotropic rock (hornblende gneiss, Tucker Gulch, Colorado)

fläche erfolgt und hernach senkrecht dazu. Auch für diesen Fall ergab sich ein
Minimum der erforderlichen Eindringkraft zwischen 45° und 60°.

Wir haben versucht, durch einen statischen Meißel-Eindringversuch im Labor
die theoretischen Ergebnisse zu bestätigen (Abb. 14). Das war mit vielen Mißerfolgen verbunden, da die Gesteine oft schon bei der Bearbeitung längs den
Schieferungsebenen zerbrachen. Öfters zerbrach auch die eingebettete Probe
unter der Last des Meißels, ohne daß Chips abgeschert wurden. Erst als wir einen

sehr zähen Gneis für die Versuche wählten, hatten wir einigermaßen Erfolg. Abb. 15 zeigt die Ergebnisse eines Biotit-Hornblende-Gneisses aus der Tucker Gulch westlich von Denver, Colorado.

Die Diagramme zeigen, daß der Penetrations-Index sowie die theoretische Eindringkraft bei günstigem Anstellwinkel auf die Hälfte absinken. Wir dürfen jedoch nicht vergessen, daß an der Ortsbrust vor dem rotierenden Bohrkopf nur an zwei gegenüberliegenden Stellen die untersuchten Bedingungen verwirklicht sind. Hier greifen die Meißel jedoch unter optimalen Bedingungen an und lösen somit am meisten Gesteinssplitter. Beim nächsten Meißeldurchgang hat jedoch die Diske auch im benachbarten Bereich einen günstigen Angriffspunkt. Somit überträgt sich die positive Wirkung eines günstigen Anstellwinkels auf größere Bereiche der Ortsbrust.

Untersuchungen von Maschineneinsätzen in anisotropem Gestein haben gezeigt, daß bei günstigem Anstellwinkel die Vortriebsleistung bis zu 50% verbessert werden kann. Die deutlichsten Ergebnisse liegen vor aus dem Kabeltunnel Crespera-Gemmo bei Lugano.

Folgerungen

Aufgrund der dargestellten Zusammenhänge kann die eingangs hergeleitete Formel (8) ergänzt werden durch einen Faktor J für den Einfluß der Anisotropie und einen Faktor K für den Einfluß der Klüftung. Bis heute ist es noch sehr schwierig, irgendwelche Richtwerte für J und K anzugeben. Wir sind jedoch dabei, weitere Erfahrungen zu sammeln. Aufgrund der vorliegenden Daten ist es immerhin möglich, einigermaßen zuverlässige Aussagen zu machen.

$$V = J \cdot K \cdot U \left(\sqrt[3]{X - \frac{B}{2}} - \sqrt[3]{X + \frac{B}{2}} \right)^2 \tag{13}$$

J = Korrekturfaktor für Anisotropie
K ="   " Klüftung
J = correction for anisotropy
K = "   " jointing

$$1,0 \leqslant J < 1,5$$
$$1,0 \leqslant K < 2,5$$

Gegenwärtig liegen uns Daten aus etwa 70 vollmechanisch aufgefahrenen Stollen vor. Leider fehlen meist nähere Angaben über Art und Häufigkeit der Klüftung. Wir halten dafür, daß bei den Voruntersuchungen für mechanisch aufzufahrende Stollen und Tunnels die Klüftigkeit und die Gesteins-Anisotropie detailliert untersucht werden sollten.

Schluß

Der Verfasser dankt Prof. Dr. *E. Dal Vesco* (ETH Zürich) und Prof. *Fun-Den Wang* (Colorado School of Mines) für die Unterstützung der vorliegenden Arbeit sowie Dr. *U. Aeberli* für viele Anregungen und für die Überlassung wichtiger Daten.

Literatur

Aeberli, U.: Einsatz von Tunnelvortriebsmaschinen in schwach metamorphen, kalkigen Sedimentgesteinen. Diss.No. 6089, ETH Zürich, 1978.
Ozdemir, L., Miller, R., Wang, Fun-Den: Mechanical tunnel boring, prediction and machine design. Annual report, Colorado School of Mines, 1977.
Roxborough, F. F.: Fundamental studies on the mechanics of cutting rocks with discs. III. Australian Tunnelling Conference, Sydney, 1978.
Wanner, H.: Einsatz von Tunnelvortriebsmaschinen im kristallinen Gebirge. Diss. No. 5594, ETH Zürich, 1975.

Anschrift des Verfassers: Dr. sc. nat. *Hannes Wanner*, Geologisches Institut der ETH, Baugeologie Hönggerberg, CH-8093 Zürich, Schweiz.

Rock Mechanics, Suppl. 10, 171–185 (1980)

Rock Mechanics
Felsmechanik
Mécanique des Roches
© by Springer-Verlag 1980

Mechanischer Vollausbruch im Felstunnelbau

Von

Eugen Fink

Mit 10 Abbildungen

Zusammenfassung — Summary

Mechanischer Vollausbruch im Felstunnelbau. An Hand von Beispielen, meist eigener Erfahrung, wird der derzeitige Stand im Vollausbruch mit mechanischen Methoden für lösen und fördern sowie sichern des Hohlraumes beim Felstunnelbau gezeigt.

Daraus können die Vortriebsgeschwindigkeiten bei Gesteinsfestigkeiten uniaxial bis 250 MN/qm angenommen werden:

für Stollen (ca. 10 qm Ausbruch)	300 bis 500 m/Mon
für Tunnel des städt. Gleisverkehrs (30 bis 80 qm Ausbruch)	150 m/Mon
für Straßentunnel (bis 150 qm Ausbruch)	80 bis 100 m/Mon

Der Tunnelbau wird für viele Verkehrsplanungen zunehmend favorisiert. Die Förderung der Wirtschaftlichkeit und Sicherheit und damit die Steigerung der Vortriebsgeschwindigkeit ist daher zweckmäßig, wenn nicht gar notwendig. Es wird gezeigt, welche Ansatzpunkte es bereits gibt und wo und wer bevorzugt für diese Förderung aktiv zu machen ist.

Mechanical Full-Face Excavation in Rock Tunnelling. According to examples, almost from own experiences, the present position in full-face-tunnelling with mechanical methods for excavation and conveying as well as supporting the hollow at rock-tunnelling will be shown.

Herefrom the driving-speeds up to rock-strength uniaxial of 250 MN/s · qm can be expected

for tunnels (adits about 10 s · qm excavation)	300 – 500 M/month
for tunnels of the municipal rail-traffic (30 – 80 s · qm excavation)	150 m/month
for road-tunnel (up to 150 s · qm excavation)	80 – 100 m/month

The tunnelling constructions will increasingly be favoured. The support of the efficiency and security and therewith the increase of the driving-speed is therefore suitable if not even necessary. It is shown which reference points exist already and where and who is favoured to activate this support.

0080-3375/80/Suppl. 10/0171/$ 03.00

172   E. Fink

Der volle Ausbruch des gewünschten Tunnelprofils gibt dem Ingenieur am ehesten die Möglichkeit, den Bau eines Tunnels wie eine Tiefbaumaßnahme vorzubereiten und die spezifischen tunneltechnischen Maßnahmen im Bauablauf ihrer Bedeutung entsprechend einzuordnen.

Der Stand der Entwicklung in Praxis und Forschung ist hervorragend und voll geeignet, den Tunnelbau anderen Tiefbauverfahren gleichwertig oder als

Abb. 1

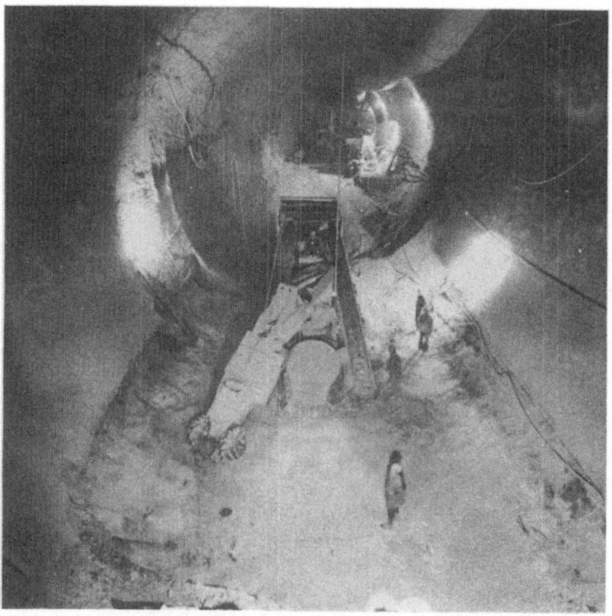

Abb. 2

besser geeignet gegenüberzustellen. Jedoch mangelt es an Informationen über diese Situation.

Der Tunnelbau ist längst aus seiner Zuordnung zum Bergbau herausgewachsen, was u.a. bestätigt wird in der Äußerung erfahrener und passionierter Tunnelbauer in der Resolution vom Frühjahr 1979, in der es heißt:

„ . . . Die Aufgaben und Ziele des ingenieurmäßigen·Untertagebaus unterscheiden sich grundsätzlich von denen des Bergbaus. Dies wird nicht nur durch die verschiedenartige Nutzung der Hohlräume im Tiefbau bzw. im Bergbau verdeutlicht, sondern zeigt sich bereits bei der Hohlraumerstellung."

Die Resolution ist an den Deutschen Bundestag gerichtet in der Absicht, der Gesetzgebung Einhalt zu gebieten in der vorgesehenen Unterstellung des „Unterirdischen Hohlraumbaues für öffentliche Bauaufgaben" unter die Bergaufsicht. Ein Gesetzgeber, der so etwas in Erwägung zieht, ist mit den Verhältnissen nicht vertraut und bedarf der Aufklärung und Information.

Der *Vollausbruch*, noch vor wenigen Jahren ein kühnes Unterfangen, ist heute üblich, und es werden dabei große Querschnitte aufgefahren. Das Risiko ist -- konträr zur früheren Einschätzung — als gering anzusetzen, dank der Erkenntnisse aus der Anwendung der „Neuen Österreichischen Tunnelbaumethode" (NATM).

Das unbestreitbare Verdienst der NATM ist es, daß die Initiatoren damit eine Entwicklung von Methoden zum Vollausbruch einleiten konnten (Abb. 1 u. 2).

Die Maschinenindustrie allerdings erkennt nur langsam ihre Chance, Ausbruchgeräte aus verschiedenen Programmen weiterzuentwickeln oder überhaupt neu zu konzipieren, die den freien Raum des Vollausbruchs nutzen und dabei

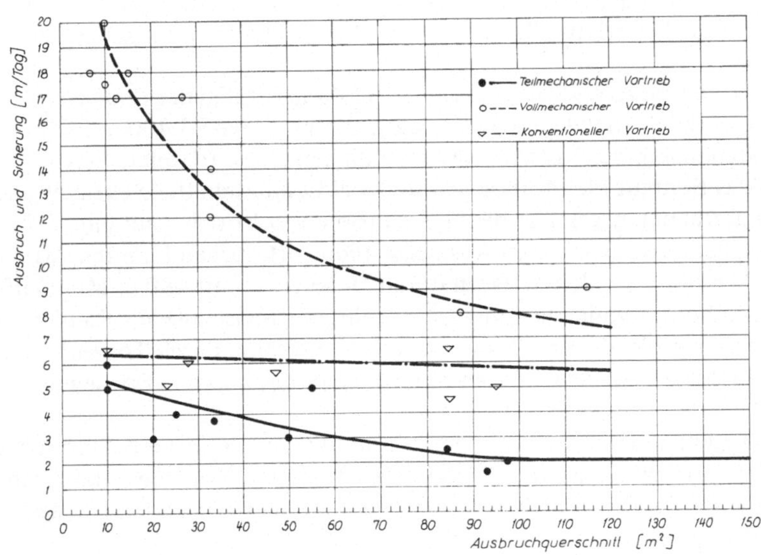

Abb. 3. Vortriebsleistungen in Abhängigkeit vom Querschnitt und Vortriebsverfahren
Tunnelling performance dependent on size of cross-section and method of tunnelling

gleichzeitig Arbeiten zur Sicherung des Hohlraumes übernehmen. So steht die *Mechanisierung* des Vollausbruchs noch in den Anfängen.

Anhand von Beispielen meist eigener Erfahrungen aus verschiedenen Tunnelbauprojekten der letzten 10 bis 12 Jahre wird der Stand der Entwicklung deutlich gemacht. Das geschieht in der Absicht, einen Beitrag zur Harmonisierung der Einstellungen Handelnder und Betroffener zum Tunnelbau zu bringen.

Die in Abb. 3 aufgetragenen *Vortriebsgeschwindigkeiten* einiger bekannter Tunnel- und Stollenarbeiten zeigen:

Der *konventionelle Vortrieb* hat in den vergangenen 10 Jahren eine kolossale Entwicklung mit einer Verdoppelung der Vortriebsgeschwindigkeit durch Verbesserung der Bohr- und Sprengtechniken hinter sich gebracht. Der Vortrieb läßt sich fast beliebig steigern, falls nur die Ortsbrust ausreichend groß ist und eine genügende Anzahl von Einzelgeräten bei gleichzeitig präziser Organisation des Arbeitsablaufes angesetzt werden

Der *vollmechanische Vortrieb* bringt absolut die höchsten Vortriebsgeschwindigkeiten. Bei großen Querschnitten wächst allerdings die erforderliche Kraft der Mechanik enorm.

Der *teilmechanische Vortrieb* liegt, soweit es die Geschwindigkeit betrifft, weit zurück. Die Vorteile liegen woanders.

Stollen

Der vollmechanische Bohrvortrieb wird etwa seit der Mitte der sechziger Jahre mit verschiedenen Maschinentypen durchgeführt. Die Diskenmeißel, die auf dem Bohrkopf auswechselbar systematisch befestigt sind, brechen bei hohem Anpreßdruck den Fels in kleine Stücke. Gerade wegen dieses Effektes wird man die Tunnelbohrmaschinen nur bei relativ kleinen Ausbruchquerschnitten wirtschaftlich einsetzen können.

Ende der sechziger Jahre wurden insgesamt 18.000 m Stollen der *Bodenseewasserversorgung* durch die Schwäbische Alb aufgefahren. Davon 3.400 m mit einer DEMAG-Hartgesteinmaschine, Vortriebsgeschwindigkeit 200 m/Monat. Es wurde festgestellt, daß das Bohrgut kleinförmig war und viel Feinbestandteile enthielt und daß die Sicherungsarbeiten gegenüber dem konventionellen Vortrieb auf ein Viertel des bei der Sprengbauweise erwarteten Ausmaßes reduziert werden konnten. Mit einer ROBBINS-Maschine wurden 4.700 m durch Mergelstein mit 430 m/Mon. aufgefahren. Und man bohrte schließlich mit einer Vollschnittmaschine auf Raupen, einer KRUPP-Neukonstruktion, eine Stollenlänge von 9.000 m durch Ton auf, den die Maschine mit Messerschneiden auf den Frässcheiben regelrecht in Spänen abhob (*Naber*, 1968).

Der Mut der Ingenieure, in dieser frühen Zeit und bei nur geringen Erfahrungen im mechanischen Vortrieb völlig neuen Maschinen auf großen Vortriebslängen einzusetzen, wurde offensichtlich mit hervorragenden und überraschenden Erfolgen und Erkenntnissen vollauf gelohnt.

Der *Oker-Grane-Stollen* im Harz wurde Anfang der siebziger Jahre über 6.200 m mit der DEMAG im Durchmesser von 3 m aufgefahren. Der Stollen führt durch Tonschiefer und Sandstein aus der Sedimentationsphase des Jura bis zum

Tertiär. Im Tonstein wurden über 1.600 m Stollenlänge Leistungen von 320 m/Mon., im Sandstein mit dreifach höheren Festigkeiten über 4.600 m Stollenlänge nur 175 m/Mon. erreicht, allerdings bei Behinderung durch hohen Wasserzutritt.

Obwohl während der Bauabwicklung an der Maschine erhebliche Änderungen vorgenommen worden waren, bevorzugt an den Schneidwerkzeugen, war man nach Abschluß der Arbeiten absolut nicht zufrieden und stellte fest, daß prinzipielle bohrtechnische Vorgänge als nicht gelöst betrachtet werden könnten und daß die in früheren Bohrvortrieben gewonnenen Erfahrungen für die Lösung von Problemen während des Bohrvortriebes nicht ausgereicht hätten (*Brune*, 1972).

Mitte der siebziger Jahre wurde durch den *Pfänder* bei Bregenz ein 6.700 m langer *Pilotstollen* zur Erkundung der Geologie und des Gebirgsverhaltens für Planung und Bau des Tunnels aufgefahren. Im Vorfeld der Alpen liegen hier Sedimente aus Sandstein und Mergeln zu gleichen Anteilen und in Wechsellagerung der Schichten bis in den cm-Bereich, durchsetzt von verfestigtem Geschiebe.

Zwei Tunnelbohrmaschinen der Typen WIRTH und ROBBINS bewältigten den Vortrieb mit einer mittleren Leistung von 405 m/Mon. im Zweischichtenbetrieb (Abb. 5), (Vorarlberger Landesregierung, 1978).

Aus der Bauabwicklung ist zu berichten:

Gezielte Änderungen an der Tunnelbohrmaschine verbesserten die Mechanisierung der Felsankerung sowie die Steuerfähigkeit der Maschine;

das vorgesehene Meßprogramm zur Führung der Maschine scheiterte — besonders in den Kurvenfahrten — am raschen Bohrvortrieb. Durch neue Techniken wurde die ständige Einmessung sowie die Kontrollmessung des ausgebrochenen Hohlraumes vereinfacht und befriedigend gelöst.

Um den späteren Ausbruch des Tunnels zu erleichtern, wurden neuartige Felssicherungen aus Kunststoff erprobt und verwendet (*Wyrsch*, 1976).

Das Projekt stand von Anfang an im Blickpunkt der Öffentlichkeit, was einer Baudurchführung selten zuträglich ist. Die Entscheidung zum Bau kam nach Jahrzehnten der Planung sehr plötzlich.

Trotz all dieser zusätzlichen Maßnahmen und vieler weiterer Behinderungen waren die Vortriebsleistungen hervorragend und offensichtlich geeignet, den mechanischen Bohrvortrieb dieser Stollendurchmesser stark zu favorisieren. Während noch beim Angebot zu diesem Stollen nur 4 von 11 Bietern dieses Vortriebsverfahren als Alternative für ihre Eingabe wählten, hatte sich wenige Monate später bei der Submission für einen 28.000 m langen Stollen in Nordengland der Anteil der Alternative „mechanischer Vortrieb" bereits verdoppelt.

Ab 1976 wurde eben dieser Stollen in Nordengland im Rahmen der wasserwirtschaftlichen Maßnahme *Kielder Water Scheme* in Angriff genommen. Die Vortriebsarbeiten werden zum Zeitpunkt der Veröffentlichung abgeschlossen (*Milow*, 1977).

Es werden zwei Bergrücken von ca. 290 m Gipfelhöhe in zwei gleichen Längen von je ca. 14.000 m unterfahren. Eingesetzt sind drei Tunnelbohrmaschinen der Typen DEMAC und ROBBINS mit einem Durchmesser von 3,50 m (Abb. 4).

Der zu durchfahrende Fels entstand im Karbon und zeichnet sich durch intensive Faltung und Schieferung aus. Er bringt damit spezifische Einflüsse auf den

Abb. 4. Tunnelbohrmaschine DEMAG
Tunnelboring machine DEMAG

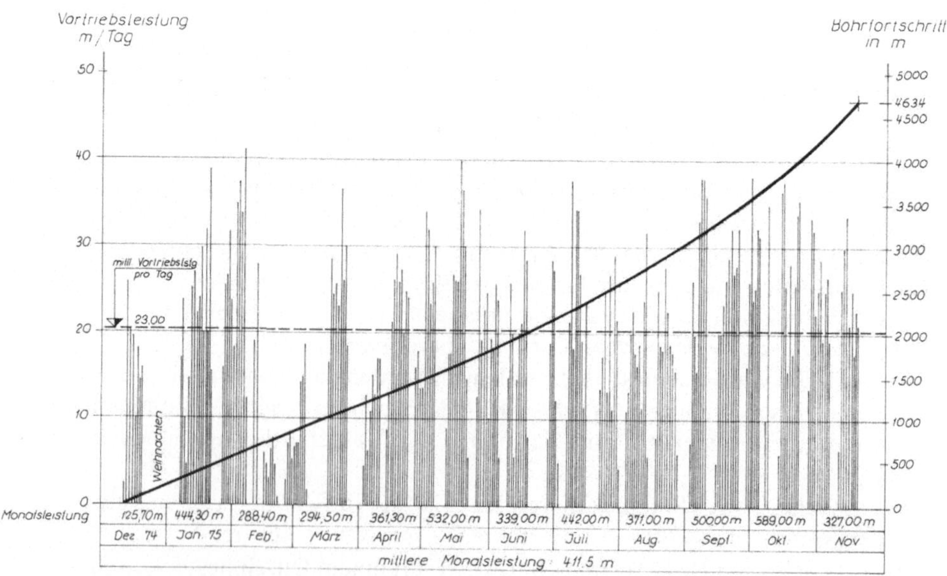

Abb. 5. Pfänderstollen Bregenz, Los Süd. Konglomerat, Sandstein, Mergel, Tonmergel.
ROBBINS ϕ 3,55m
Pfaender, pilot-tunnel south, conglomerate, sandstone, marl and mud-mal. ROBBINS ϕ 3,55 m

vollmechanischen Ausbruch, die von denen des um zwei Drittel jüngeren Falten-
gebirges der nördlichen Kalkalpen und seiner Molassevortiefe aus der alpiden Ge-
birgsbildung der Kreide und Jurazeit stark abweichen.

Die Bohrkopfbestückung der ROBBINS-Maschine besteht aus 26 Einzeldisken
mit 11 t Anpreßdruck je Disk.

Die Bohrkopfbestückung der DEMAG-Maschine war am Anfang 17 oder 13
Dreidisken-Meißel auf einer Achse, also 51 bzw. 39 Disken, je nach Gesteinshärte,
mit 6 bis 8 t Anpreßdruck je Disk.

Später wird (durch Änderung der Diskenlagerung bei gleichem Bohrkopf)
die Anzahl auf 30 Einzel- und Doppeldisken reduziert, mit 11 t Anpreßdruck je
Disk und einer Steigerung der Netto-Bohrgeschwindigkeit um 28%.

Ein bedeutender Nebeneffekt der Änderung im Diskensystem ist der Fort-
fall der Mahlwirkung der eng nebeneinander liegenden Diskenkörper auf einer
Achse. Die Antriebsleistung wird entsprechend geringer.

Neben dieser Änderung an den Maschinen auf der Baustelle wurden während
der vergangenen drei Vortriebsjahre bedeutende Änderungen konzipiert, konstruiert und durchgeführt bzw. für eine spätere Durchführung vorbereitet, mit einem
bisher angefallenen Kostenaufwand, der etwa 16% des Neuwertes der drei eingesetzten Maschinen zusammen entspricht, wobei normale Reparaturen und
Wartung nicht gerechnet wurden.

Die Auswertungen der Bohrberichte dieser Stollenbaustelle zeigen bis heute
folgende Ergebnisse:

konventionell aufgefahren	1.200 m
berücksichtigt man verschiedene Leistungseinbußen,	
kann die Leistung mit	100 m/Mon.
angesetzt werden.	
Tatsächlich lag keine Monatsleistung über 75 m/Mon.	
Mit zwei DEMAG-Maschinen wurden aufgefahren	15.000 m
in einem kontinuierlichen Einsatz von 74 Kalender-	
monaten, d.h.	200 m/Mon.
Mit einer ROBBINS-Maschine wurden aufgefahren	10.000 m
in 30 Kalendermonaten, d.h.	330 m/Mon.

Die ROBBINS-Maschine war durch einige Organisationsunterschiede gegenüber
den beiden DEMAG-Maschinen im Vorteil. Die DEMAG würden unter gleichen
Voraussetzungen auf etwa 260 m/Mon. kommen können.

Für den Transport des Bohrgutes von der Maschine zur Kippe erlaubt der
Stollenquerschnitt ein Gleis mit 600 mm Spurweite. Die Reisegeschwindigkeit
der Materialzüge im Tunnel beträgt 10 bis 12 km/h, für Personentransporte 15 bis
18 km/h. Da Aufenthalte in den Ausweichen notwendig sind, wird die maximale
Fahrleistung der E-Lok häufig erreicht (20 km/h).

Das Kriterium der Gleisförderung ist auch für Bohrgeschwindigkeiten von
800 m/Mon. durchaus noch nicht erreicht.

Die Abb. 5 eines Bohrablaufes zeigt einen kammartigen Verlauf, d.h. die
täglichen Leistungen sind unterschiedlich. Es gibt keine Kontinuität, obwohl
eine Leistungssteigerung auch noch nach längeren Vortrieben erreicht wird. Das
Bild ist heute so wie vor 15 Jahren.

Die Einflüsse aus nicht ausreichender Verspannung der Maschine, aus Anfälligkeiten der Förder- und Transportsysteme, aus Fehlorganisationen sind immer noch bedeutend.

Die Schneidwerkzeuge dagegen stehen offensichtlich am Ende einer Entwicklung. Hier fehlen lediglich Preissenkungen für Verschleißteile und Disken.

Die Vermessung, die Staubbeseitigung und andere Nebenprobleme werden beherrscht.

Die bereits vor 10 Jahren erhobene Forderung (*Naber*, 1969/70) nach guter Zugänglichkeit bis zur Ortsbrust konnte bis heute von keinem Hersteller befriedigend gelöst werden. Selbst die offene Konstruktion der ROBBINS-Maschine

Abb. 6

täuscht, denn auch hier können nur sehr kurze Anker in einem begrenzten Feld in der obersten Firste „genagelt", dagegen wirkliche Anker in der stark gefährdeten Grenzzone Firste/Ulme erst hinter der Maschine gesetzt werden. Dort aber sind diese Grenzzonen bereits durch die Verspannpratzen zerquetscht oder gelockert. Der Einfluß des Gebirges auf die Vortriebsgeschwindigkeit endet keineswegs an der Ortsbrust.

Es wird offensichtlich, daß die großen Vorteile des mechanischen Lösens und Förderns nur dann wirklich erhalten bleiben, wenn eine Sicherung des ausgebrochenen Hohlraums, auch als vorsorgliche Maßnahme, mechanisiert in den Vortrieb einbezogen wird. Dies ist ein besonderes Anliegen der Maschinenhersteller und der Ansatzpunkt für die Weiterentwicklung der Tunnelbohrmaschinen.

Ende August 1979 berichtete die Tagespresse (FAZ, 1979), (ein bemerkenswerter Schritt aus dem isolierten Spezialistentum des Tunnelbaus in die öffentliche Information) über Dimensionen moderner Tunnelbohrmaschinen:

Maschinenlänge 200 m
Bohrkopfdurchmesser 6 m,
Gewicht 275 t.

Gemeint ist die Maschine der MANNESMANN-DEMAG AG, die kürzlich ausgeliefert wurde (Abb. 6). Bedeutungsvoll an dieser Meldung für die maschinentechnische Entwicklung sind folgende Notizen:

„Die Bohrwerkzeuge können sowohl von der Vorderseite als auch von der Rückseite des Bohrkopfes ausgewechselt werden"

„Setzvorrichtung für Stahlbögen zur Sicherung des Hohlraumes unmittelbar hinter dem Staubschild sorgt für optimalen Schutz der Bedienungsmannschaft", und außerdem zeigt das Bild der Maschine 34 Bohrwerkzeuge mit Doppeldisken anstatt früher Dreidisken-Werkzeuge.

Bedeutungsvoll ist auch, daß der National Coal Board in Großbritannien sich gegen stärksten Widerstand nicht nur der Gewerkschaften, sondern mehr noch des konservativen Teils des Managements, für den Einsatz von Tunnelbohrmaschinen zur Erschließung neuer Kohlefelder in Mittelengland entschließt.

Tunnel

Bei den unterirdischen Verkehrssystemen in den Städten werden die Tunnel heute fast nur noch unter Tage aufgefahren. Die Forderung nach setzungsarmen Vortriebsmethoden bei meist geringen Überdeckungen bestimmt bevorzugt die Auswahl.

Der der Neuen Österreichischen Tunnelbaumethode angepaßte Ausbruch mit kurz nachgezogenem Sohlschluß ist eine dieser in den letzten Jahren mit Erfolg angewandten Vortriebsmethoden. Der Zeitraum vom Öffnen der Kalotte bis zum Schließen der zugehörigen Sohle beträgt 24 bis 48 Stunden. Vielfältige Arbeitsgänge mit der Notwendigkeit zur ständigen Anpassung an die Risiken geologischer Ereignisse können die Lohnkosten hochtreiben. Der Arbeitsrhytmus wird allein durch die Organisation diktiert. Gepaart mit Arbeitswillen, hoher Verantwortung des Einzelnen und vielseitiger Erfahrung kann dieses Verfahren zum Erfolg führen (*Lah*, 1975).

Der Erfolg wird sich gleichmäßiger einstellen, wenn ein Schild Mannschaft und Hohlraum im Arbeitsbereich schützt und damit geologische Zufälligkeiten ausgeschaltet werden. Die Leistung wird allerdings dann durch die Maschine diktiert. Zentrale Steuerung und ein stets gegenwärtiger Wartungstrupp sind die besten Voraussetzungen für hohe Vortriebsleistungen (*Reuter*, 1978).

Die Vereisung des Firstgewölbes für den S-Bahn-Tunnel der Wendeschleife in *Stuttgart* ist eine andere Methode, die Vorteile des abgeschirmten Arbeitsplatzes zu nutzen (Abb. 7). Der Witz dieses Verfahrens gipfelt darin, die Rohre, in deren Umgebung der Gefrierkörper erzeugt werden soll, nach Plan einzubringen. Das Gefrieren selbst, d.h. die Herstellung und Verteilung des Kalziumchlorids, dessen Rückgewinnung und Aufbereitung, wird von der zuständigen Industrie funktionssicher auf den Markt gebracht. Ein Kriterium ist die Zeit für den Aufbau des Gefrierkörpers. Begleitende Probleme, wie das Betonieren gegen den gefrorenen Boden etc., sind offensichtlich befriedigend gelöst (*Wedler*, 1978).

All diesen Verfahren ist gemeinsam, daß die Mechanisierung der Arbeiten noch in den Anfängen steckt oder die Erprobung von Prototypen noch nicht abgeschlossen ist. Die Schematisierung des Arbeitsablaufs wird einen Hauptanteil bei der weiteren Entwicklung ausmachen, wobei ein Rest an Handarbeit nicht auszuschließen sein wird.

Die Vortriebsgeschwindigkeiten liegen zur Zeit bei 50 bis 80 m/Mon.

Abb. 7. S-Bahn Stuttgart, Los 12
Metro-System Stuttgart, section 12

Abb. 8. Kiesbergtunnel Wuppertal
Kiesbergtunnel near Wuppertal

Das Messerschild ist nur dann wirtschaftlich einzusetzen, wenn lange Tunnel aufgefahren werden. Will man also höchste Sicherheit am Arbeitsplatz – eine legitime Forderung unserer Zeit –, dann muß man sich entschließen, Durchmesser und Querschnittsform zu vereinheitlichen. Ein offensichtlich nur kleiner Schritt bei der bereits heute vorhandenen großen Ähnlichkeit der Querschnitte im städtischen Verkehrsbau unter Tage. Die Setzungen werden gering sein, wenn die Tunnelröhren klein gewählt werden. Die Forderung heißt also: Einzelröhren für den Richtungsverkehr.

Straßentunnel

Noch vor 10 Jahren glaubte man, den Gipskeuper beim *Autobahntunnel Hölzern* nur durch mehrfaches Durchfahren des Gebirges mit kleinen Ausbruchquerschnitten nach der sogenannten Deutschen Kernbauweise bewältigen zu können. Stück für Stück wurden Hilfsgewölbe, Dichtungshaut und Traggewölbe zu einem ganzen umschließenden Ring des benötigten Tunnelprofils mit 127 m^2 Querschnitt zusammengefügt (*Berger*, 1972). Das Verfahren war vorher am doppelstöckigen Kiesbergtunnel im Wuppertal in Sandstein und Grauwacke unter schwierigen Verhältnissen erprobt worden (Abb. 8).

Nur wenige Jahre später öffnete man – wiederum im Gipskeuper – am *Autobahntunnel bei Herrenberg* die Kalotte mit 41 m^2 Querschnitt im Vollausbruch bei einer sehr flach gewölbten Sicherung des Hohlraumes durch einen 25 cm starken BERNOLD-Ausbau (*Baresel*, 1976). Die Vorstellung der gewaltigen Öffnung mag Anlaß gewesen sein, daß verlangt wurde, diese Sicherung durch eine systematische Ankerung in der Firste zu ergänzen.

Die Herstellungszeit für den zuletzt genannten Tunnel wurde um weit mehr als die Hälfte verkürzt, verglichen mit dem nur drei Jahre vorher fertiggestellten Tunnel. Der gesamte Querschnitt von 152 m^2 wurde in zwei weiteren Abschnitten aufgefahren und gesichert wie die Kalotte (Abb. 9). Zum Einsatz kamen Teilschnittmaschinen WESTFALIA LÜNEN, Bagger und Lockerungssprengungen im unausgelaugten Gipskeuper. Strossenausbruch und Sohlschluß folgten einander im Abstand von 20 bis 50 m. Die Vortriebsleistung in den einzelnen Abschnitten betrug 4,5 m/d bis 6 m/d. So kommt man zu beachtenswerten Vortriebsleistungen im Tunnel von 80 bis 100 m/Mon.

Die BERNOLD-Bauweise war ein paar Jahre vorher im Terrassenschotter des *Bergisel* am Stadtrand von *Innsbruck* in Verbindung mit einem Lanzenvortrieb mit bestem Erfolg erprobt worden (*E. Lange*, 1974). Der Ausbau verlangt eine Standzeit des Gebirges von 6 bis 8 Stunden.

Bekannt sind die mutigen Entscheidungen schweizerischer Tunnelbauer, den vollmechanischen Ausbruch nach unterschiedlichen Methoden an drei Projekten mit Querschnitten zwischen 85 und 115 m^2 vorzunehmen. In allen Fällen wird ein kreisrunder Querschnitt aufgefahren.

Anfang der siebziger Jahre wird ein doppelgleisiger Eisenbahntunnel durch den *Heitersberg* mit einer ROBBINS-Maschine aufgefahren, zur gleichen Zeit ein Straßentunnel unter dem *Sonnenberg* in Luzern mit einer Ausweitungsmaschine WIRTH. Die Vortriebsgeschwindigkeiten werden mit 8 bis 15 m/d angegeben und bringen eine Monatsleistung von 100 m (*F. W.*, 1972).

Abb. 9. Autobahntunnel Schönbuch bei Herrenberg
Autobahntunnel Schoenbuch near Herrenberg

Abb. 10

Im Mittelstück des *Seelisbergtunnels* arbeitete in den Jahren 1975/78 ein Schildvortrieb, der eine Tunnelbauausrüstung der Firma MEMCO/USA, genannt Big John, enthält. Die Leistungen werden mit 9 m/d fertigen Tunnel und 150 m/Mon. angegeben (*Aeschlimann/Herrenknecht/Banholz*, 1977/78).

Die Mechanisierung bei nicht kreisrunden Querschnitten liegt bisher im Einsatz der Teilschnittmaschinen. Diese zermahlen den Fels in feinste Teile. Bei Querschnitten und Freiräumen der Größenordnungen 150 m² und mehr kann dieses Verfahren nur als Stufe zu weiteren Entwicklungen gesehen oder zum Abgleichen der Gewölbelaibung wirklich sinnvoll eingesetzt werden (Abb. 10). Für die Freilegung des Querschnittes sollten Ausbruchgeräte entwickelt werden, die auf die Empfindlichkeit des Steins gegen Zug eingehen und durch Schlagen oder Brechen große Brocken lösen und schuttern.

Die Aussage des Eigentümers über eine rentable Mindestlänge von 2.000 m Tunnel für weitere Einsätze des Big John kollidiert bereits mit den derzeitigen Überlegungen der deutschen Bau- und Verkehrsverwaltungen, nach denen Straßentunnel möglichst nicht länger als 1.000 m gebaut werden sollten

Der Aufwand zur Sicherung eines reibungslosen Straßenverkehrs im Tunnel bringt nach Berechnungen dieser Verwaltungen ständige Betriebskosten, die offensichtlich bei größeren Tunnellängen rapide anwachsen. Jedoch bereits die Herstellungskosten für derartige Betriebs- und Verkehrssicherungsanlagen sind hoch. Sie betragen z.B. bei den zwei ca. 600 m langen Röhren des Autobahntunnels Herrenberg allein für

Innenverkleidung 5%
elektrische Anlagen 12% der Baukosten (Autobahnamt Baden-Würtemberg, 1978).

Der Standard im deutschen Straßentunnelbau ist hoch — vielleicht zu hoch.

Schlußbemerkungen

Zusammenfassend bleibt festzustellen, daß Anstrengungen notwendig sind in der Organisation des Arbeitsablaufes und auf vertraglichem Gebiet, um zur optimalen Nutzung der bereits gegebenen technischen Vorteile des mechanischen Vollausbruchs zu kommen und daß die Forschung und Entwicklung technischer Maßnahmen weiter zu fördern sind, welche die Arbeiten unter Tage sicherer und wirtschaftlicher gestalten.

Der Dreischichtenbetrieb mit Springerschicht, d.h. mit kontinuierlichem Arbeitsablauf und Ablösung vor Ort, ist wieder modern. Die Stehzeiten der Maschinen sind ohnehin ausreichend, um dem stets präsenten Wartungstrupp Gelegenheiten zum Zugreifen zu bieten. Wichtig ist das wache und verständige Ohr am Lauf der Maschine.

Der sorgfältige einheitliche Schichtbericht mit sofortiger Auswertung im Plottersystem, nach Eingabe durch den Bauführer in den Rechner bei seiner Rückkehr ins Baubüro nach Schichtende sichert die Kontinuität der Erfahrungen und den sensiblen Maschinen die notwendige Aufmerksamkeit und Vorsorgewartung.

Das Konzept der Voruntersuchungen über die Eigenarten des Steins und über das Verhalten des Gebirges wird entscheidend vom Konzept der Vortriebs-

methode mitbestimmt und kann, wenn dies bei der Ausschreibung nicht festgelegt wird, sehr umfangreich und daher kostspielig werden. Es erscheint daher
wenig sinnvoll, die Vorerkundung für ein Tunnelprojekt global nach dem Geld-
aufwand in Prozent des Projektwertes zu bemessen.

Die Abrechnung der Tunnelbauarbeiten bedarf neuer Regeln. Der gerechte
Grundsatz der Verdingungsordnung, nach dem ein guter Bauvertrag für alle Bau-
abläufe eindeutige Regeln enthält, kann beim Tunnelbau offensichtlich aus natürlichen Gründen nicht erfüllt werden. Diese Erkenntnis ist umso kritischer, da man
erfährt, daß sich immer weniger geeignete Juristen überhaupt dem Eindruck
eines Bauablaufs aussetzen wollen, wo doch zur Findung der anwendbaren Ver-
tragsnormen vorausgesetzt werden muß, daß Ingenieur und Jurist die gleiche
Sprache sprechen.

Ein geologisches Gutachten als Bestandteil des Vertrages, das in kurzer, knap-
per Form das Erfaßte und das Wahrscheinliche schildert, könnte bis zur Findung
solcher neuen Vertragsregeln den Maßstab für eine faire Risikoabgrenzung ab-
geben (*Hochmuth*, 1978).

Die Vortriebsgeschwindigkeiten im Stollenbau liegen heute bei 600 m/Mon.
Technische Unvollkommenheiten sind bekannt. Die mit den Tunnelbohrmaschinen über Jahre hinweg arbeitenden Tunnelbauer sind überzeugt, daß erst mit
um einige Dezimeter größeren Ausbruchdurchmessern diesen Unvollkommenheiten entscheidend beizukommen ist, und die Erfahrungen geben ihnen offensichtlich recht. Gemeint ist ein Durchmesser von etwa 4,20 m statt des heute
fast einheitlichen Durchmessers von 3,50 m. Erfreulich ist, daß ausschreibungs-
willige Bauherren einen Mindestquerschnitt bei 3,50 m festlegen und Begrenzun-
gen nach oben offen lassen wollen. Unter diesen Voraussetzungen kann an noch
bedeutende Steigerungen der Vortriebsgeschwindigkeiten gedacht werden.

Im innerstädtischen Verkehrstunnelbau werden einheitliche Querschnitts-
formen gebraucht, damit Gerät und Arbeitsweise vereinfacht und so den besonderen Forderungen nach Setzungsarmut die erhöhte Aufmerksamkeit zur Verfeinerung der Mechanik gewidmet werden kann.

Und schließlich bleiben die Maschinenindustrie und deren Zulieferer aufge-
fordert, maschinelle Ausbruchmethoden zu entwickeln, die den großen Hohlräumen
der Straßentunnel gerecht werden.

Literatur

Aeschlimann, Herrenknecht, Banholz: Das Baulos Huttegg des Seelisbergtunnel, Schweiz. Bauztg.
     95, H.6, Februar 1977 und Tiefbau-BG 4/1978
Baresel AG: Technische Berichte aus dem Tunnel-, Schacht- und Stollenbau, 1976.
Berger, H.: Der Tunnel Hölzern bei Weinsberg. Straße-Brücke-Tunnel Nr. 6, 7 und 8, 1972.
Brune, F.: Erfahrungen beim Bau des Oker-Grane-Stollens. Hauszeitschrift der Deilmann-Haniel
     GmbH „Unser Betrieb" Nr. 10, 1972.
Bundesrepublik Deutschland, Bundesminister für Verkehr: Bundesautobahn A 81 Stuttgart-
     Singen. Werbeschrift des Autobahnamtes Baden-Württemberg Stuttgart. November 1978.
Frankfurter Allgemeine Zeitung: Abbildung der neuen Tunnelbohrmaschine der Mannesmann-
     Demag mit Bildunterschrift. Blick durch die Wirtschaft *22*, Nr. 200, S. 5: Betriebe,
     Märkte, Technik. Mittwoch, 29. August 1979.

F. W.: Heitersbergtunnel, Straße-Brücke-Tunnel Nr. 8, 1972.

Hochmuth, W.: Zur Praxis der Risikoverteilung bei Tunnelarbeiten unter schwierigen Bedingungen. Sonderdruck aus einem Vortrag vor dem Internationalen Tunnel Symposium 78 in Tokio, Japan, am 1. Juni 1978: German practice of sharing contractual risk.

Lah, G.: S-Bahn Frankfurt am Main, Baulos 6. Technische Berichte — April 1975. Philipp Holzmann AG, Frankfurt/Main.

Lange, E.: Sonnenburgerhof-Tunnel, Innsbruck. Sonderdruck der C. Baresel AG, Stuttgart 1974.

Milow, K.: Bau von Wasserstollen in Nordengland. Baumaschine u. Bautechnik BMT *12*, Dezember 1977.

Naber, G.: Probleme beim Bau des Albstollens. Sonderdruck eines Vortrages anläßlich einer Tagung während der Hannover-Messe 1968. (Mechanisierung im Tunnel-, Stollen- und Streckenvortrieb).

Naber, G.: Der Bau von Druckstollen durch die Schwäbische Alb für die 2. Fernleitung der Bodensee-Wasserversorgung. Rock Mechanics *2*, 146—166 (1970).

Österreichische Bundesstraßenverwaltung Abt. VII b Straßenbau des Amtes der Vorarlberger Landesregierung: Rheintal Autobahn A 14 Pfändertunnel. Werbedruck der Vorarlberger Landesregierung.

Reuter, G.: U-Stadtbahn in Essen. Die Auffahrung einer zweigleisigen Tunnelstrecke für die U-Stadtbahn in Essen mit dem Westfalia-Messerschild-Vortriebssystem. Westfalia-Berichte lfd. Nr. 76 WB — PRVV — UAT 269.

Wedler, J.: Planung und Bau der S-Bahn Stuttgart. Die Bundesbahn Nr. 9, 1978.

Wyrsch, A.: Neuartige Felssicherung im Sondierstollen des Pfändertunnels. s + t 30. (1976).

Anschrift des Verfassers: *Eugen Fink*, Hinter Lehen 43, D-7031 Döffingen, Bundesrepublik Deutschland.

Rock Mechanics, Suppl. 10, 187–196 (1980)

**Rock Mechanics
Felsmechanik
Mécanique des Roches**
© by Springer-Verlag 1980

Riskenverteilung im Felsbau unter spezieller Berücksichtigung der Baugeologie

Von

G. Horninger

Zusammenfassung — Summary

Riskenverteilung im Felsbau unter spezieller Berücksichtigung der Baugeologie. In den glücklicherweise seltenen Entscheidungsfällen, in denen es darum geht, abzuwägen, ob ein technisches Projekt aus geologischen Gründen wegen der damit heraufbeschworenen Gefahren für Menschenleben und/oder Sachwerte nicht von Haus aus zu riskant sei, aber auch in den Fällen, in denen selbst das berühmte „kalkulierte Risiko" nicht tragbar erscheint, bleibt zwischen AG und AN nichts aufzuteilen. Die Übergänge zu jenen Fällen, in denen geotechnisch bedingte bauwirtschaftliche Risken zwischen AG und AN auszuhandeln sein werden, sind fließend.

Anhand einiger Beispiele werden die Vorstellungen eines Baugeologen zu den natürlichen Grenzen der Risikenabschätzung erläutert. Im besonderen wird auf die „veränderlich-festen" Gesteine, auf die Mylonite, auf CH_4-führende Felsarten und auf die Frage der Wasserprognose eingegangen. In all diesen Fällen muß der geologischen Voraussage ein entsprechend weiter Spielraum für mögliche Verhaltensweisen ein und desselben Gesteins offengehalten bleiben. Dies sollte fairerweise auch im Streitfall vor dem sachfremden, auf Ja-Nein-Entscheidungen programmierten Juristen so gehalten werden. Nach Auffassung des Geologen wird in allen Fällen, in denen tatsächlich unvorhersehbare Faktoren, wie z.B. Witterung das Gesteinsverhalten wesentlich beeinflussen, die Bürde des Risikos dem AG zukommen. Dasselbe gilt für die Auswirkung von Faktoren, zu deren Ermittlung dem Geologen etwa wegen zu hohen finanziellen Aufwandes keine Möglichkeit gegeben war. Dies gilt u.a. auch für den viel zitierten primären Spannungszustand (Praxis, nicht Grundlagenforschung gemeint!). Beim AN sollte das Risiko bleiben, das mit der richtigen Wahl der Vortriebsweise zur Erreichung des Zieles zusammenhängt.

Sharing of Risks in Rock Construction, with Special Regard to Engineering Geology. In a minority of cases of crucial decisions about serious risks to human life and/or to high material damage matters are, of course, beyond of the usual bargaining for the sharing of – economic – risks by owners and contractors, the renowned "calculated risks" included. But for an overwhelming majority of cases there is ample opportunity to jump at the chance by shifting the shares of a given ground of, say, unexpected geological conditions only met with current construction. The world over, geology is popular among civil engineers as the best suited means to shift possible risks to the expenses of the counterpart. A few examples will illustrate an engineering geologist's views to this tricky subject. A given latitude for the interpretation of geological statements can, but must not at all derive from inadequate knowledge of factual geological conditions by shortcomings whatsoever. But, as a rule, technicians do not like to

0080-3375/80/Suppl. 10/0187/$ 02.00

realize in a sufficient way that a given wide margin of possible behaviour of the rocks is not
merely due to loose thinking, the mechanical properties of many types of rock masses largely
depending on unpredictable changes in the influencing natural factors. Only think of the
weakening of clayey marls, shales or mylonites by rain as well as by trifling amounts of water
in a tunnel. The same holds true for possible dramatic changes in mechanical stability of rock
masses due to the much discussed but, up to now, insufficiently developed long-range determination of initial stresses and their secondary changes with ongoing excavation. A different
kind of economic and, as the case may be, very costly risk to be shared by owners and contractors is the hardly exactly predictable appearance of methane. Allowance for all these unpredict-
ably varying influences is to be made in the geologist's prediction and this may look
like dodging the issue. To the geologist's personal ideas, economic risks in detail on grounds
of the wide margin for variable rock properties should run, as a rule, to the debit of the owner.
Even in case of lawsuits concerning the sharing of geological risks, the engineer should appreciate
in a fair way that geological reality — different from a lawyer's one-way thinking of 100% black
and 100% white — often includes an inherently wide range of varieties depending on conditions
governed by unpredictable chance. On the other hand e.g., provided a correct prediction on
the type of rock to be encountered in tunnelling, the geologist thinks that the over-all risk with
the fundamental choice of the appropriate tunnelling method, anticipating every possible state
of the given rock, should stay with the contractor. Think of the narrow limits in adaptability
for tunnelling machines.

   Risken nur im Hinblick auf „die mit jeder wirtschaftlichen Unternehmung
verbundene Verlustgefahr" sehen zu wollen, wie man z.B. in einem bekannten
Lexikon lesen kann, wäre in bezug auf Geologie und Tiefbau entschieden zu eng.
Gerade jene Risken, die man vielleicht als solche höherer Ordnung bezeichnen
könnte, die jenseits des berühmten „kalkulierten Risikos" liegen, bei denen mögliche Gefahren für Leib und Leben oder für sehr hohe Sachwerte auf dem Spiele
stehen, sind in vielen Fällen durch die geologischen Gegebenheiten bestimmt. Aus
der Vielzahl der Fälle sei als Beispiel hiezu die Limbergsperre in Kaprun herausge-
griffen. Dort erwuchs 1947 während des Sperrenaushubs ein echtes Risiko der
besagten höheren Ordnung. Erst im Zuge der Osthanggestaltung war im sonst gut-
artigen, festen Kalkglimmerschiefer ein an Dachschindelbau erinnerndes Platten-
gefüge zum Vorschein gekommen, das man mit damaligen Mitteln, als die Anker-
technik noch nicht zu Gebote stand, nicht sicher beherrschen hätte können. Für
die mit hunderten Arbeitern besetzte Baustelle wäre das Risiko eines Felssturzes
selbst bei sehr kleiner Eintrittswahrscheinlichkeit untragbar gewesen. Die Sperre
mußte deshalb unter schwierigsten Verhältnissen komplett umgeplant werden.
Technische und wirtschaftliche Entscheidungen, die unter solchen Aspekten zu
treffen sind, liegen von vornherein jenseits allen Aushandelns von Verteilungs-
quoten für das Risiko allein beim Bauherrn. Davon sei nicht weiter die Rede.
   Unser Thema betrifft nur jene Risikobereiche, jene vielen Fälle im Felsbau,
bei denen die Durchführbarkeit an sich außer Frage steht und es nur mehr um den
wirtschaftlichen Bereich der Risken geht, mögen diese auch bisweilen für die Betroffenen sehr gravierend sein. Diese Art Risken kann und wird, je nach Vertrags-
lage und Normen, häufig zu Diskussionen zwischen AG und AN über Risikoverteilung führen. Als Instrument zur Begründung von Forderungen solcher Art werden häufig die sogenannten „unvorhergesehenen geologischen Verhältnisse" ins
Treffen geführt.

Wenn sich AG und AN einmal im Hinblick auf die Abgeltung risikobedingter Mehrkosten nicht einigen können, bleibt ihnen eine sichere gemeinsame Plattform zum Weiterreden: die Überzeugung, daß an allen aufgetretenen Schwierigkeiten und Kostenüberschreitungen die Geologie schuld sei; meist mit gutem Grund. Das Mindeste an Behauptung ist dann, die gutächtlichen Voraussagen des Geologen seien unbestimmt formuliert, dehnbar und damit so oder auch anders zu verstehen gewesen. Solche Kritik kann natürlich durchaus berechtigt sein. In vielen Fällen tut sie aber dem Geologen unrecht und geht am Kern der Sache vorbei. Dies ist z.B. dann der Fall, wenn die störende Unbestimmtheit gar nicht der Ausdruck des Unvermögens des Geologen ist, sondern durch die naturgegebene Vielfalt nicht voraussehbarer Einflüsse bedingt war.

Ganz abgesehen sei von jenen Fällen, in denen die dem AG zufallende Verpflichtung zu ausreichender, dem Projekt angepaßter geotechnischer Voruntersuchung nicht oder nur unzureichend erfüllt worden ist. (Es gibt sehr wohl auch heute noch Großprojekte, bei denen dem Geologen keine oder, wenn es gut geht eine, vielleicht sogar zwei Bohrungen zur Verfügung standen, auf die er sein Tunnel-Orakel stützen konnte.) Der Geologe ist leider kein Hellseher. Erhöhte Risken aus derartigen, vermeidbaren Ursachen belasten in ihren Folgen nicht nur den AG, sondern auch den AN. Daran ändert gegebenfalls die durch den Ausschreibungstext erzwungene Unterschrift des zunächst auf dem kürzeren Ast sitzenden Bieters nichts, durch die er bestätigen muß, daß er sich im Hinblick auf die geologischen Verhältnisse als ausreichend informiert erachte. Die Zumutung, daß der Bieter in den paar Wochen bis zur Anbotlegung noch durch eigene Baugrunduntersuchungen die ihm gebotenen Informationen ergänze, bleibt praktisch gegenstandslos. Was versäumt worden ist, kann dann kaum in drei Wochen nachgeholt und für das Anbot berücksichtigt werden. Der Bieter hat unterschrieben, um in der Konkurrenz mithalten zu können und muß dann sehen, wo er bleibt; am einfachsten auf Kosten der Geologie. Damit aber ist der Geologe als unmittelbarer Leidtragender – weil an seinem Ruf gefährdet – und sind nicht nur AG und AN direkt am Risiko beteiligt.

Nehmen wir an, die geologische Erkundung für ein gegebenes Projekt laufe für den Geologen zufriedenstellend. In der Regel wird er dann für seicht liegende Lehnenstollen im Fels oder für nicht zu tiefe offene Baugruben bereits aus Obertage-Aufschlüssen – sofern solche vorhanden sind – und bei nicht zu komplizierten Lagerungsverhältnissen mit einer für die Zwecke des Ingenieurbaues nutzbaren Genauigkeit auf den zukünftigen Projektbereich extrapolieren können. Aber schon auf 100 m Felstiefe, um eine Größenordnung zu nennen, kann der Schluß von außen auf innen je nach Lage der Dinge recht unbestimmt werden. Zu erwarten, daß, von seltenen, ungewöhnlich einfachen Lagerungsverhältnissen abgesehen, aus der geologischen Obertageaufnahme auch noch auf 1 oder 2 km Felstiefe Informationen abgeleitet werden können, die mehr als allgemeine Angaben über Gesteinsabfolge, Gesteinsverhalten und Wasserführung betreffen, ist für den Normalfall Utopie. Trifft eine so gewagte Voraussage das eine oder das andere Mal auf ein paar Meter plus/minus zu, dann war nach der rein persönlichen Auffassung des Autors mehr Glück als Wissenschaft im Spiel.

Es geht vielmehr um den von seiten der Ingenieure so häufig als unbefriedigend angekreideten, zu weiten Aussagespielraum, den sich der Geologe in seiner

Prognose offen halten *muß*. Die mechanischen Eigenschaften vieler Gesteine hängen nämlich von Einflüssen ab, deren Wirksamwerden oder Ausbleiben sich jeder Vorausschau entzieht. Denken wir nur an die große Gruppe der allein schon je nach Durchfeuchtungsgrad „veränderlich-festen" Gesteine. Der Ausdruck „veränderlich-fest", von *L. v. Rabcewicz* eingeführt, ist zwar der wissenschaftlichen Gesteinskunde fremd. Er ist aber für die technische Geologie sehr brauchbar und aussagekräftig. Der größte Teil der Mergel, besonders der tonreichen, ferner alle Tonschiefer, manche Serizit- und Chloritphyllite und nicht zuletzt die leider so häufigen Mylonite gehören dazu.

Bleiben wir zunächst bei den Tonmergeln. An der Projektstelle für die Talsperre Bolgenach in Vorarlberg fand eine entscheidende Begehung in der Zeit zwischen Vorprojekt und Hauptprojekt glücklicherweise nach einem Dauerregen statt. Der Zustand des durchweichten Tonmergels war so überzeugend, daß es ad hoc zur diskussionslosen Aufgabe des seinerzeit unter Schönwetter-Eindruck zustande gekommenen Vorprojektes zugunsten einer technischen Lösung kam, die dem Charakter — oder sollte man sagen: der Charakterlosigkeit — des veränderlichfesten Gesteins besser angepaßt war. Im trockenen Rothenbergstollen dagegen hatte sich dieselbe Art oligozänen Tonmergels durchaus standfest verhalten. Ob und in welchem Grad ein bestimmter Tonschiefer oder Tonmergel später in der Bauzeit gerade in einer Beschaffenheit vorliegen wird, die sich der Projektant vorstellt, kann für den Einzelfall, weil im Freiland vom Wetter, im Stollen von stets möglichem Wasserzudrang abhängig, nicht vorausgesagt werden. Diesbezüglich einen Grad, also mehr als bloße Grenzen für das Baurisiko anzugeben hieße, die Wetterlage auf Wochen, wenn nicht auf Monate vorausahnen zu wollen. Dem Geologen bleibt in solchen Fällen nichts übrig, als auf den möglichen, weiten Spielraum des Gesteinsverhaltens hinzuweisen. Wehe dem Geologen, wenn er zu schwarz gesehen hat und anhaltend trockenes Bauwetter herrscht oder wenn dann der Stollen in der kritischen Strecke trocken bleibt.

Ein Gestein, das vielleicht noch ausgeprägter als gewöhnlicher Tonschiefer und Tonmergel die große Variationsbreite im möglichen Verhalten zeigt, ist das Haselgebirge; ein meist wild verknetetes Mischgestein aus Schieferton, Gips, Anhydrit und Steinsalz. Dieses in seiner Zusammensetzung von Ort zu Ort stark schwankende Gesteinsgemenge ist mit Recht seit eh und je im Ingenieurbau schlecht angeschrieben. Sehen wir vom alpinen Salzbergbau ab, für den das Haselgebirge die Existenzgrundlage darstellt und der sich daher, ob er will oder nicht, überall mit dessen Tücken auseinandersetzen muß. Die Gewinnungstechnik, die sich dabei im Salzbergbau im Laufe zweier Jahrtausende entwickelt hat, ist auf den Ingenieurbau kaum übertragbar. Auch dieser kommt in den Nördlichen Kalkalpen da und dort an Haselgebirge heran. Zwei Fälle aus der letzten Zeit seien einander gegenübergestellt: der Bau des Lüftungsstollens-Nord für den Bosruck-Straßentunnel und ein Projekt, um mit den üblichen Mitteln des Bauingenieurs eine besondere, örtliche Situation im Salzbergbau Altaussee zu bereinigen. Im Falle Bosruck-Straßentunnel ist um Anfang Oktober 1979 der Vortrieb etwa bis Station lfm 1200 gelangt. Man hatte nach kurzer Hangschutt- und Mergelstrecke das Haselgebirge erreicht und ist bis ~ lfm 1070 ganz in diesem geblieben. Abgesehen von einigen unbedeutenden, kurzen Feuchtstrecken war der Tunnel darin trocken und das Gestein trotz Salzführung einstweilen tadellos standfest. Im Bergbau

Altaussee dagegen kam das Salzgebirge 1977 an einem Schlot mit zusitzendem Oberflächenwasser in Dauerkontakt. Von da an war es nur mehr eine Frage von Wochen, daß das ursprünglich trockene, sehr steife Tongestein auf dm-Tiefe und noch weiter hinein zu breiiger Konsistenz erweichte. Das erwähnte Bauvorhaben in der Grube, das die Abstützung einer Betonkuppel im Salzton erfordert hätte, wurde durch dessen rasches Erweichen vereitelt. Im zuerst erwähnten Bosruck-Lüftungsstollen kam der Autor übrigens bei einem zufälligen Baustellenbesuch gerade zurecht, als man an einer Einschaltung von stark zerhacktem, mittel-triadischen Kalk eine kleine Wasserader anfuhr. Hier zeigte das sonst im bisherigen Vortrieb so gutartig anmutende Haselgebirge sofort seine Empfindlichkeit gegen-über Dauerdurchfeuchtung. Binnen kurzem bildete sich vor dem Bohrwagen ein etwa einen Dezimeter tiefer Schlammsumpf. An der Ortsbrust waren die im Mit-tel etwa 1/2 cm^3 großen Kluftkörper des Kalks mitsamt den mm-starken, ein-hüllenden Filmen aus Haselgebirgston zu einer Stein-Ton-Masse aufgeweicht, die man in über-faustgroßen Stücken mit bloßer Hand aus dem Anstehenden loslösen und kneten konnte.

Was könnte man mehr an möglicher Streuung des Festigkeitsverhaltens eines Gesteins erwarten als GGKL I oder vielleicht II im Fall des trockenen, GGKL V oder VI im Fall des nassen Zustandes? Ob die Nebenumstände, die für das Hasel-gebirge Gut von Böse scheiden, so oder anders sein werden, entzieht sich jeder Voraussagemöglichkeit. Das ist Risiko aus einem Spielraum des möglichen Ge-steinsverhaltens, das wohl bestimmt nicht dem AN angelastet werden wird. Nebenbei sei bemerkt, daß der Bauleiter vom Bau des Bosruck-Eisenbahntunnels 1901 bis 1906, Ing. *M. Blodnig,* in einem Vortrag vor dem Österreichischen Ingenieur- und Architektenverein u.a. ausführte, daß das „Haselgebirge . . . natür-lich drückend" war. Ein Umstand also, der damals so intensiv in Erscheinung trat, daß er auch ohne Konvergenzmessung o. dgl. nicht zu übersehen war.

Das Risiko, das im möglichen extremen Verhalten des Haselgebirges liegt, sieht in erster Linie den Baugeologen auf der Verliererseite. Schreibt er, daß man je nach Umständen, deren Eintritt oder Ausbleiben sich jeder langfristigen Voraus-sage entzieht, mit GGKL I, daß man unter Umständen aber auch mit V oder Sonderklasse VI rechnen müsse, wird der so beratene Bauingenieur zur Auffassung gelangen, daß er zu dieser Erkenntnis auch mit der Methode „Kopf oder Adler", überdies billiger und schneller kommen hätte können. Legt der Geologe dann noch die Betonung, wie auf jeden Fall eher zu verantworten, auf den Gesteinszu-stand, der im ungünstigsten Falle in einer Haselgebirgsstrecke ins Haus stehen könnte und bleibt der Stollen trocken und standfest, dann ist der Ingenieur erst recht nicht des Geologen Freund.

Wenden wir uns, wenn schon vom Haselgebirge die Rede ist, einer anderen Erscheinung zu, die als ausgesprochene Risikofrage, und zwar nicht nur in kauf-männischer Hinsicht, betrachtet werden muß: es geht um die für Salinargesteine nie auszuschließende Schlagwettergefahr. Heute noch zu glauben, daß Methan-freisetzung in alpinen Tunnelbauten zu den ausgefallenen Seltenheiten gehöre, wäre ein verhängnisvoller Irrtum. Abgesehen von allen Salinargesteinen muß z.B. auch beim Tunnelbau im Flysch und in der Molasse mit dieser tückischen Gefahr gerechnet werden. Dazu kommt, daß das Gas aus dem eigentlichen Muttergestein auswandern und sich etwa in den Klüften von Kalk oder von Dolomit sammeln kann; nicht *muß*. Die Schlagwetterkatastrophe beim Bau des Bosruck-Eisenbahn-tunnels, die in dunklem, engklüftigen Muschelkalk ausgelöst worden war, hatte 16 Tote gefordert. Welche Zufallsfaktoren zusammengespielt haben mochten, daß es gerade damals und nicht schon vor der Katastrophe zur einen oder anderen Explosion gekommen war, daß in jedem Falle der CH_4-Gehalt der Stollenluft noch unter 4% oder vielleicht auch schon über 11% betrug, ist unbekannt. Einmal war es dann eben so weit.

Genaueres weiß man über die Umstände, die zur Schlagwetterexplosion vom 1. Juni 1966 im Flysch des Triebwasserstollens für das Lutzkraftwerk in Vorarlberg geführt hatten. In diesem Falle war es zur Überschreitung der Grenzkonzentration gekommen, weil während eines Abgangs die Ventilation durch einige Zeit stillstand. 1968 kam es beim Bau des Schneealpenstollens in Niederösterreich in einer Haselgebirgsstrecke durch Methanausbruch glücklicherweise nur zu einem Brand am Vortriebsort. Längerdauernde Betriebsstillegung und verschärfte Sicherheitsmaßnahmen waren die relativ harmlosen, wenn auch aufwendigen Folgen. Das Risiko, das bei Methangefahr je nach zufälligen Nebenumständen die weite Spanne zwischen harmloser und todbringender Naturerscheinung beherrscht, zwingt den Geologen, allein schon wegen des Vorkommens bestimmter Gesteine, die als potentielle Gasträger in Frage kommen könnten, den Bauherrn auf die eventuelle Gefahr aufmerksam zu machen. Dabei wird sich der Geologe der Tatsache bewußt sein, daß er mit seinem Hinweis dem Bauherrn und auch dem Unternehmer unweigerlich aufwendige und hinderliche Vorsorgemaßnahmen aufbürdet, auch wenn bestimmt in 9 von 10 Fällen gar nichts passieren wird. Neun zu eins, wenn nicht noch ungünstiger werden von vornherein die Chancen gegen die Unkenrufe des Geologen stehen. Was ist aber dann, wenn die „Eins" Wirklichkeit wird? Das kaufmännische Risiko wird bei CH_4-Verdacht zu Lasten des AG gehen; meint der Geologe.

Kehren wir zu den harmloseren Risikofällen zurück, bei denen die Ungewißheit nur das Kaufmännische betrifft und der Handel um Vertragsauslegungen und Nachforderungen in seine Rechte tritt. Die Gebirgsgüteklassen (GGKL) haben sich als Bewertungsmaßstäbe für den konventionellen Stollenvortrieb im Laufe der Jahre gut angepaßt und eingespielt, auch wenn in den in sich nicht einheitlichen Stufenkriterien viel subjektive Bewertung steckt. Für Gebirgsgüteklassen, die auf Frässtollen abgestimmt sind, scheint die Zeit noch nicht reif zu sein. Ansätze sind wohl vorhanden. Sie haben aber, wie auch der Felsmechanik-Kongreß von Montreux 1979 gezeigt hat, noch zu keiner einhelligen Auffassung geführt. Mit dem Thema Risken und Riskenverteilung zwischen AG und AN hat übrigens die praktische Anwendung der GGKL im engeren Sinne wenig zu tun. Die Klassen werden ja jeweils erst beim Vortrieb erhoben, wenn AG und AN schon wissen, wie es gegangen ist. Für den Geologen aber, von dem man bereits im Projektstadium verlangt, daß er z.B. für einen tiefliegenden Tunnel nicht nur die Art der Gesteine und ihre Lagerungsverhältnisse voraussage, sondern als Draufgabe auch noch Aussagen über die zu gewärtigenden GGKL mache, bedeuten solche Forderungen in den meisten Fällen Unzumutbares und daneben den Zwang zur Wahrsagerei. Das Gesteinsverhalten, das für die GGKL maßgebend ist, hängt von zu vielen Faktoren ab, deren Zusammenspiel im voraus nicht überblickt werden kann. Geht es dann für den Geologen, der die Voraussage gemacht hat, gut aus oder hat er sich so geschickt ausgedrückt, daß seine Aussage auf jeden Fall anwendbar ist, wird er gelobt, auch wenn er nur Glück gehabt haben sollte. Stimmt die Vorhersage nicht, wird ihm nicht Pech zugebilligt, sondern sein Können angezweifelt. Das ist auch eine Art des Risikos und der Risikoverteilung.

Eine wichtige Unbekannte bleibt für den im Projektstadium mitarbeitenden Geologen die meist erst mit dem Zuschlag festliegende Vortriebsart. Es ist in diesem Kreise ein offenes Geheimnis, daß, rein vom Vortriebstempo her gesehen, die Vollschnittmaschine dann, wenn sie störungsfrei läuft, auf Tagesleistungen kommen kann, die jeden konventionellen Vortrieb weit zurücklassen. Sobald aber gesteinsbedingte Schwierigkeiten auftreten, sind heute noch die meisten Fräsen bald am Ende, auch wenn im gleichen Falle für den Sprengvortrieb unter Umständen erst ein Abfall in der Gebirgsgütebewertung um, wenn es hoch kommt, zwei Stufen festzustellen wäre. Die Fräse kennt, überspitzt formuliert, nur „ganz gut" und „ganz schlecht". Was hat es schon mit der geologischen Prognose zu tun, ob ein Fräsentyp A oder eine etwas robustere Maschine B eingesetzt wird? Und doch kann bei Tunnelbohrmaschinen im Hartgestein der geringe, typenbedingte Unterschied zwischen Fräse A und Fräse B den vollen Unterschied zwischen Durchkommen und Steckenbleiben mit allen Rückwirkungen auf die Kritik an der Güte der geologischen Vorhersage bedeuten. Da steckt ein Risiko drinnen, das bei ungünstigem Ausgang über die unausbleiblichen Versuche zur Begründung von Nachforderungen mit großer Härte, wenn auch vielfach unverdient, auf den Geologen zurückfallen kann.

Wie sehr sich die vergleichsweise geringe Anpassungsfähigkeit des Fräsvortriebes an wechselnde Gesteinseigenschaften auswirken kann, wie sehr von dem dadurch gesteigerten Risiko nicht nur der Bauherr und der Unternehmer, sondern auch der Geologe betroffen ist, sei am Beispiel des in den Kalkalpen so weit verbreiteten Hauptdolomits aufgezeigt. In bautechnischer Hinsicht bewirkt die bekannte Sprödigkeit dieses Gesteins und der dadurch so häufig herbeigeführte Zustand intensiver natürlicher Zerbrechung, daß das Zustandsbild dieses Gesteins — etwa im Vergleich zu Kalk — oft von Meter zu Meter, ja von Dezimeter zu Dezimeter innerhalb weiter Grenzen schwanken kann. Die Skala reicht von einem Klüftungszustand mit im Mittel, sagen wir, kopfgroßen Kluftkörpern über die häufig als „Normalfall" zu betrachtende würfelige Zerhackung mit Kluftkörpern zwischen Daumenkuppen- und Streichholzschachtelgröße bis zu der meist auf unregelmäßig gestaltete m- oder dm-Bänder beschränkten Mylonitisierung. In solchen Mylonitstreifen kann der Zerquetschungsgrad zu einem Körnungsband führen, das dem eines sandigen Schlufflehms ähnelt. In einigen Gebirgen, meist im km-breiten Wirkungsbereich großtektonischer Bewegungsbahnen, kann die natürliche Zerstückelung des Hauptdolomits weiträumig Grade erreichen, die z.B. beim Abbau für den Steinbruchgroßbetrieb das direkte Auseinandersieben auf Splittgrößen und natürlich auch auf alle feineren Körnungen erlaubt.

Dem geschilderten, so häufig und abrupt wechselnden Charakter des Hauptdolomits entsprechend, lief der Fräsbetrieb in drei Stollen vergleichbaren Durchmessers in Tirol und Vorarlberg recht verschieden ab:

1975/76 wurde im Auftrage der Stadtwerke Schwaz der 2,39 km lange Überleitungsstollen für das KW Oberer Vomperbach mit 3,80 m Durchmesser gefräst. Im Laufe des Vortriebs ergaben sich im mylonitreichen Dolomit, besonders wenn

Bergwasser zudrang, derartige Schwierigkeiten, daß man nach häufig wiederkehrenden Ausfällen bereits ernstlich daran dachte, den Fräsvortrieb aufzugeben. Es ging dann doch wieder weiter. Als man sich später aus Termingründen entschloß, von der Gegenseite her im Sprengvortrieb der Frässtrecke entgegenzukommen, verhielt sich das Gestein, das im übrigen qualitativ um nichts anders als in der Frässtrecke war, so standfest, daß es der GGKL I bis II entsprach und nur auf kurze Strecken als III einzustufen war.

Ganz anders, praktisch reibungslos lief etwa zur selben Zeit der Fräsvortrieb im Rotlech-Überleitungsstollen für das E-Werk Reutte durch das Thaneller Massiv. In diesem Falle ließ sich die Mylonitarmut des Hauptdolomits, der wohl auch auf Kluftkörper zerbrochen war, die im Mittel die Größe von Streichholzschachteln hatten, von der Tektonik her mit dem Fehlen naher Deckengrenzen oder großer Verwerfungen in Zusammenhang bringen.

Für die Hauptdolomitstrecke im Sondierstollen Bürs bei Bludenz, der im Auftrage der Vorarlberger Illwerke AG gefräst wurde, wären die allgemeinen tektonischen Voraussetzungen, an die sich der Geologe für seine Voraussage halten hätte können, eher so gewesen, daß starke Mylonitisierung zu erwarten gewesen wäre. Wider Erwarten beschränkte sich diese aber auf einige wenige, schmale Bänder. Die Fräsarbeit ging über diese hinweg glatt vonstatten.

Nach solchen und ähnlichen Erfahrungen hieße es wohl den Geologen überfordern, würde man von ihm, wie üblich, verlangen, daß er ohne Richtstollen und – wie meistens – auch ohne Bohraufschlüsse, die bis in das Niveau des projektierten Hohlganges hinabreichen, allein aus Obertageaufschlüssen im Berggelände genaue Voraussagen über das zu erwartende Gesteinsverhalten im 1 oder 1 1/2 km tiefer liegenden Stollen mache. Es ist nur zu bekannt, daß sich gerade Störungszonen und Mylonitbänder unter Rasenstreifen tarnen; und dies beileibe nicht nur im Hauptdolomit. Sache des Geologen wird es in solchen Fällen sein, auf die naturgegebene Unsicherheit, die seinen Extrapolationen anhaftet, hinzuweisen.

Die allgemeine *Disposition* für Wassereinbrüche kann der Geologe z.B. dann gut erfassen, wenn solche an weiträumig durchstreichenden Grenzen wasserführender Karbonatgesteine gegen dichte Tonschiefer zu erwarten sind oder wenn der Tunnel einen verkarsteten Kalkstock durchfahren muß. Ob aber die Gesteinsgrenze dem Geologen den Gefallen erweisen wird, gerade an der Durchstichstelle des Stollens tatsächlich Wasser zu führen, womöglich auch in der für denkbar geschätzten Menge in l/s, ob gerade ein Karstschlauch vom Tunnel getroffen wird, ist Risikosache, die dem AG zufallen wird – von diesem aber bei ungünstigem Ausgang gerne an den Geologen weitergereicht wird.

Der bekannte Schweizer Fachmann *W. Rutschmann* hat das, was der Ingenieur von der geologischen Voraussage erwarten darf, wohl am treffendsten 1974 bei einem Vortrag in Bern so zusammengefaßt: „Es wäre der Ausdruck eines Verkennens der Schwierigkeiten der Aufgabe und vom Geologen Unzumutbares gefordert, wenn der Ingenieur auf eine über jeden Zweifel erhabene Prognose Anspruch erheben würde. Er soll vom Geologen aber im Hinblick auf die Zuverlässigkeit der Projektierung fordern, daß dieser *alle* seine Äußerungen klassiert nach ‚sicherem Wissen', . . . ‚wahrscheinlichem Zutreffen' und nach ‚möglichem Zutreffen' im Sinne von für das Projekt ungünstigen Verhältnissen". Leider gehen solche goldenen

Worte im Streitfalle um ein danebengegangenes Risiko und um die Unterbringung der Mehrkosten leicht unter, besonders dann, wenn der meist sachfremde Jurist die Buchstaben aus der geologischen Prognose auf die Goldwaage legt.

Nun die Vorstellung des Geologen zur Frage der Riskenteilung zwischen AG und AN. Niemand sei diese Auffassung aufgedrängt. Sowohl vom Bauherrn, wie vom Unternehmer ist zu erwarten, daß sie an entscheidungsberechtigter Stelle Fachleute sitzen haben, die den Informationswert eines geologischen Gutachtens unter gegebenen Verhältnissen richtig beurteilen können; daß Ahnungslosigkeit nur Taktik im Streitverfahren ist. Der AG oder sein technischer Berater wird daher von vornherein eine Vorstellung davon haben, in welcher Relation der Aufwand, den er für geologische und geophysikalische Erkundungsarbeiten finanziert hat, zur Schwierigkeit der zu lösenden Probleme steht. Stimmt dann die geotechnische Voraussage nur teilweise oder schlecht, dann könnte das Risiko nachträglich kaum dem AN angelastet werden. Dagegen ist es sehr wohl Sache und alleiniges Risiko des Unternehmers, dann, wenn ihm die Wahl der Vortriebsart bei Tunneln oder die Vorgangsweise beim Felsabtrag in großen, offenen Baugruben wirklich frei überlassen war, seine Wahl so zu treffen, daß der übernommene Auftrag auch beim Antreffen der ungünstigsten Verhaltensweisen, Durchfeuchtungsgrade und Klüftungsverhältnisse in den vom Geologen vorausgesagten *Gesteinsarten* sicher und ohne Zwang zum Übergang auf grundsätzlich andere Arbeitsmethoden bewältigt werden kann. Wenn sich die Unternehmung zum Fräsen entschließt, muß sie von vornherein damit rechnen, daß z.B. intensiv mylonitisierte Zonen auftreten können. Ist dann das eingesetzte Gerät nicht in der Lage, mit dem betreffenden Gestein fertig zu werden, oder gibt es beim Verspannen der Maschine unüberwindliche Schwierigkeiten, dann war eben diese Fräse fehl am Platze. Zum Thema Mylonite und Tunnelfräsen eine Bemerkung.

Die beiden Schweizer Forscher *Wanner* und *Aeberli*, die sich nun schon seit Jahren mit Theorie und Praxis der Vollschnittfräsen befassen, haben neuerdings im Zwischenbericht zum Jahresende 1978, herausgegeben von der ETH Zürich, unter ausdrücklichem Verweis auf Fälle aus der Praxis betont, daß Mylonite die Vortriebsleistungen deutlich verbessern können. Die von den Verfassern angeführten Beispiele beziehen sich u.a. auf Kalk, dolomitischen Sandkalk und auf 2 Fälle aus Kristallingesteinen. Leider verbietet das Zeitlimit weiter auszuholen und z.B. aus der Sicht des Baugeologen das schwer zu bewertende Risiko zu behandeln, das in der Beeinflussung des Gesteinsverhaltens durch den so viel genannten und so schwer erfaßbaren primären Spannungszustand liegt. Man denke an den Überleitungsstollen Floite-Stillup in Tirol. Dort setzten in hartem Gneis die Bergschlag-Abplatzungen als echte Überraschung schon 50 m ab Mundloch Floite ein.

Der Autor hat versucht vor Augen zu führen, daß in zahlreichen Fällen die geotechnische Voraussage einen weiten Spielraum möglicher Verhaltensweisen für eine und dieselbe Gesteinsart offen halten *muß*. Dies wird jeweils dann so sein, wenn das Gesteinsverhalten von Faktoren maßgebend beeinflußt wird, deren Eintritt oder Ausbleiben sich jeder Voraussage entzieht. Darin liegt echtes, unvermeidbares Risiko, das letzten Endes der Bauherr zu tragen haben wird. Für das geeignete *Bauverfahren*, abgestimmt auf die sichere Beherrschung auch des ungünstigsten Falles innerhalb bekannter Variationsbreite der zu erwartenden Gesteinsarten müßte der Unternehmer als Riskenträger zeichnen. Punktuell gültige Voraussagen vom Geologen dort zu verlangen, wo für ihn unlösbare Unbestimmtheiten den Ausschlag geben, mag beliebte und bewährte Verhandlungstaktik sein. Sie ist aber im Grunde ungerecht und sinnlos. Das geologische Gutachten soll eine Hilfe sowohl für den AG, wie für den AN sein, um Risken für beide Teile einzuschränken. Es sollte nicht als Buchstabensammlung mißbraucht werden, um über eine hitzige Diskussion ob X oder U den Vorteil auf diese oder auf jene Seite zu ziehen.

Zum Schluß obliegt es dem Autor den Stellen herzlich zu danken, die ihm erlaubt haben, Beispiele aus ihren Baubereichen anzuführen. Es sind dies die Generaldirektoren der Österreichischen Salinen, die Betriebsdirektion der Stadtwerke Schwaz, die Generaldirektion der Pyhrn-Autobahn AG und die Baudirektion der Vorarlberger Illwerke AG. Auch der Generaldirektion der Fa. *A. Porr* Allg. Baugesellschaft AG sei für freundliche Hilfe bestens gedankt.

Literatur

Angerer, K.: Gebirgsklassifizierung und Bauausführung. BM für Bauten und Technik, Straßenforschung, H. 18, Wien, 1974, S. 59–64.

Casagrande, A.: The Role of the 'Calculated Risk'. – Second Terzaghi-Lecture in Earthwork and Foundation Engineering, New York, Oct. 1964.

Pacher, F., Rabcewicz, L.v., Golser, J.: Zum derzeitigen Stand der Gebirgsklassifizierung. BM für Bauten und Technik, Straßenforschung, H. 18, Wien, 1974, S. 51–57.

Rutschmann, W.: Vorschlag für ein System der Gebirgsklassifikation für mechanischen Vortrieb. Schweiz. Bauztg. 92, 429–435 (1974).

Spaun, G.: Tunnelbaugeologie – Bauvertrag – Bauabwicklung. BM für Bauten und Technik, Straßenforschung, H. 18, Wien, 1974, S. 7–13.

Wanner, H., Aeberli, U.: Bestimmung der Vortriebsgeschwindigkeit beim mechanischen Tunnelvortrieb. Zwischenbericht zum Jahresende 1978, herausgeg. vom Geol. Inst. ETH Zürich, 1979, S. 1–40.

Proceedings of the IVth Intern. Congr. on Rock Mechanics, Vol. I and II, Montreux, 1979.

Anschrift des Verfassers: Prof. Dr. *Georg Horninger*, Institut für Geologie der Technischen Universität Wien, Karlsplatz 13, A-1040 Wien, Österreich.

Rock Mechanics, Suppl. 10, 197–205 (1980)

Rock Mechanics
Felsmechanik
Mécanique des Roches
© by Springer-Verlag 1980

Gedanken zur Auslegung von Tunnelausschreibungen und zum Stand der meßtechnischen Bauwerksüberwachung

Von

Franz Pacher und **Gerhard Sauer**

Mit 3 Abbildungen

Zusammenfassung – Summary

Gedanken zur Auslegung von Tunnelausschreibungen und zum Stand der meßtechnischen Bauwerksüberwachung. Die stürmische Entwicklung des Felshohlraumbaues der letzten Jahre hat mit zunehmendem Konkurrenzdruck verstärkt rechtliche Probleme bei der Abwicklung von Bauverträgen aufgeworfen. Ein Großteil davon zeichnet sich nicht alleine durch den üblichen Beweisnotstand beider Vertragsseiten aus, sondern werden dadurch teilweise präjudiziert.

Die folgenden beiden Berichtsteile zeigen einerseits typische vertragsrechtliche Streitpunkte, andererseits Möglichkeiten zur weitgehenden Verhinderung des Beweisnotstandes auf.

Thoughts on the Interpretation of Tunneladvertising and on the Standard of the Supervision of Rock Structures by Measurement Techniques. In the last years the impetuous development of rock-tunnelling has raised with the increasing competition judicial problems in winding up structural agreements. A great deal of those problems are not only characterized by the difficulties of both parties in adducing proofs, but are also prejudged by those difficulties.

The following two parts of the report show on the one hand typical contractual controversial matters, on the other hand they offer possibilities to avoid as far as possible the problems raising from lack of proofs.

A. Vertragsrechtliche Gesichtspunkte

Trotz Bemühung aller zuständigen Stellen kommt es leider immer wieder vor, daß bei der Auslegung und der Handhabung der Verträge Meinungsverschiedenheiten auftreten, weniger auf dem technischen Sektor, als auf dem abrechnungstechnischen. Aus den Erfahrungen der letzten Jahre als Planer, Berater und Gutachter, treten folgende Streitpunkte auf:

0080-3375/80/Suppl. 10/0197/$ 01.80

Diskrepanz zwischen geologischer Prognose und auftretenden Verhältnissen

Eine solche wirkt sich sowohl auf die Zuordnung zu den ausgeschriebenen Gebirgsgüteklassen, als auch auf ihre perzentuelle Verteilung aus, unter Umständen kann die Örtlichkeit des Auftretens einer bestimmten Klasse (z.B. für maschinellen Vortrieb ungeeignet) entscheidend sein.

Nicht jeder Tunnel kann mit einem Richtstollen aufgeschlossen werden, auch ein solcher zeigt nicht unbedingt alle Besonderheiten des Gebirges auf. Es bleibt daher immer ein gewisses Maß an Unsicherheit. Die geologische Vorhersage sollte daher diesem Umstand Rechnung tragen und die Bereiche größerer Unsicherheit, sowie die Bandbreite derselben angeben. Es gibt bereits Beispiele (*Lindner* et. al.), in welchen die daraus resultierenden finanziellen Schwankungen vorausberechnet wurden, um festzustellen, ob dort noch eine Bohrung oder eine andere Erkundung notwendig wird. In solchen Fällen sollte der Vertrag eher eine Anpassung an die tatsächlichen Verhältnisse ermöglichen und nicht das gesamte Risiko in eine Pauschale verpacken.

Im allgemeinen gilt auch hier der von Prof. Müller immer wieder vertretene Grundsatz, daß das Risiko aus abweichenden Gebirgsverhältnissen oder -verhalten beim Auftraggeber verbleibt, während alle Risken aus der Ausführung (z.B. Gerätewahl, Zeitbedarf etc.) und unzutreffende Kalkulationsansätze der Auftragnehmer zu tragen hat.

Einstufung des Gebirges in die Gebirgsgüteklassen

Wie bereits an anderer Stelle erwähnt, lassen sich verschiedene „Klassifizierungen" vornehmen, die sich in ihrer Zielrichtung folgendermaßen unterscheiden:
  – felsmechanisch (technologisch),
  – tunnelstatisch, d.h. nach Gebirgsverhalten,
  – kalkulatorisch bzw. abrechnungstechnisch,
    = ausbruchsmäßig, aber auch
    = nach Ort und Zeitpunkt des Einsatzes der Stützungs- und Sicherungsmaßnahmen (Beispiel Gotthardtunnel).
Diese damit abgeleiteten Klassen überschneiden sich. Bei vermischter Anwendung gibt es entweder zu viele Bestimmungsstücke, so daß jeder Vertragspartner die ihm wesentlich erscheinenden hervorkehrt, oder die Kriterien sind nicht geeignet bzw. nicht eindeutig.

Für die Planung bzw. die Festlegung der Stützungsmaßnahmen und der Vortriebsarbeiten hat sich die tunnelbautechnische Klassifizierung nach Lauffer, Rabcewicz, Müller, Lombardi, Seeber usw. bestens bewährt. Die Klassen lassen sich anhand bestimmter Kriterien gut eingrenzen, wobei die Meßtechnik eine große Hilfe darstellt. Schwieriger wird es, eine abrechnungstechnisch eindeutige Klassifizierung zu finden. Hier hat ein Unterausschuß der Österreichischen Forschungsgesellschaft unter der Führung von Herrn Hofrat Prem versucht, mit einer gestaffelten Leistungsbeschreibung einen neuen Weg zu gehen.

Wenn man ganz kühn sein will, könnte man unter Umständen für die Klassifizierung der Ausbruchskosten die pro Abschlag erzielbare Kubatur einführen. Dies entspräche den Kalkulationsgrundsätzen der Firmen, welche ihren Aufwand meist auf diese Leistung beziehen und wäre auf eine meßbare Größe beziehbar.

Für die Erschwernisse infolge mengenmäßig wesentlich vermehrter Sicherungs- und Stützungsmaßnahmen könnte man diese in Form von Zuschlägen — auf den Ausbauwiderstand bezogen — berücksichtigen und diese entweder auf den Ausbruchpreis oder auf jene Stützmittel aufschlagen, die die Erschwernisse verursachen. Dies gilt sinngemäß nur in den höheren Gebirgsgüteklassen. Laut Ö-Norm kann eine Anerkennung von zusätzlichen Erschwernissen nur dann erfolgen, wenn diese nicht vorhersehbar waren.

Weitere Streitpunkte bilden Überprofil und Übermaß

In Österreich ist es üblich, das ausführungstechnisch bedingte Überprofil vom Bieter in den Ausbruchpreis einrechnen zu lassen, weil dieses nicht nur vom Gebirge (und Gefüge), sondern auch sehr entscheidend von der Vortriebsart, Genauigkeit der Vermessung usw. abhängt. Wenn man diesbezügliche Verrechnungsgrenzen setzt, außerhalb welcher ein geologisch bedingtes Überprofil anerkannt werden kann (wenn es nicht vom AN mutwillig herausgeschossen wurde), dann kommen die Partner damit gut zurecht.

Davon getrennt zu kalkulieren und abzurechnen ist das Übermaß, also jener Wert, um welchen das Gebirge in den Hohlraum während des Ausbruch- und Sicherungsvorganges hereindrückt und um welches in den druckhaften Klassen mehr ausgebrochen werden muß. In der Ö-Norm 2203 ist die Behandlung dieses Punktes folgendermaßen formuliert:

„ Der erforderliche Mehrausbruch für das Übermaß nach Höhe und Breite einschließlich Sohlhebung in druckhaftem Gebirge wird nach Einheitspreisen vergütet. Vor Ort ist die Größe des Übermaßes einvernehmlich festzulegen.“

Damit kommt der meßtechnischen Überwachung eine bedeutende Rolle im Erkennen und Beurteilen zu.

Mehraufwand an Spritzbeton und Beton

Dieses Problem ist mit dem vorgenannten Punkt eng verknüpft, denn wenn das ausgebrochene Profil größer ist als kalkuliert, muß auch mehr Beton eingebracht werden. Bei der Bewertung des Überprofils müßte im allgemeinen die Erfahrung der Firmen ausreichen, diesen Wert richtig einzuschätzen.

Schwieriger wird es mit dem Mehrbeton infolge nicht „verbrauchtem“ Übermaß, dessen Vorherbestimmung unsicher ist, und welches bis zu einem gewissen Grade auch von der Arbeitsweise abhängt. Hier sollte man sich am besten auf eine gemeinsame Festlegung einigen.

Die Frage der Pauschalierung

Der Auftraggeber neigt zur Pauschalierung, einerseits, um keine unerwarteten Mehrkosten aufkommen zu lassen, andererseits aber auch, um an Aufwand bei der Überwachung zu sparen. Er läuft aber dabei Gefahr, daß bei einer Verschlechterung der Verhältnisse gegenüber den prognostizierten der Unternehmer doch zu seinem Recht zu kommen sucht, während er bei guten Verhältnissen nichts refundiert. Der Unternehmer bietet die Pauschalierung meist dann an, wenn er glaubt, mit seinem Vorschlag seine Konkurrenten aus dem Feld schlagen zu können, ohne ein zu großes Risiko eingehen zu müssen. Ich bin der Meinung, daß eine Pauschalierung nur dort sinnvoll ist, wo die Verhältnisse klar überschaubar und kalkulierbar sind.

Maßgebend scheint mir ferner zu sein, von wem der Pauschalierungswunsch ausgeht. Wenn er von der Unternehmung ausgeht, dann muß sich diese über das einzugehende Risiko klar sein und der Auftraggeber muß prüfen, ob die eine Pauschalierung anbietende Firma in der Lage ist, eine größere Kosten-Überschreitung zu verkraften. Wird die Pauschalierung vom Auftraggeber gewünscht, dann müßte die Unternehmung das Recht haben — im Hinblick auf den Grad der Gebirgserkundung — Grenzen zu setzen, bis zu welchen die Pauschalierung gilt.

Schlußbetrachtung

Das Auftreten von Streitpunkten scheint unvermeidbar, schon weil aus Konkurrenzgründen jede Firma bestrebt ist, das Möglichste herauszuholen. Spekulationen — bei welchen bestimmte Leistungen nur noch mit 1 Schilling pro Einheit angesetzt werden — sollten allerdings nicht gestattet werden, da dies einer ehrlichen Preisgestaltung widerspricht und die Bauabwicklung sehr erschwert.

Schließlich muß gesagt werden, daß der Vertrag nur ein Hilfsmittel darstellt, ein Instrument, dessen sich beide Vertragspartner bedienen können und sollen. Bei geübten und verständnisvollen „Gegenspielern" geht das meist recht gut. Man soll daher bei Schwierigkeiten in der Abrechnung nicht immer nur dem Vertrag die Schuld in die Schuhe schieben. Der Tiefbau ist nun einmal mit der Möglichkeit von Überraschungen und damit mit Risiko behaftet, dessen müßte sich auch der Auftraggeber klar sein.

Um die Ausgangslage zu verbessern, werden folgende Empfehlungen gemacht:

— Je besser die Erkundung, desto kleiner die Schwierigkeiten in der Durchführung und desto geringer die Differenzen in den Abrechnungsziffern.

— Wenn der Verdacht besteht, daß die tatsächlichen Verhältnisse von jenen abweichen könnten, die man aufgrund des Erkenntnisstandes der Ausschreibung zugrunde legt, so sollte man im Vertrag für entsprechende Ergänzungen oder Anpassungsmöglichkeiten vorsorgen. Diese geben Auftraggeber und Auftragnehmer einerseits die Möglichkeit, modifizierte, von der Urkalkulation abgeleitete Preise auszuarbeiten, unterbinden aber andererseits das sonst oft beobachtete Bestreben des Unternehmers, aus dem Vertrag herauszukommen.

— Beachtung diesbezüglicher Vorschriften in der Ö-Norm bei der Ausschreibung von Tiefbauarbeiten, deren Formulierung meiner Meinung nach auf eine gerechte Risikoverteilung bedacht ist.

— Sorgfältige Auswahl und Beschreibung jener Kriterien, die abrechnungstechnisch zum Zug kommen sollen, bei Anwendung mehrerer Kriterien Festlegung, welche den Vorrang haben sollen.

— Laufende Bemühung und Ausnützung aller Möglichkeiten, die die meßtechnische Überwachung bietet.

B. Meßtechnische Forderungen

Allgemeines

Die Definition der in-situ-Messung als *physikalische Dokumentation* eines Felsbauwerkes erleichtert die Beantwortung vieler Fragen nach ihrem Sinn und Zweck, Aufwand und Zeitdauer. Es wird damit jedoch auch die Unabhängige vertragsrechtliche Stellung der mit den Messungen beauftragten Personen präjudiziert.

Das Wort „Dokument" erfordert einen Notar, der neben seiner Unabhängigkeit auch Sachverstand und Erfahrung mitbringt. Nur ein sorgsamer und sachverständiger Entwurf, Durchführung und Auswertung wird dem Grundgedanken der Felsbaumechanik gerecht.

Dieser meßtechnische Grundgedanke — von Galileo Galilei vor 500 Jahren bereits formuliert — wurde von der Blüte der theoretischen Naturwissenschaften unseres aufkeimenden Jahrhunderts verdrängt und für unser Fachgebiet erst vom Salzburger Kreis unter Prof. *L. Müller* sowie von *Rabcewicz, Pacher* u.a. wieder seiner Bedeutung gemäß aufgewertet.

Meßgrößen

Die Meßkurven sind die Fieberkurven der Baustellen. Wie die Fieberkurven am Krankenbett sollten auch die Meßkurven so umfassend dargestellt und zugänglich sein, daß sie jederzeit von den für das Bauwerk verantwortlichen Fachleuten eingesehen und entsprechend beurteilt werden können.

Was ist meßbar? Nicht nur Deformationen und Spannungen sollen erfaßt werden, sondern auch der jeweilige Vortriebsstand der Firste, Strosse, Sohle sowie ferner der Zeitpunkt und Menge der Stützmitteleinbringung (Spritzbeton, Bögen, Ankerzahl usw.) (Abb. 1).

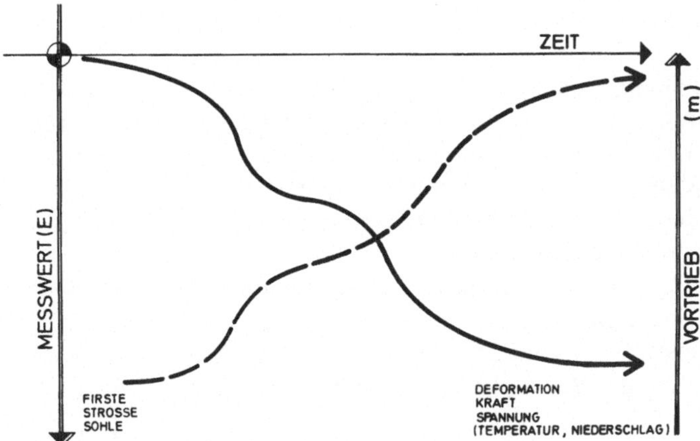

Abb. 1. Graphische Auswertung unter Beachtung von Ursache (Vortrieb) und Wirkung (Meßwert)
Graphic interpretation regarding challenge (propulsion) and response (measurement)

Pacher (1978) schlägt als Meß- und Steuerungsinstrument für einzelne GGKL. die Kubatur pro Abschlag vor. Diese, in Verbindung mit der Ausbruchsform, sind daher ebenso bei den täglichen Aufnahmen der Ortsbrust zu dokumentieren, wie die geologischen und gebirgsmechanischen Parameter.

Einen wesentlichen Einfluß auf Messung bzw. Meßgrößen haben im allgemeinen auch Niederschlag und Temperatur. Hier jedoch kann — wenn vorhanden — auf nahegelegene meteorologische Außenstellen zurückgegriffen werden.

Auch besondere Ereignisse auf der Baustelle mit Hinweis auf deren Eintragung ins Bautagebuch sind auf dem Meßblatt zu vermerken.

Das Überprofil wird üblicherweise von dem vermessungstechnischen Trupp aufgenommen, bei größerem Ausmaß jedoch wird es auch ein Bestandteil der in-situ-Dokumentation sein.

In-situ-Messungen, wozu?

Die Überwachungs- und Dokumentationsaufgabe der in-situ-Messungen kann nach folgenden Punkten gegliedert werden:

- physikalische Dokumentation,
- Überwachung der temporären Sicherheit,
- Dauerüberwachung des Bauwerkes.

Die physikalische Dokumentation enthält, wie bereits erwähnt, die laufende geologische Dokumentation. Dies ist für spätere Streitfälle von substanzieller Bedeutung! *Die Vorausklassifizierung*, die für die Ausschreibung notwendig ist, kann anhand von Spannungs- und Deformationsentwicklungen in Abhängigkeit von der jeweils gewählten Gebirgsgüteklasse überprüft bzw. korrigiert werden. Es kann aus den Meßgrößen die *Zweckmäßigkeit des* jeweiligen *Vortriebsverfahrens* abgeleitet werden.

Die vollständige Aufnahme aller Daten während des Baugeschehens hat nicht nur den Zweck, die Sicherungs- und Stützmittel laufend den Meßwerten anzupassen, sondern sie stellt auch ein Instrument zur Unterscheidung in
- druckhaftes und
- nicht druckhaftes Gebirge dar.

Solche in-situ-Messungen sind Beweissicherung und Entscheidungsgrundlage zugleich. Sie bieten die Diskussionsbasis für laufende und/oder nachfolgende
- Meinungsverschiedenheiten bei Abrechnungsfragen,
- auftretende Schadensfälle und deren Regulierung sowie
- Streitfälle bis hin zu Gerichtsverfahren.

Nicht zuletzt ist das Ziel der meßtechnischen Überwachung die abschließende Beurteilung der Standsicherheit des Bauwerkes. In einer Zusammenschau aller dokumentierten Meßgrößen (Abb. 2), und nur auf dieser Grundlage, kann eine Standsicherheitsanalyse des Bauwerkes aufgestellt werden.

Temporäre Sicherheit

Plötzliche, kollapsartige Niederbrüche durch Messungen vorauszubestimmen, ist nach wie vor sehr schwierig. Meßtechnisch leichter zu erfassen ist das allmähliche Versagen während der Bauzeit. Vielfach kündigen sich Niederbrüche

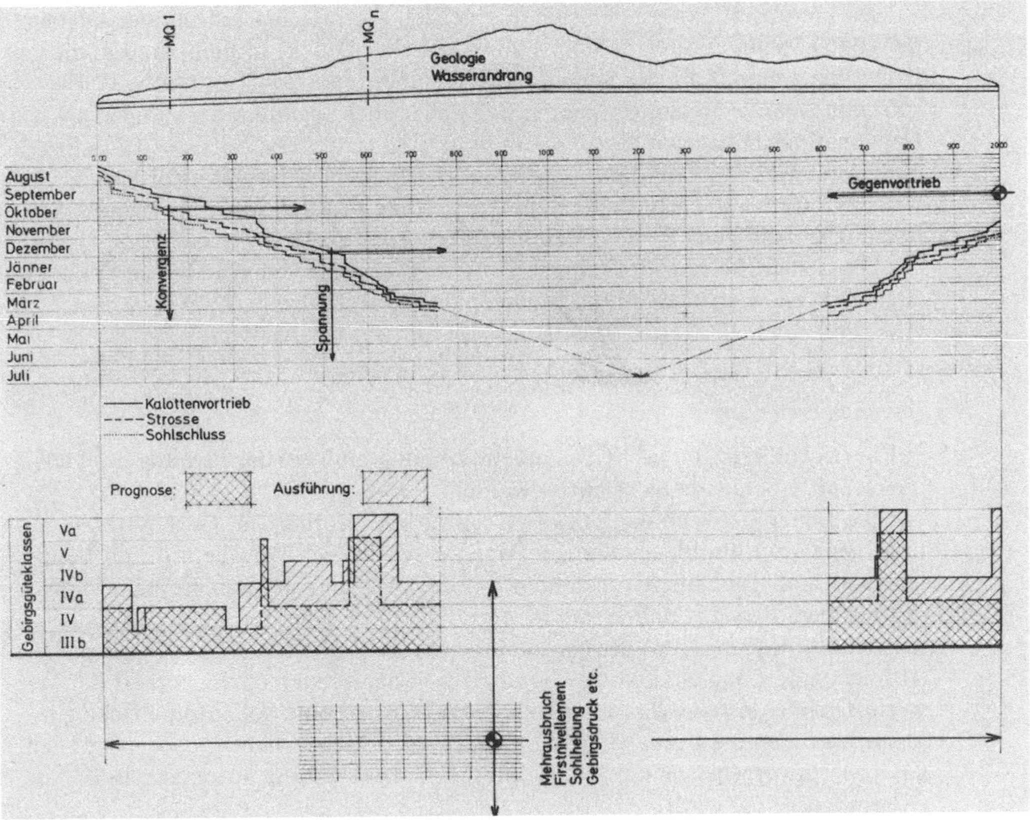

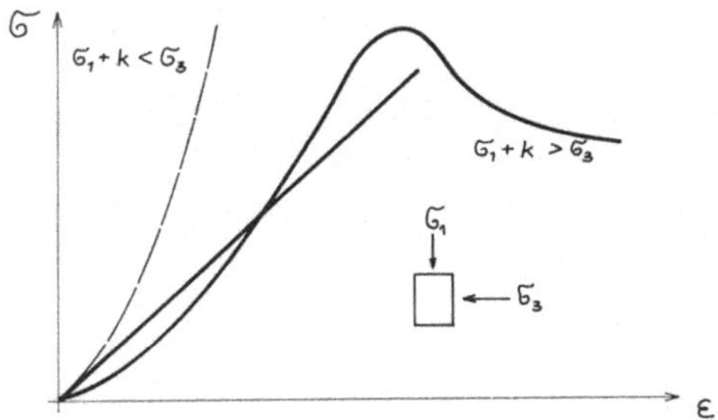

Abb. 2. In-situ-Messung als bautechnische Dokumentation
In-situ-measurements as a structural documentation

Abb. 3. Verhalten geologischer Körper bei Zunahme des hydrostatischen Druckanteiles
Reaction of geological compounds during increasing pressure

nicht durch langanhaltenden Deformationsanstieg (Konvergenz) an, sondern
brechen unvermutet, oft nach leichtem Abklingen von Deformationen nieder.

Dies resultiert daraus, daß sich die meisten geologischen Körper bei Anstieg der ersten Spannungsinvarianten (hydrostatischer Druck) verdichten, d.h. die Konvergenz nimmt ab, die Spannung steigt überproportional an (Abb. 3). Für solche präventive Messungen bieten sich daher eher Spannungsmessungen als Deformationsmessungen an.

Grundsätzlich ist für die temporäre Sicherheit ein Meßgerät erforderlich, welches durch einfachste Bedienung (am zweckmäßigsten sofortige visuelle Ablesemöglichkeit!) eine hohe Ablesehäufigkeit ermöglicht.

Die Genauigkeitsanforderungen (± 10—15% vom jeweiligen Meßwert) können zugunsten eines geringeren Preises in vernünftigen Grenzen gehalten werden! (Hier liegt noch ein weites Betätigungsfeld für Gerätehersteller).

Dauerüberwachung

Eine sicherheitstechnische Dauerüberwachung muß bei der Planung der Meßquerschnitte bereits berücksichtigt werden.

Die Dauerüberwachung eines Felsbauwerkes erfordert im Gegensatz zu den oben genannten Problemstellungen Meßgeräte, die sich vor allem durch Langlebigkeit und Robustheit verbunden mit der Möglichkeit einer Fernablesung auszeichnen. Bewährt haben sich in letzter Zeit bei vielen Bauwerken vollautomatische Abfragungs- und Registriereinheiten. Dies nicht nur, da jede manuelle Abfragung Zeit und Geld kostet, sondern weil damit auch die Sicherheit der Meßwerterfassung ansteigt. Es ist heute ein leichtes, an eine vollautomatische Erfassungsanlage eine Fernübertragung über Telex anzuschließen, ebenso können Grenzwerte vorgegeben werden, bei deren Überschreitung automatisch Signale (Alarm) ausgelöst wird.

Bei langlebigen Meßgeräten in Verbindung mit vollautomatischen Meßwerterfassungsanlagen gibt es in der Zwischenzeit ein gutes Sortiment, welches sich durchaus durch Qualität, teilweise jedoch auch durch hohe Preise auszeichnet.

Leitsätze der in-situ-Messungen

1. Die in-situ-Messung versteht sich als physikalische *Dokumentation* des Systems Gebirge — Bauwerk. Sie ist ein Überwachungsinstrument und Bestandteil des Bautagebuches.

2. Planung, Installation bzw. deren Überwachung, Festlegung der Meßzyklen sowie die Auswertung erfolgt von *neutraler* und *sachverständiger Seite*.

3. *Unmittelbar nach jeder Messung* muß die *graphische* Auswertung erfolgen. Sie umfaßt

— Meßwert,

— Vortriebsstand,

— Stützmittel,

— Gebirgsgüteklasse bzw. geologische Kurzbeschreibung,

— meteorologische Angaben.

4. Vergleichbare Messungen müssen *einheitliche Maßstäbe* haben (z.B. Gebirgsdruck, Betonspannung, Konvergenz).

5. Die Meßkurven befinden sich sowohl in Firmen- als auch in der Arbeitgeber-Bauleitung bzw. zentral im Baustellenbüro des Meßbeauftragten!

Literatur

Einstein, H. H.: Observational Methods in Tunnel Design and Construction. 3rd Annual Conference on DOT Research Development in Tunneling Technology, 1979.
Lindner, E., Einstein, H. H., Vanmarcke, E.: Exploration: Its Evaluation in Hard Rock Tunneling. 16th Symposium on Rock Mechanics, 1975, Minneapolis.
Müller, L.: Der Felsbau I und III. Stuttgart: Enke. 1963 und 1977.
Pacher, F.: Erfahrungen mit Gebirgsdruckmessungen bei österreichischen Verkehrstunnelbauten. Int. Symposium für Untertagbau, Luzern, Sept. 1972, Proceedings. S. 381–391.
Rabcewicz, L., Golser, J., Hackl, E.: Die Bedeutung der Messung im Hohlraumbau. Der Bauingenieur *47*, H. 7, 225–234 u. H. 8, 278–287 (1972).
Sauer, G., Ayaydin, N.: Bauwerksüberwachung – in-situ-Messungen. Ein Beitrag zur Klärung, Vereinheitlichung und Vervollständigung. 4. Internationaler Kongreß über Felsmechanik (ISRM), Montreux, September 1979.

Anschrift der Verfasser: Hon.-Prof. Dipl.-Ing. Dr.-Ing. h.c. *Franz Pacher*, Franz-Josef-Straße 3, A-5020 Salzburg, Österreich; Dipl.-Ing. Dr.-Ing. *Gerhard Sauer*, Habach 55, A-5020 Salzburg-Koppl, Österreich.

IBM-Composersatz: Springer-Verlag Wien;
Umbruch und Offsetdruck: Buchdruckerei
Herbert Hießberger, A-2563 Pottenstein, NÖ.